高等职业教育“十三五”规划教材

辽宁职业学院教育部现代学徒制项目建设成果

绿色食品生产控制

扈艳萍　白　鸥　主编

中国农业大学出版社

·北京·

内容简介

本书共分为4部分8个项目，主要内容为：绿色食品的识别、绿色食品质量标准体系构成、绿色食品的认证、绿色食品产地环境评价、绿色食品生产过程控制、绿色食品产后处理过程控制、绿色食品质量检测、绿色食品流通渠道。本书可供高职高专食品、作物生产技术、智慧农业等专业教学使用，也可作为绿色食品生产企业生产的指导用书。

图书在版编目(CIP)数据

绿色食品生产控制/扈艳萍，白鸥主编. —北京：中国农业大学出版社，2020.6(2022.2重印)

ISBN 978-7-5655-2362-5

Ⅰ.①绿… Ⅱ.①扈… ②白… Ⅲ.①绿色食品—食品加工—质量控制—高等职业教育—教材 Ⅳ.①TS207.7

中国版本图书馆CIP数据核字(2020)第098466号

书　名　绿色食品生产控制
作　者　扈艳萍　白　鸥　主编

策划编辑　张　玉　　**责任编辑**　张　玉
封面设计　郑　川
出版发行　中国农业大学出版社
社　址　北京市海淀区圆明园西路2号　　**邮政编码**　100193
电　话　发行部 010-62733489，1190　　读者服务部 010-62732336
编辑部 010-62732617，2618　　出　版　部 010-62733440
网　址　http://www.caupress.cn　　**E-mail** cbsszs@cau.edu.cn
经　销　新华书店
印　刷　北京时代华都印刷有限公司
版　次　2020年7月第1版　2022年2月第2次印刷
规　格　787×1 092　16开本　18.5印张　400千字
定　价　55.00元

编审委员会

编写人员

主　编　扈艳萍（辽宁职业学院）

白　鸥（辽宁职业学院）

副主编　李京远（辽宁职业学院）

聂远鹤（辽宁职业学院）

王进军（铁岭市农业科学院）

许纪发（黑龙江农业经济职业学院）

贾洪信（广东环境保护工程职业学院）

参　编　孙浩广（辽宁职业学院）

陈东岩（辽宁职业学院）

邵丽伟（辽宁职业学院）

王　吉（康师傅沈阳方便食品有限公司）

徐亚英（黑龙江农业职业技术学院）

总序

历经两年的辛苦努力，辽宁职业学院教育部现代学徒制项目建设成果系列教材正式出版了。为贯彻执行《教育部关于开展现代学徒制试点工作的意见》（教职成〔2014〕9号）《教育部办公厅关于全面推进现代学徒制工作的通知》（教职成厅函〔2019〕12号）文件精神，落实《国家职业教育改革实施方案》中建设一大批校企“双元”合作开发的国家规划教材要求，现代学徒制试点项目组充分利用校企共建四大平台，发挥校企双方的场所、设备、人员优势，吸纳新技术、新工艺、新规范和典型生产案例，与合作企业、行业、同类院校共同开发此系列教材，并配套信息化资源，形成共建共享的教学资源体系，落实了立德树人根本任务，打造了“双导师”师资队伍，提升了学徒培养质量。

本着“课程内容与职业标准对接，教学过程与生产过程对接”的原则，在行业企业调研的基础上，以满足企业岗位能力需求、遵循企业工作流程、参照行业标准、符合学徒培养目标为理念，以学徒职业能力培养、职业素养提升为主线，以生产项目、工作任务为载体，立足服务区域经济发展、食品加工岗位工作实际，认真总结、吸取国内外经验，明确“如何教、教什么”的问题，我们组织相关校企共同开发了现代学徒制系列数字化教材。本系列教材具有如下特点：

1. 开发主体多元化。教材开发在校企共建的前提下，组织学术水平高、教学经验丰富的学院导师，“康师傅”一线技术人员、高级技师，兄弟院校和行业资深专家共同联合开发教材。

2. 对接职业标准化。教材以最新国家标准、行业标准为依据，融合最新教育理念及相关研究成果，以生产项目、工作任务为载体，突出学生岗位能力、职业素养培养。

3. 教材形式立体化。教材不仅包括纸质内容，还配有视频、音频、动画等数字资源，使学习者可以在手机、电脑等移动终端随时随地观看学习，满足学习者移动学习、个性化学习的需要。

4. 立德树人全程化。本教材设有“思政花园”栏目，把思政教育融入教材编写中，体现到课堂教学环节，实现全员、全方位、全过程育人。

辽宁职业学院教育部现代学徒制项目建设成果——校企合作理实一体化特色系列数字化教材，凝聚了多方开发人员的智慧和心血，凝聚了出版界的关心与关爱，希望该系列教材的出版能发挥示范引领作用，辐射、带动同类高职院校的课程改革和建设。

本系列教材适应面广、选择性强，使用者可根据不同学习需求，学习部分项目或任务。本系列教材既可用于高职教学，也可用于各类相关培训。

由于编写时间有限，教材疏漏之处在所难免。真诚希望同行及教材使用者多提宝贵意见。

辽宁机电职业技术学院院长、党委副书记 于宏国

2020 年 5 月

前言 Preface

随着我国科技进步和社会发展，工农业生产力大大提升，物资极大丰富，人们生活水平越来越高。但是，在人类安然享受大自然的供给的时候，却忽略了对自然的保护。资源枯竭、环境污染等问题频频出现，使得食品安全不能得到有效保障，导致大众身体健康受损。俗语说“病从口入”，食品安全问题越来越受人们的重视。我国从20世纪90年代开始发展绿色食品，距今已有30年。然而关于绿色食品的生产标准、控制过程等多数消费者并不是很清楚。对于农业类职业院校的学生来说，为了保证食品安全而进行的绿色食品生产，不论是初级农产品生产，还是加工农产品生产，都包含着先进的生产和管理技术，值得在学习动植物生理学、栽培学、加工学等学科的基础上，对这门课程进行深入的学习。

本教材为教育部现代学徒制项目建设成果教材，采用师带徒、师徒共研的形式，由学院老师、企业师傅、行业人员共同编写。编者在总结前人研究成果的基础上，引入危害分析和关键控制点（HACCP）观点，以两类产品生产过程中可能引入的危害源和先进的解决技术为核心，以绿色食品认证等基础知识为铺垫，以绿色食品从产地准备到成品包装运输的生产过程为主线，以产品营销流通为拓展，带领学生从土地到餐桌领略绿色食品生产安全控制的全过程。

教材的具体内容包括四部分八个项目。第一部分：绿色食品基础篇，包括项目一绿色食品的识别、项目二绿色食品质量标准体系构成。第二部分：绿色食品认证篇，包括项目三绿色食品的认证，此两部分内容中项目一任务二由贾洪信编写，项目二任务一由白鸥编写，其他内容由扈艳萍编写。第三部分：绿色食品生产控制篇，包括项目四绿色食品产地环境评价、项目五绿色食品生产过程控制、项目六绿色食品产后处理过程控制及项目七绿色食品质量检测，其中项目四、项目五任务一由白鸥编写，项目五任务二、任务三由陈东岩编写，项目五任务四由孙浩广编写，项目六由王进军编写，项目七由李京远编写。第四部分：绿色食品流通篇，包括项目八绿色食品流通渠道，项目八任务一由邵丽伟、王吉编写(其中师徒共研内容由王吉编写,其他内容为邵丽伟编写),任务二由聂远鹤编写。本书二维码内容由许纪发、徐亚英编写。

本教材可作为高职高专食品、作物生产技术、智慧农业等专业的教学用书,也可以作为绿色食品生产企业的指导用书。在本书编写过程中,参考了许多优秀教材和网络资源,并得到了许多专家的指导和支持,在此一并表示感谢!由于编者水平有限,难免有疏漏之处,请各位读者和专家批评指正!

编　者

2020 年 1 月 20 日

目录
Contents

1

第一部分

绿色食品基础篇

学习笔记

项目一

绿色食品的识别

知识目标

1. 掌握绿色食品的概念、分级及特征；
2. 了解绿色食品产生的原因与背景；
3. 了解中国绿色食品的发展历程和现状；
4. 阐述我国绿色食品产业的发展前景和趋势；
5. 说明发展绿色食品的重大意义；
6. 了解绿色食品标志管理规定。

技能目标

1. 能识别绿色食品；
2. 能查询绿色食品包装上的企业信息码；
3. 能查询绿色食品、有机食品及无公害农产品编码；
4. 能管理绿色食品；
5. 能完成调研报告。

德育目标

1. 培养学生良好的沟通表达能力；
2. 培养学生分析问题、解决问题的能力；
3. 培养学生较强的团队合作与组织协调能力；
4. 培养学生科学严谨的工作态度；
5. 培养学生文献检索、信息收集和文字处理的能力。

任务一 识别绿色食品

【任务要求】

通过本次任务的学习，能认识绿色食品，并能区分绿色食品、无公害农产品及有机食品。

【任务实施】

1 认识绿色食品标志及商标

为了区别于普通食品，绿色食品实行标志管理。绿色食品标志由特定的图形来表示。绿色食品标志图形由三部分构成：上方的太阳、下方的叶片和中心的蓓蕾。标志图形为正圆形，意为保护、安全。AA级绿色食品标志与字体为绿色，底色为白色。A级绿色食品标志与字体为白色，底色为绿色。整个图形体现了明媚阳光照耀下的和谐生机，告诉人们绿色食品是出自纯净、良好生态环境的安全、无污染食品，能给人们带来蓬勃的生命力。绿色食品标志还提醒人们要保护环境和防止污染，通过改善人与环境的关系，创造自然界欣欣向荣的生态和谐(图 1-1-1)。

绿色食品标志商标是指绿色食品标志图形、“绿色食品”中文字体、“Greenfood”英文字体及这3者的组合体(图 1-1-2)。

a. A级绿色食品标志　　b. AA级绿色食品标志

图 1-1-1　绿色食品标志

图 1-1-2　绿色食品标志商标

2 区分绿色食品与有机食品、无公害农产品

通过学习，能够区分绿色食品与有机食品、无公害农产品。

【任务评价】

评价内容多元化，评价主体有师傅、徒弟间和部门评价。

表 1-1-1 学生课堂表现评价表

企业(班级)： 部门： 姓名：

项目名称	评价标准	师傅	徒弟	部门	平均分	备注
认识绿色食品标志及商标	优(100～90 分)：正确识别 良(89～80 分)：较正确识别 中(79～70 分)：基本识别 及格(69～60 分)：能部分识别 不及格(＜60 分)：不能识别					
区分绿色食品、无公害农产品及有机食品	优(100～90 分)：正确区分 良(89～80 分)：较正确区分 中(79～70 分)：基本区分 及格(69～60 分)：能部分区分 不及格(＜60 分)：不能区分					
部门合作	优(100～90 分)：按分工，积极参与 良(89～80 分)：按分工，较积极参与 中(79～70 分)：按分工，基本参与 及格(69～60 分)：按分工，能部分参与 不及格(＜60 分)：不参与					
职业素质	优(100～90 分)：沟通表达、分析解决问题、团队合作、组织协调、严谨工作等职业素质高 良(89～80 分)：职业素质良好 中(79～70 分)：职业素质一般 及格(69～60 分)：职业素质较差 不及格(＜60 分)：职业素质差					
总分						
平均分						

[师徒共研]

1.绿色食品包装上企业信息码及查询

(1)商品包装袋上标明的是绿色食品，我们怎么才能知道这种商品是不是真正的绿色食品呢？

我们可以通过查询绿色食品包装上企业信息码确认。

(2)绿色食品包装上企业信息码的含义是什么？

中国绿色食品发展中心对每一个批准使用绿色食品标志的产品都给其一个特定的编

号，以确定其“身份”。标志的使用采用“一品一号”的原则，也就是说每一个产品都有其独有的编号，每一个编号都是唯一的。GF××××××××××××编号的形式及其所代表的含义如下：

表 1-1-2 GF××××××××××××含义

GF	××××××	××	××××
绿色食品英文“Green Food”缩写	地区代码	获证年份	当年获证企业序号

以某企业生产的绿色食品企业信息码 GF310230081523 为例，GF：Green Food 头一个字母的缩写组合；310230：地区代码；08：企业获证年份为 2008 年；1523：当年获证企业序号。该企业信息码是中国绿色食品发展中心为该企业建立的一个可在续展后继续使用的企业信息码。只要企业按期续展，该企业信息码始终不变。单从企业信息码看不出企业绿色食品是否在有效期，需要具体查看绿色食品证书才能确定。

(3)如何查询绿色食品编码？

在中国绿色食品发展中心建立企业查询数据库，向社会公开，可通过访问中国绿色食品发展中心网站(www.greenfood.agri.cn)，获得企业认证产品信息。

2.有机产品编码及查询

(1)有机产品编码的含义是什么？

为保证有机产品的可追溯性，国家认监委要求认证机构在向获得有机产品认证的企业发放认证标志或允许有机生产企业在产品标签上印制有机产品认证标志前，必须按照统一编码要求赋予每枚认证标志一个唯一编码，该编码由 17 位数字组成，其中认证机构代码 3 位、认证标志发放年份代码 2 位、认证标志发放随机码 12 位，并且要求在 17 位数字前加“有机码”三个字。有机码×××××××××××××××××编号的形式及其所代表的含义如表 1-1-3：

表 1-1-3 有机码×××××××××××××××××含义

有机码	×××	××	××××××××××××
表示有机产品	认证机构代码	认证标志发放年份代码	认证标志发放随机码

(2)如何在包装上查找有机码？

对于加贴的有机产品认证标志(含有机转换产品认证标志)，“有机码”采用暗码形式标注在有机产品认证标志旁，刮开涂层即可获取。对于在产品标签或零售包装上印制的有机产品认证标志(含有机转换产品认证标志)，“有机码”采用明码形式标注“有机码”字样旁。

(3)如何在官网上查询有机产品信息？

每一枚有机标志的有机码都需要报送到“中国食品农产品认证信息系统”。任何个人登录“中国食品农产品认证信息系统”，输入产品有机码和验证码，即可获得有机产品名称、认证证书编号、获证企业等信息。

3.无公害农产品编码及查询

无公害农产品会加贴全国统一的无公害产品的标志，揭开后产品或包装上留有16位防伪数码，可以通过以下方式查询：

(1)拨打全国统一电话16840315或010-64451885查询。

(2)手机短信查询。移动用户将16位防伪数码写短信发送到3315。联通用户将16位防伪数码写短信发送到93315。

(3)通过互联网查询，登录中国农产品质量安全网查询。网址：http://www.aqsc.agri.cn。

通过查询不但能辨别标志的真伪，而且能了解认证产品的生产厂家、产品名称、品牌等相关信息。

[知识链接]

1　绿色食品的概念、分级与特征

1.1　绿色食品的概念

绿色食品并非单纯指绿色植物生产出来的食品，而是对“无污染”食品的一种形象的表述。绿色食品(green food)是指遵循可持续发展原则，产品出自良好的生态环境，按照特定生产方式生产，经专门机构认定，许可使用绿色食品标志商标的无污染的安全、优质、营养类食品。

在许多国家，绿色食品又有着许多相似的名称和叫法，如“生态食品”“自然食品”“蓝色天使食品”“健康食品”“有机农业食品”等。由于在国际上，对于保护环境和与之相关的事业已经习惯冠以“绿色”的字样，所以为了突出这类食品产自良好的生态环境和经过严格的加工程序，在中国，统一称作“绿色食品”。

为了保证绿色食品产品无污染、安全、优质、营养的特性，开发绿色食品有一套较为完整的质量标准体系。按照绿色食品特定的生产方式，就是指按照质量标准体系生产、加工、销售，对产品实施全程质量控制，产地和产品必须经中国绿色食品发展中心认定，同意授予绿色食品标志的产品才能称之为绿色食品。

1.2　绿色食品分级

绿色食品按标准分为A级绿色食品和AA级绿色食品。

A级绿色食品(A grade green food)系指生产地的环境质量符合《绿色食品　产地环境质量》(NY/T 391—2013)的要求，遵照绿色食品生产标准生产，生产过程中遵循自然规律和生态学原理，协调种植业和养殖业的平衡，限量使用限定的化学合成生产资料，产品质量符合绿色食品标准，经专门机构许可使用A级绿色食品标志的产品。

AA 级绿色食品(AA grade green food)系指生产地的环境质量符合《绿色食品 产地环境质量》(NY/T 391—2013)的要求,生产过程遵循自然规律和生态学原理,协调种植业和养殖业的平衡,不使用化学合成的肥料、农药、兽药、渔药、添加剂等物质,产品质量符合绿色食品产品标准,经专门机构许可使用绿色食品标志的产品。

因 AA 级绿色食品标志的产品的标准和生产方式等同于有机食品,中国绿色食品发展中心已于 2008 年 6 月起停止受理 AA 级绿色食品认证。

1.3 绿色食品的特征

绿色食品与普通食品相比有以下三个显著特征。

1.3.1 强调产品出自最佳生态环境

绿色食品生产从原料产地的生态环境入手,通过对原料产地及其周围的生态环境因子严格监控,判定其是否具备生产绿色食品的基础条件。这样既可以保证绿色食品生产原料和初级产品的质量,又有利于强化企业和生产者的资源和环境保护意识,最终将农业和食品工业的发展建立在资源和环境可持续利用的基础上。

1.3.2 对产品实行全程质量控制

绿色食品生产实施“从土地到餐桌”全程质量控制,从而在农业和食品生产领域树立了全新的质量观。通过产前环节的环境监测和原料检测,产中环节的具体生产、加工操作规程的落实,以及产后环节的产品质量、卫生指标、包装、保鲜、运输、贮藏和销售控制,确保绿色食品的整体产品质量,并提高整个生产过程的技术含量。

1.3.3 对产品依法实行标志管理

绿色食品标志是一个质量证明商标,属知识产权范畴,受《中华人民共和国商标法》保护。政府授权专门机构管理绿色食品标志,这是一种将技术手段和法律手段有机结合起来的生产组织和管理行为,而不是一种自发的民间自我保护行为。对绿色食品产品实行统一、规范的标志管理,不仅使生产行为纳入了技术和法律监控的轨道,而且使生产者明确自身和对他人的权益责任,同时也有利于企业争创名牌,树立名牌商标保护意识,提高企业和产品的社会知名度和影响力。

由此可见,绿色食品概念不仅表述了绿色食品产品的基本特性,而且蕴含了绿色食品特定的生产方式、独特的管理模式和全新的消费观念,同时也表明,开发绿色食品是一项利国利民、造福子孙的事业。

2 绿色食品与有机食品、无公害农产品的区别

2.1 我国无公害农业生产的内涵

随着替代农业的产生和发展,国际上出现了“有机农业”“生态农业”“生物农业”“自然农业”等不同模式。我国也先后推出了绿色食品、有机食品(农产品)、无公害农产品(食品)等系统工程,这些都属于无公害、安全生产方式。因此,从广义上讲我国无公害农业生产方式

包括了有机食品生产、绿色食品生产和无公害农产品生产(图 1-1-3)。

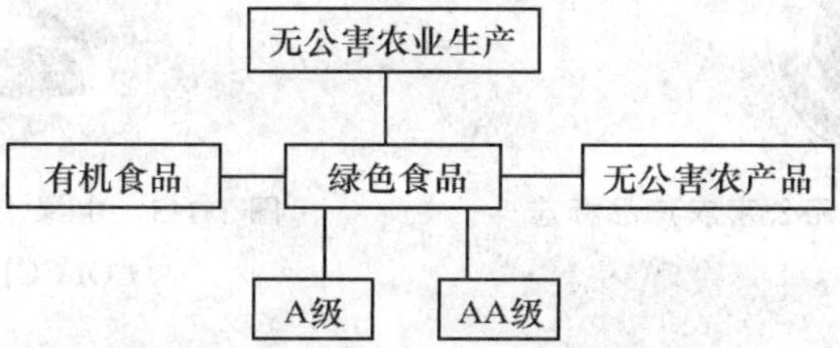

图 1-1-3　我国无公害农业生产方式

有机食品(organic food)是根据有机农业和有机食品生产、加工标准或生产加工技术规范而生产加工出来的经有机食品认证组织认证的无污染、纯天然、高品位的健康食品。

无公害农产品(pollution-free agricultural products),是指源于良好的生态环境,按照无公害农产品生产技术标准生产、加工,其有毒有害物质含量控制在安全允许的范围内,并经有关无公害农产品认证机构检验认证的食品。

我国的绿色食品和无公害农产品、有机食品有很多相同的地方,也有一些明显的区别。

2.2　绿色食品和无公害农产品、有机食品的共同点

2.2.1　绿色食品和无公害农产品、有机食品的产地环境都要求无污染

产地的生态环境是绿色食品和无公害农产品、有机食品的生产基础。因此,产地环境和周边环境中不能存在污染源。确保产地环境中空气、水和土壤的洁净,这是绿色食品和无公害农产品、有机食品生产的共同基础和前提条件。对那些暂时不具备无公害生产条件的地方要加以改造、整治和建设,使其逐步达到绿色食品和无公害农产品、有机食品生产基地的环境条件。

2.2.2　绿色食品和无公害农产品、有机食品都有严格的质量控制体系

三者在生产、收获、加工、贮藏及运输的过程中,都采用了无公害的生产技术,各自都有一套严格的质量控制体系,都要求实现"从土地到餐桌"的全程质量控制,从而保障了其产品无污染的安全特性,都属于安全食品,有利于保护人们的身体健康。

2.2.3　绿色食品和无公害农产品、有机食品都实行标志管理

标志管理的目的是为了充分保证产品质量的可靠,一方面约束生产者和企业按照产品质量标准和标志管理的要求进行生产和销售;另一方面使消费者能够方便地按照鲜明的标志选择和采购食品,同时也有利于执法部门打击假冒伪劣产品 。因此,绿色食品和无公害农产品、有机食品都有各自的得到国家工商行政管理总局注册的标志,并依据标志管理办法进行管理。

绿色食品标志见图 1-1-1,无公害农产品标志见图 1-1-4。有机食品因为不同国家、不同认证机构的标志图形都不一样,因此有不同的标志图形,我国中绿华夏有机食品认证中心(COFCC)的有机食品标志图形见图 1-1-5。

图 1-1-4 农业农村部的无公害农产品标志

图 1-1-5 中绿华夏有机食品认证中心(COFCC)有机食品标志

2.3 绿色食品和无公害农产品、有机食品的不同点

2.3.1 认证机构不同

绿色食品唯一的颁证单位是我国绿色食品发展中心，设立在各省、市、地、县的绿色食品工作机构只能负责检测和申报，不能颁证。

无公害农产品由农业农村部农产品质量安全中心组织全国统一颁证。县(区)级、地级、省级工作机构负责申请材料的形式审查、材料审查、现场检查(限于需要对现场进行检查时)和产品检测、认证申请的初审，由农业农村部农产品质量安全中心最后审核，颁发证书。

有机食品颁证是由国际有机农业运动联盟(International Federation of Organic Agriculture Movements，简称 IFOAM)和中国国家认证认可监督管理委员会(以下简称"国家认监委")通过审定和认可的认证机构才有资格颁证。我国目前已有 20 多家质量认证机构获得国家认监委认可具有有机食品的颁证资质，如中绿华夏有机食品认证中心(COFCC)、南京国环有机产品认证中心(OFDC)、中国质量认证中心(CQC)等。国外也有一些有机食品认证机构[如德国的生态认证中心(ECOCERT)、瑞士的生态市场研究所(IMO)、美国的有机作物改良协会(OCIA)]在我国设有办事处，通过国家认监委认可也可对我国的有机食品进行检测和颁证。

2.3.2 认证方式不同

有机食品的认证实行检查员制度。其认证方式是以检查认证为主，检测认证为辅，强调生产过程的质量安全措施的控制，重视农事操作记录、生产资料购买和应用的记录等。有机食品生产基地一般要有 1～3 年的转换期，转换期间只能颁发有机食品转换证书。有机食品的证书有效期不超过 1 年，第二年必须重新进行检查颁证，有些产品每一批都要颁证，颁证的面积和产量必须与申报和检查的一致，不能超过证书上标明的面积和产量。有机食品生产采用的是生产基地证、加工证和贸易证，三证齐全。

AA 级绿色食品认证基本上同于有机食品认证。A 级绿色食品的认证是以检测认证为主。其认证重在检测工作，包括绿色食品原料产地的环境条件的检测、申报产品的质量安全检测以及已获得绿色食品标志产品的年度抽查检测工作。A 级绿色食品的证书有效期是 3 年，采用的是一品一证，即只颁证给申报的产品。即使是绿色食品生产基地，生产的每种产品也必须单独申报、检测，才能颁证。如茶叶中的绿茶、红茶等茶类，甚至绿茶中的毛尖、

炒青等均不能使用同一个证书。

无公害农产品的认证是以检查认证和检测认证并重为原则。无公害农产品认证工作，在环境技术条件的评价方式上，采用了有机食品认证的检查认证的做法，实行调查评价，检查认证。同时又采用了绿色食品检测认证的方式，对申报产品进行质量与安全检测，对已获得无公害农产品标志的产品实行年度普检制度。

2.3.3　生产和加工的依据不同

绿色食品是根据我国绿色食品生产、加工标准进行生产与加工的，虽然参考了国际有机食品的标准和要求，但符合我国特有的国情。

无公害农产品是依据我国的无公害农产品卫生质量标准和环境监测标准而生产与加工的。

有机食品生产和加工的标准是根据国际有机农业运动国际联盟 IFOAM 的基本准则而制定的，虽然各个国家有机食品认证机构在具体执行上稍有差异，但总的准则不能变。

2.3.4　生产和加工标准的要求不同

有机食品和绿色食品 AA 级在生产和加工过程中禁止使用一切人工合成的化学农药、化学肥料、生长激素、有害的化学添加剂等，只能使用有机肥、生物农药，产品中不得含有化学农药、化肥和有害化学添加剂残留，不得使用基因工程种子和产品。

绿色食品 A 级在生产与加工过程中，可以限量使用国家绿色食品发展中心制定的生产绿色食品的农药、化肥、兽药、食品添加剂等使用准则中的品种，但必须严格执行使用的规则。

无公害农产品在生产与加工过程中，可以按照农业农村部发布的无公害农产品农业行业标准中规定的肥料和农药的使用标准来执行，有关省、市也已制定出一些地方标准可供参照。

2.3.5　安全档次和认证行为有区别

绿色食品和无公害农产品、有机食品在安全档次和认证行为上也有区别。绿色食品与无公害农产品和有机食品都属于农产品质量安全范畴，都是农产品质量安全认证体系的组成部分。无公害食品是保证人们对食品质量安全的需要，符合国家食品卫生质量标准，是最基本的市场准入条件，是满足大众安全消费最基本的需求。绿色食品达到了发达国家的先进标准，满足人们对食品质量高层次的需求。有机食品是满足更高层次的安全消费。所以可以把它们分为 3 个档次，无公害农产品是基本档次，绿色食品是第二档次，有机食品为最高档次。

发展有机食品和绿色食品都是企业行为，企业根据自己具备的条件和需要，可自愿提出申请，政府不应强制。但无公害农产品今后会作为一种政府行为，即关系到生态环境保护和广大消费者身体健康的农产品生产都要强制性地按无公害生产标准执行，否则产品不准进入销售市场，无公害食品证书就是市场准入证。

任务二 调查绿色食品发展现状

【任务要求】

通过本次任务的学习，能了解绿色食品的发展现状及前景，并完成调研报告。

【任务实施】

1 调查

以部门为单位，通过查阅资料或实地调查了解绿色食品的发展现状。

2 写调查报告

将调查结果及查阅内容形成调查报告，每人一篇。要求：每篇不得少于 1 500 字，有具体的数据、例证分析，有自己的建议或计划。

【任务评价】

表 1-2-1 学生课堂表现评价表

企业（班级）： 部门： 姓名：

项目名称	评价标准	师傅	徒弟	部门	平均分	备注
调查报告	优（100～90 分）：完成质量高 良（89～80 分）：完成质量较高 中（79～70 分）：基本完成 及格（69～60 分）：能部分完成 不及格（＜60 分）：不能完成					
部门合作	优（100～90 分）：按分工，积极参与 良（89～80 分）：按分工，较积极参与 中（79～70 分）：按分工，基本参与 及格（69～60 分）：按分工，能部分参与 不及格（＜60 分）：不参与					
职业素质	优（100～90 分）：沟通表达、发现解决问题、团队合作与组织协调、严谨工作、文献检索、信息收集和文字处理等职业素质高 良（89～80 分）：职业素质良好 中（79～70 分）：职业素质一般 及格（69～60 分）：职业素质较差 不及格（＜60 分）：职业素质差					
总分						
平均分						

[师徒共研]

发展绿色食品有什么重大意义？

发展绿色食品的意义是生态效益、社会效益和经济效益的统一，即三效合一。

(1)绿色食品的生态效益。发展绿色食品是生态环境恶化后的明智选择。绿色食品生产对环境的要求严格，绿色食品第一条标准就是产地环境质量标准。绿色食品生产也应保护环境，必须严格遵守绿色食品生产技术，包括生产资料使用准则与生产操作规程。

(2)绿色食品的社会效益。发展绿色食品能促进人类健康，提高人类体质，增进人类经济活动的文明程度；在农业和食品生产中，在追求高质量、高效益的同时，融进环境保护与资源节约的新理念，推动科技进步。绿色食品是高科技的产品，是先进的科技成果与传统的农艺精华有机结合的产物，而且其本身具有承载和促进科技进步的作用。

(3)绿色食品的经济效益。发展现代农业，增加农民收入，使贫穷地区产品形成品牌效应，提高价格，增强竞争力。开发绿色食品为中国食品出口带来了希望，发展绿色食品为解决中国粮油食品出口危机创造了新机遇。

生产绿色食品，保护自然资源和生态环境。消费绿色食品，增进人们身体健康。生产和消费绿色食品，促进社会、经济、生态良性循环和协调发展，达到“三效合一”的效果。

[知识链接]

1　绿色食品产生的原因

1.1　生态环境恶化

工业化的食物生产方式使生态环境恶化，生态环境恶化促使人类改变食物生产方式。

(1)大量使用化学农药和除草剂。有毒、有害物质在空气、土壤与水体中残留，先严重污染了环境，接着污染了生物和食品，最终进入食物链的末端损害人体健康。美国国家环境保护局曾对已注册的360种农药进行重新评审，其中70多种被认为有潜在的致癌作用。

(2)片面依赖化学肥料增产。忽视有机肥使用，土壤中有机质减少，限制了微生物的活动，土壤理化性质恶化，导致土壤肥力下降，土地生产能力萎缩，造成环境与食品污染。大量施用氮肥与磷肥易造成硝酸盐污染与水体富营养化。

(3)过分强调农业机械措施。机械化加上不合理的耕作，易引起水土流失、草原退化、沙漠化面积扩大等后果，所以现代农业又重新推崇精耕细作的传统农业模式。

(4)对石油能源过度依赖与能源短缺形成了尖锐的矛盾。农业生产中大量使用化学物质造成了对石油能源的过度依赖，如能以新型农药(如生物农药)代替化学农药将会使农业生产更加自由。

(5)过分推崇现代生物技术产生的转基因食品。转基因食品可能对生态系统、物种和天然基因乃至人类健康与安全造成不利影响。国外呼吁替代农业的出现,一系列农业模式,如有机农业、生态农业、再生农业、可持续农业相继出现,而我国则发展绿色食品工程。

1.2 食品安全问题

(1)为了适应食品安全需求,绿色食品应运而生。近年来世界上发生了许多食品安全重大事件,例如英国的"疯牛病"事件、比利时的"二噁英"事件等。

(2)绿色食品是人们生活质量提高后的必然选择。进入20世纪90年代,我国城乡人民在基本解决温饱问题的基础上,开始对食物的质量提高要求:一是对品质要求高,要求品种优良、营养丰富、风味和口感好;二是对加工质量要求高,拒绝滥用食品添加剂,如防腐剂、抗氧化剂、人工合成色素等;三是对卫生要求高,关注食品是否有农药残留、重金属污染、细菌超标;四是对包装要求高,要求包装新颖、美观以及材质对食品无污染。人们的需求由数量消费型转向质量消费型,由吃得饱、吃得好转向吃得营养、吃得安全。

2 中国绿色食品的发展历程和现状

2.1 中国绿色食品的发展历程

中国绿色食品事业从产生至今,经历了3个主要发展阶段,完成了从提出绿色食品的科学概念→建立绿色食品生产体系和管理体系→组织实施绿色食品工程→稳步向社会化、产业化、市场化、国际化方向推进的转变。

2.1.1 起步阶段

1990—1993年,是我国绿色食品从全国农垦系统启动的基础建设阶段。1990年,中国绿色食品工程率先在农垦系统正式实施,在此后的三年中,全国绿色食品工程的主要工作是完成管理体系、标准体系、管理法规建设等一系列基础工作,主要包括:

(1)绿色食品管理体系建设。农业部设立专门的绿色食品管理机构,与此同时,分批在全国各省(自治区、直辖市)委托成立相应的省级绿色食品管理机构。由于我国绿色食品事业在农垦系统起步,当时的省级管理机构基本上以挂靠当地农垦管理部门为主。

(2)绿色食品质量监(检)测体系建设。包括绿色食品产品检测和产地环境质量监测和评价体系建设。农业部分地域委托部级食品质量检测中心对全国绿色食品产品进行质量检测。同时,根据农业环境监测地域性强的特点,结合认证管理与质量监督分设的原则,各省(自治区、直辖市)绿色食品管理机构委托具备农业环境质量监测与评价能力和相应资质的机构进行产地环境质量监测。

(3)绿色食品标准技术体系建设。包括认证管理、环境评价、产品质量等一系列标准。

(4)绿色食品认证管理法律体系建设。先后制定出台了《绿色食品标志管理办法》及相关管理规定,在国家工商行政管理总局注册绿色食品商标标志等。

(5)绿色食品产品开发。我国绿色食品起步之初,产品开发主体是农垦系统,绿色食品产品开发在一些农场快速起步,并不断取得进展。1990 年绿色食品工程实施的当年,全国就有 127 个产品获得绿色食品标志商标使用权。1993 年全国绿色食品发展出现第一个高峰,当年新增产品数量达到 217 个。

2.1.2　快速发展阶段

1994—1996 年,是我国绿色食品事业向全社会推进的加速发展阶段。这一阶段内,全国绿色食品基础性工作基本完成,进入了绿色食品事业快速发展的阶段,其间产品开发规模迅速扩大,并呈现出五大特点。

(1)绿色食品产品数量连续两年高增长。1995 年新增产品达到 263 个,为 1993 年的 1.21 倍;1996 年继续保持快速增长势头,新增产品 289 个,增长 9.9%。

(2)绿色食品农业种植规模迅速扩大。1995 年绿色食品农业种植面积达到 114 万 hm^2,比 1994 年扩大 3.6 倍,1996 年扩大到 214 万 hm^2,比上一年度增长 87.7%。

(3)绿色食品产量迅速增加,产量增长速度超过产品个数的增长。1995 年主要产品产量达到 210 万 t,比上年增加 203.8%,超过产品个数增长率 4.9 个百分点;1996 年达到 360 万 t,增长 71.4%,超过产品个数增长率 61.5 个百分点,表明了单个绿色食品企业规模在不断扩大。

(4)产品结构与城乡居民日常消费趋近。与 1995 年相比,1996 年粮油类产品比重上升 53.3%,水产类产品上升 35.3%,饮料类产品上升 20.8%,畜禽蛋奶类产品上升 12.4%。

(5)县域开发逐步展开。全国许多县(市)依托本地资源,在全县范围内组织绿色食品开发和建立绿色食品生产基地,使绿色食品开发成为县域经济发展富有特色和活力的增长点。

2.1.3　全面推进阶段

1997 年以后,是我国绿色食品事业向社会化、市场化、国际化全面推进的阶段。绿色食品社会化进程加快主要表现在:我国地方政府和部门进一步重视绿色食品的发展,广大消费者对绿色食品认知程度越来越高,新闻媒体主动宣传、报道绿色食品,学术界也日益重视对绿色食品的探讨。

绿色食品市场化进程加快主要表现在:随着一些大型企业宣传力度的加大,绿色食品市场环境越来越好,市场覆盖面越来越大,广大消费者对绿色食品的需求日益增长,而且通过市场的带动作用,产品开发的规模进一步扩大。绿色食品国际市场潜力逐步显示出来,一些地区绿色食品生产企业的产品陆续出口到日本、美国、欧洲等国家和地区,显示出了绿色食品在国际市场上的强大竞争力。

绿色食品国际化进程加快主要表现在:对外交流与合作的深度和层次逐步提高,绿色食品与国际接轨工作也迅速启动。为了扩大绿色食品标志商标产权保护的领域和范围,绿色食品标志商标相继在日本和我国香港地区开展注册;为了扩大绿色食品出口创汇,中国绿色食品发展中心参照有机农业国际标准,结合中国国情,制定了 AA 级绿色食品标准,这套标准不仅直接与国际接轨,而且具有较强的科学性、权威性和可操作性。另外,通过各种形式的对外交流与合作，以及一大批绿色食品进入国际市场，中国绿色食品在国际社会引起了日益广泛的关注。

2.2 中国绿色食品的发展现状

中国绿色食品产业已形成了具有鲜明特色的发展模式，为保护我国农业生态环境、推动农业标准化生产，促升农产品质量安全水平，扩大农产品出口，促进农业增效，农民增收发挥了重要的示范带动作用。

2.2.1 产品总量初具规模

截至 2014 年年底，全国有效使用绿色食品标志的企业总数 8 700 家，产品 21 153 个，创建 635 个绿色食品原料标准化生产基地，基地种植面积 1.6 亿亩。

2.2.2 标准体系逐步完善

按照“从农田到餐桌”全程质量控制的技术路线，参照发达国家农产品和食品质量安全标准，绿色食品建立起了科学、严格、系统的标准体系，整体达到或超过国际先进水平。绿色食品标准体系主要由四部分组成：产地环境质量标准、生产过程技术标准、产品质量安全标准、包装标识与标准。

2.2.3 认证规范基本建立

绿色食品以标准化生产为基础，实行产品认证与证明商标管理相结合的基本制度。按照国家认证认可的基本要求，结合农产品认证的特点，绿色食品建立了体系完整、程序规范的认证制度，保证了认证的有效性。绿色食品认证程序主要是依据标准，对产地环境、产品生产加工过程及投入品的使用管理、产品质量检测、产品包装和储运等进行现场检查、审核和评定。依据我国《商标法》，通过认证的企业许可使用绿色食品标志。绿色食品标志是在中国国家商标局注册的证明商标，现已分别在日本、中国香港、美国、俄罗斯、英国等国家和地区注册。

2.2.4 监管制度全面推行

为了保证获证产品质量，规范企业使用标志行为，维护市场秩序，绿色食品现已建立并推行了企业年检、产品抽检、市场监察、产品公告四项基本监管制度。企业年检主要是检查督促落实绿色食品标准化生产；产品抽检主要是发现和处理质量不合格产品；市场监察主要是纠正违规使用标志行为，查处假冒产品；产品公告主要是公开获证和退出产品信息。

3 我国绿色食品产业的发展前景和趋势

3.1 把发展绿色食品作为引导和促进农业结构战略性调整的一项有效措施来抓

全国绿色食品总量规模目前还不很大，实物生产量只占全国同类产品的 1%左右，但在某些产品类别上和农业生态环境及资源条件较好的部分地区，绿色食品已占有较大比重。预计全国绿色食品未来发展速度会进一步加快，并大大超过现在的规模，所占比重也将有较大的提高，在某些地区的某些产品门类上，有可能成为主体。这一发展趋势表明，绿色食品的发展对农业结构调整和农民收入增长将产生日益重要的影响，主要反映在3个方面：

思政花园

民以食为天，食以安为先，安以质为本，质以诚为根。

一是促进农产品质量提高，优化产品结构。卫生安全性是当前农产品质量的突出矛盾，是提高质量、优化结构需要解决的首要问题。发展绿色食品将大大提高农产品卫生安全标准，对增强质量比较优势，优化产品结构具有重要意义。此外，还将有利于增强农产品加工企业的产品竞争力，促进农产品加工业的发展和农产品结构的升级。

二是促进优势农产品发展，优化生产布局。各地的实践证明，把发展绿色食品与调整农业生产布局结合起来，有利于加快优势农产品的发展，增强区域比较优势。例如，黑龙江、江苏的大米，内蒙古的乳制品，湖南、福建的茶叶，北京、山东的蔬菜等，不同程度上都是在绿色食品开发的促进和带动下，发展为优势产业，形成了以绿色食品为特色的区域生产布局。

三是促进产业化龙头企业发展，优化生产组织结构。通过“从土地到餐桌”的质量管理模式和绿色食品标志的纽带作用，建立并强化了“企业＋原料基地＋农户”的生产组织结构和利益联结机制，增强了龙头企业的竞争力和带动力，从而推动了农业产业一体化发展。目前，在全国151个国家级重点龙头企业中，绿色食品企业有51个，超过1/3。随着绿色食品龙头企业的发展，绿色食品在优化农业生产组织结构和推动农业产业化进程方面将发挥更大的作用。

因此，开发绿色食品符合农产品的发展方向，是引导和促进农业结构战略性调整的一项有效措施，必须坚持不懈地抓紧抓好。

3.2 把发展绿色食品当作开展农产品质量安全工作的示范来抓

发展绿色食品是开创性的工作，特别是已取得的制度创新和机制创新，对加强农产品质量安全制度建设和无公害农产品及有机食品工作具有重要的借鉴意义。主要表现在：以质量认证为基本手段进行质量安全管理；以质量证明商标为纽带，建立健全认证管理体系；实行“从土地到餐桌”的全过程质量管理，立足基本国情，借鉴国际先进标准建立配套的技术标准体系；充分利用和合理整合资源，建立质量监测检验体系；发挥龙头企业的主导作用，通过原料基地建设推动农业的标准化生产和规范化管理；以国际市场为导向，促进农产品安全质量标准的提高等。绿色食品工作在许多方面已走在了农产品质量安全管理工作的前面，为提高我国农产品的质量安全水平起到了积极的示范带动作用。

3.3 把发展绿色食品作为扩大我国农产品出口、积极应对入世挑战的一项重要工作来抓

积极应对入世挑战，减少冲击，扩大出口是农业和农村经济工作面临的重大任务。农业

部门就是要千方百计地为提高我国农产品的国际竞争力，扩大出口，保护和增进农民利益多想办法，多找出路。目前，绿色食品在质量标准和品牌影响力上都具有一定的竞争优势，特别是有打破“绿色壁垒”的优势，具备了扩大出口的技术条件。从一些国家的农产品质量安全制度看，农产品在技术标准和认证条件上都是分层次的，比如有机农产品、减农药减化肥农产品、常规农产品等。我国AA级绿色食品或有机食品可以实行与国际认证接轨，扩大出口；A级绿色食品同样也可以通过双边或多边的认证接轨，扩大出口，而且具有更大的市场空间和出口潜力。近几年全国绿色食品出口贸易额保持了50%以上的增长率，产品出口率已达到6.5%。只要工作做好了，绿色食品的出口潜力还能进一步得到发挥，成为带动我国农产品大规模进军国际市场的一支主导力量。因此，绿色食品不仅要立足国内创品牌，引导国内消费，而且要面向国际市场，发挥比较优势，在扩大我国农产品出口方面担当起义不容辞的责任。

绿色食品工作的新定位标志着绿色食品工作正处于一个重要的转折时期，要求必须实现3个转变：一是从相对独立发展，转变为农产品质量安全工作的重要组成部分；二是从追求自我发展为主，转变为在加快自身发展的同时，发挥在新阶段农业中的积极作用；三是从偏重市场运作，转变为加强政府引导、推动与市场拉动相结合。只有这样，才能适应新的形势，把握发展机遇，赢得工作的主动。

绿色食品和无公害食品、有机食品的工作是协调统一、各有侧重和相互衔接的。无公害食品是绿色食品和有机食品发展的基础，而绿色食品和有机食品是在无公害食品基础上的进一步提高。为了遏制农产品质量安全形势严峻的局面，实施“无公害食品行动计划”是当前质量安全工作的主攻方向和紧迫任务；今后随着农产品质量安全形势的根本好转，绿色食品特别是A级绿色食品可能成为继无公害食品之后的主要认证产品，成为农产品质量安全认证工作的重点。因此，我们当前一方面要抓紧抓好“无公害食品行动计划”的实施，实现我国主要食用农产品的生产和消费安全；另一方面，在有条件的地方和企业，对有条件的产品，要加快发展绿色食品，充分发挥绿色食品的积极作用，同时积极发展有机食品，为未来的农产品质量安全认证工作打下更坚实的基础，创造更有利的条件。

项目二
绿色食品质量标准体系构成

知识目标

1. 了解标准及标准化分级及分类；

2. 了解绿色食品标准的概念、制定依据及原则、作用；

3. 说明绿色食品质量标准体系的概念、制定依据和原则、作用；

4. 了解绿色食品质量标准目录。

技能目标

1. 能识别国家标准、行业标准、地方标准和团体标准、企业标准；

2. 能掌握绿色食品标准体系的构成；

3. 能说出绿色食品产地环境质量标准，绿色食品生产技术标准，绿色食品产品标准，绿色食品包装、标签与储运标准规定。

德育目标

1. 培养学生良好的沟通表达能力；

2. 培养学生分析问题、解决问题的能力；

3. 培养学生较强的团队合作与组织协调能力；

4. 培养学生科学严谨的工作态度；

5. 培养学生文献检索、信息收集和文字处理的能力。

任务一 识别各类标准

【任务要求】

通过本次任务的学习，能识别国家标准、行业标准、地方标准、团体标准和企业标准。

【任务实施】

1 识别标准

判断以下标准哪些是国家标准、行业标准、地方标准、团体标准和企业标准。

(1)《食品安全国家标准 包装饮用水生产卫生规范》(GB 19304—2018)

(2)《枇杷贮藏技术规范》(NY/T 3102—2017)

(3)《预应力钢丝及钢绞线用热轧盘条》(GB/T 24238—2017)

(4)《质量管理 顾客满意监视和测量指南》(GB/Z 27907—2011)

(5)《绿色食品 豆类》(NY/T 285—2012)

(6)《地理标志产品 四格乌洋芋》(DB52/T 1080—2016)

(7)《铁路电力牵引变电所所用电系统设计规范标准》(TB 10080—2002)

(8)《延长线器具安全插座技术条件及检测方法》(T/TBPS 4119—2019)

(9)《芥末油》(Q/WSX 0003S—2012)

(10)《饲料用苹果渣》(DB62/T 2409—2013)

2 查询标准

学会查询国际标准、国家标准、行业标准、地方标准和团体标准、企业标准。

【任务评价】

表 2-1-1 学生课堂表现评价表

企业(班级)： 部门： 姓名：

项目名称	评价标准	师傅	徒弟	部门	平均分	备注
识别标准	优(100～90 分)：识别准确 良(89～80 分)：识别较准确 中(79～70 分)：基本识别 及格(69～60 分)：能部分识别 不及格(＜60 分)：不能识别					

续表 2-1-1

项目名称	评价标准	师傅	徒弟	部门	平均分	备注
查询标准	优(100～90 分):查询准确 良(89～80 分):查询较准确 中(79～70 分):基本准确 及格(69～60 分):能部分查询准确 不及格(<60 分):不能查询					
部门合作	优(100～90 分):按分工,积极参与 良(89～80 分):按分工,较积极参与 中(79～70 分):按分工,基本参与 及格(69～60 分):按分工,能部分参与 不及格(<60 分):不参与					
职业素质	优(100～90 分):沟通表达,发现解决问题,团队合作与组织协调,严谨的工作,文献检索、信息收集和较强的文字处理等职业素质高 良(89～80 分):职业素质良好 中(79～70 分):职业素质一般 及格(69～60 分):职业素质较差 不及格(<60 分):职业素质差					
总分						
平均分						

[师徒共研]

1. 为什么说标准化有利于消除贸易中的技术壁垒?

技术壁垒是指科学技术上的关卡,即指国家或地区政府对产品制定的(科学技术范畴内的)技术标准,如产品的规格、质量、技术指标等。

技术壁垒是以技术为支撑条件,即商品进口国在实施贸易进口管制时,通过颁布法律、法令、条例、规定、建立技术标准、认证制度、卫生检验检疫制度、检验程序以及包装、规格和标签标准等,提高对进口产品的技术要求,增加进口难度,最终达到保障国家安全、保护消费者利益和保持国际收支平衡的目的。

标准化与国际化密切相连,在标准化的过程中,积极采用国际标准,可以消除国际贸易技术壁垒,提高本国产品在国际市场上的竞争力,发展对外贸易。在国际贸易中,商品标准是进行仲裁的依据,利用标准化可以保护本国利益,因此标准化在消除技术壁垒过程中有重要作用。

2.怎样进行相关标准查询?

标准查询方法很多,比如在国家标准化管理委员会官方网站、全国标准信息公共服务平台等网站可准确地查询国际标准、国家标准、行业标准、企业标准、团体标准。

[知识链接]

1 标准的分级及分类

1.1 标准的分级

我国于1988年12月29日由第七届全国人民代表大会常务委员会第五次会议通过并于1989年4月1日起实施《中华人民共和国标准化法》,2017年11月4日第十二届全国人民代表大会常务委员会第三十次会议进行了修订。该法将我国的标准分为国家标准、行业标准、地方标准和团体、企业标准。国家标准由国务院标准化行政主管部门负责组织制定。

行业标准由国务院有关行政主管部门负责组织制定,并报国务院标准化行政主管部门备案。

为满足地方自然条件、风俗习惯等特殊技术要求,可以制定地方标准。

地方标准由省、自治区、直辖市人民政府标准化行政主管部门制定,报国务院标准化行政主管部门备案。

国家鼓励学会、协会、商会、联合会、产业技术联盟等社会团体协调相关市场主体共同制定满足市场和创新需要的团体标准。企业可以根据需要自行制定企业标准,或者与其他企业联合制定企业标准。

以上标准各层次之间有一定的依从关系和内在联系,形成一个覆盖全国又层次分明的标准体系。它们之间的关系是这样的:国家标准高于行业标准,在国家标准公布之后,相关的行业标准即行废止。在公布国家标准或者行业标准之后相关的地方标准即行废止。国家鼓励社会团体、企业制定高于推荐性标准相关技术要求的团体标准、企业标准,在团体、企业内部使用。

此外,为适应某些领域标准快速发展和快速变化的需要,于1998年规定在四级标准之外,增加一种"国家标准化指导性技术文件",即"指导性国家标准",作为对国家标准的补充。指导性技术文件仅供使用者参考。

1.2 标准的分类

从标准的法律效力上看,标准可分为强制性标准和推荐性标准。

1.2.1　强制性标准

《中华人民共和国标准化法》第十条规定："对保障人身健康和生命财产安全、国家安全、生态环境安全以及满足经济社会管理基本需要的技术要求，应当制定强制性国家标准。"

强制性标准是具有一定的法律属性，在一定范围内通过法律、行政法规等手段强制执行的标准。

> **思政花园**
>
> 必须深化改革创新，用最严谨的标准、最严格的监管、最严厉的处罚、最严肃的问责，进一步加强食品安全工作，确保人民群众"舌尖上的安全"。
>
> ——2019年5月9日《中共中央　国务院关于深化改革加强食品安全工作的意见》

另外，《中华人民共和国产品质量法》第十四条规定："国家参照国际先进的产品标准和技术要求，推行产品质量认证制度。"国家推行的产品质量认证制度就是法律性行为。依产品质量认证制度规定进行产品质量认证时，作为认证用的产品标准，不管是强制性标准还是推荐性标准，对实行认证的生产企业就有强制执行性质，企业生产的产品就必须符合该产品标准。当用户或消费者购买的该企业生产的有认证标志的产品不符合产品标准时，可以依法起诉，要求该生产企业赔偿损失。

1.2.2　推荐性标准

推荐标准又称非强制性标准或自愿性标准。这类标准是指生产、交换、使用等方面，通过经济手段或市场调节而自愿采用的。推荐性标准不具有强制性，任何单位和个人均有权决定是否采用，不构成经济或法律方面的责任。然而，推荐性标准一经接受并采用，或各方商定同意纳入经济合同中，就成为各方必须共同遵守的技术依据，具有法律上的约束性。

2　标准的代号及名称构成

2.1　标准代号

2.1.1　国家标准

以代号 GB 表示，如 GB/T 18407.1—2001《农产品安全质量　无公害蔬菜产地环境要求》是国家标准。

2.1.2　行业标准

行业标准代号由行业标准归口部门统一管理。归口部门不同，其代号也不相同。一般以行业名称的汉语拼音首字母表示，如农业行业代号为 NY、粮食行业 LS、林业代号 LY 等，如：NY/T 285—2012 表示农业行业标准——《绿色食品　豆类》。

2.1.3　地方性标准

代号为 DB(地方标准代号)+"省、自治区、直辖市行政区代码前两位"+"/"+"顺序号"+"年号"，如：DB 45/T 1536—2017《甘蔗原醋生产技术规程》。

2.1.4 企业标准

代号为Q(企业产品标准)+“/”+“企业名称缩写”+“当地质量技术监督局发放的流水号”,如Q/SY 1529—2012《环境因素识别和评价方法》。

2.1.5 团体标准

代号为TB(团体校准代号)+年代号“/”+顺序号(不编虚号)+社会团体代号(字母缩写),如TB 61/QCXH1—2015《汽车工业协会第一个团体标准》。

2.1.6 其他

强制性和推荐性标准也可以通过代号区分,推荐性标准以汉语“推”字拼音的首字母表示,写成“T”,而强制性标准则不带。如NY/T 285—2012表示推荐性标准,而指导性技术文件代号为以“/Z”(“Z”为“指”的汉语拼音的第一个字母)表示,如GB/Z 20965—2007《控制网络HBES技术规范 住宅和楼宇控制系统》表示的是技术文件。

2.2 标准名称的构成

标准名称由几个尽可能短的独立要素,即引导要素、主体要素和补充要素三个要素构成。

引导要素(肩标题):表示标准隶属的专业技术领域或类别,即标准化对象所属的技术领域范围。

主体要素(主标题):表示在特定的专业技术领域内所讨论的主题,即标准化的对象。

补充要素(副标题):表示标准化对象具体的技术特征。

构成标准名称的三要素,是按从一般到具体(或者说是从宏观到微观)排列的。各要素间既相互独立和补充,而内容又不重复和交叉。例如:GB/T 17451—1998《技术制图 图样画法 视图》,其中“GB/T 17451”为标准代号,“技术制图”为引导要素(肩标题),“图样画法”为主体要素(主标题),“视图”为补充要素(副标题)。

每个标准必须有主体要素,即标准的主标题不能省略。如果主标题和副标题一起使用便可清楚、明确地表达标准的主题时,可省略肩标题。

任务二 掌握绿色食品标准体系构成

【任务要求】

通过本次任务的学习,能掌握绿色食品标准体系构成以及目前已颁布的绿色食品主要标准和技术规则的具体内容。

【任务实施】

1　制订玉米绿色食品生产施肥方案

根据当地肥力水平和施肥习惯，制定生产玉米绿色食品生产施肥方案。

2　制订水稻绿色食品生产防治病虫害农药方案

根据水稻在不同时期易发生的病虫害，选择一种或几种水稻病虫害，制订水稻绿色食品生产中防治病虫害的农药使用方案。

表 2-2-1　水稻在不同时期易发生的病虫害

生长时期	病虫害种类	具体名称
苗期	病害	恶苗病、苗瘟、白叶枯病
	虫害	稻飞虱
移栽到返青期	病害	纹枯病、稻瘟病
	虫害	稻蓟马、三化螟
分蘖拔节期	病害	纹枯病、节瘟病
	虫害	稻纵卷叶螟
孕穗抽穗期	病害	稻颈瘟、稻曲病
	虫害	三化螟、二化螟
灌浆成熟期	病害	稻瘟病、稻曲病

3　设计一款绿色食品包装

要求：绿色食品包装既要强调资源消耗低、无环境污染、经济效益高三重特性，又要体现特色鲜明、视觉舒适、安全健康三大理念，包装材料要可降解，可回收利用，达到保护生态环境的目标。

4　设计一款绿色食品标签

要求：按绿色食品标签标准要求，标注相关内容。

【任务评价】

表 2-2-2　学生课堂表现评价表

企业(班级)：　　　　　　部门：　　　　　　姓名：

项目名称	评价标准	师傅	徒弟	部门	平均分	备注
制定方案	优(100～90 分)：方案科学合理 良(89～80 分)：方案较科学合理 中(79～70 分)：方案基本科学合理 及格(69～60 分)：方案部分科学合理 不及格(＜60 分)：方案缺乏科学合理性					
设计成果	优(100～90 分)：设计符合标准 良(89～80 分)：设计较符合标准 中(79～70 分)：设计基本符合标准 及格(69～60 分)：设计部分符合标准 不及格(＜60 分)：设计缺乏符合标准					
部门合作	优(100～90 分)：按分工，积极参与 良(89～80 分)：按分工，较积极参与 中(79～70 分)：按分工，基本参与 及格(69～60 分)：按分工，能部分参与 不及格(＜60 分)：不参与					
职业素质	优(100～90 分)：沟通表达，发现解决问题，团队合作与组织协调，严谨的工作，文献检索、信息收集和较强的文字处理能力等职业素质高 良(89～80 分)：职业素质良好 中(79～70 分)：职业素质一般 及格(69～60 分)：职业素质较差 不及格(＜60 分)：职业素质差					
总分						
平均分						

[师徒共研]

1. 绿色食品怎么实现“从土地到餐桌”全程质量控制？

绿色食品按照“从土地到餐桌”全程质量控制的技术路线，建立了产地环境、生产过程、产品质量、包装、运输等环节的绿色食品标准。

2. 衡量绿色食品的质量标准是什么？

绿色食品标准以全程质量控制为核心，由以下 6 个部分构成：

(1)绿色食品产地环境质量标准。规定了产地的空气质量标准、农田灌溉水质标准、渔业水质标准、畜禽养殖用水标准和土壤环境质量标准的各项指标以及浓度限值、监测和评价方法，并提出了绿色食品产地土壤肥力分级和土壤质量综合评价方法。

(2)绿色食品生产技术标准。绿色食品生产过程的控制是绿色食品质量控制的关键环节。绿色食品生产技术标准是绿色食品标准体系的核心，它包括绿色食品生产资料使用准则和绿色食品生产技术操作规程两部分。

(3)绿色食品产品标准。该标准是衡量绿色食品最终产品质量的指标尺度。它虽然跟普通食品的国家标准一样，规定了食品的外观品质、营养品质和卫生品质等内容，但其卫生品质要求高于国家现行标准，主要表现在对农药残留和重金属的检测项目种类多、指标严，而且使用的主要原料必须是来自绿色食品产地的、按绿色食品生产技术操作规程生产出来的产品。

(4)绿色食品包装标签标准。该标准规定了进行绿色食品产品包装时应遵循的原则，包装材料选用的范围、种类，包装上的标识内容等。要求产品包装从原料、产品制造、使用、回收和废弃的整个过程都应有利于食品安全和环境保护，包括包装材料的安全、牢固性，节省资源、能源，减少或避免废弃物产生，易回收循环利用，可降解等具体要求和内容。

绿色食品产品标签，除要求符合国家《食品标签通用标准》外，还要求符合《中国绿色食品商标标志设计使用规范手册》规定，该手册对绿色食品的标准图形、标准字形、图形和字体的规范组合、标准色、广告用语以及在产品包装标签上的规范应用均做了具体规定。

(5)绿色食品贮藏、运输标准。该项标准对绿色食品贮运的条件、方法、时间做出规定，以保证绿色食品在贮运过程中不遭受污染、不改变品质，并有利于环保、节能。

(6)绿色食品其他相关标准。包括“绿色食品生产资料”认定标准、“绿色食品生产基地”认定标准等，这些标准都是促进绿色食品质量控制管理的辅助标准。

以上6项标准对绿色食品产前、产中和产后全过程质量控制技术和指标做了全面的规定，构成了一个科学的、完整的标准体系。

[知识链接]

1　绿色食品标准

1.1　绿色食品标准的概念

绿色食品标准是应用科学技术原理，结合绿色食品生产实践，借鉴国内外相关标准制定的，在绿色食品生产中必须遵循，绿色食品认证时必须依据的技术性文件。它既是绿色食品生产者的生产技术规范，也是绿色食品认证的基础和质量保证前提。绿色食品标准是国家的行业标准，对经认证的绿色食品生产企业是强制性标准，必须严格执行。绿色食品标准不是单一的产品标准，而是由一系列标准构成的、非常完善的标准体系。

1.2 制定绿色食品标准的作用

(1)绿色食品标准是绿色食品质量认证和质量体系认证的基础。

(2)绿色食品标准是开展绿色食品生产和管理活动的技术、行为规范。

(3)绿色食品标准是推广先进生产技术、提高农业及食品生产加工水平(绿色食品生产水平)的指导性技术文件。

(4)绿色食品标准是维护绿色食品生产者和消费者利益的技术和法律依据。

(5)绿色食品标准是提高我国农产品及食品质量、增强我国食品在国际市场竞争力、促进产品出口创汇的技术目标依据。

(6)绿色食品标准为我国加入WTO以后,开展可持续农产品及有机农产品平等贸易提供了技术保障依据,为我国农业,特别是生态农业、可持续农业在对外开放过程中提高自我保护、自我发展能力创造了条件。

2 绿色食品质量标准体系概述

2.1 绿色食品质量标准体系的构成

绿色食品标准体系以"从土地到餐桌"全程质量控制为核心,包括绿色食品产地环境质量标准,绿色食品生产技术标准,绿色食品产品标准,绿色食品包装、标签、储运标准以及其他相关标准,构成一个完整的质量控制体系,见图2-2-1。

绿色食品实施:"环境有监测、操作有规程、生产有记录、产品有检验、上市有标志"的全程标准化生产模式。通过技术服务、专业培训、基地建设、产品认证等方式,落实统一的管理制度和技术措施,实现从产地环境、生产过程、投入品使用、产品质量全过程的有效监管,既保障绿色食品质量安全水平,又提高农民标准化生产能力和水平。

这些标准贯穿了绿色食品产地环境监测、生产加工控制、产品质量检验和包装储运规范。

2.2 绿色食品产地环境质量标准

制定绿色食品产地环境质量标准的目的,一是强调绿色食品必须产自良好的生态环境地域,以保证绿色食品最终产品的无污染、安全性;二是促进对绿色食品产地环境的保护和改善。

绿色食品产地环境质量标准规定了产地的空气质量标准、农田灌溉水质标准、渔业水质标准、畜禽养殖用水标准和土壤环境质量标准的各项指标以及浓度限值、监测和评价方法。提出了绿色食品产地土壤肥力分级和土壤质量综合评价方法。对于一个给定的污染物在全国范围内其标准是统一的,必要时可增设项目,适用于绿色食品(AA级和A级)生产的农田、菜地、果园、牧场、养殖场和加工厂。

2.2.1 绿色食品产地环境质量标准的概念

环境标准是由政府所制定的强制性的法规。所谓环境质量标准体系是指为保护和改善

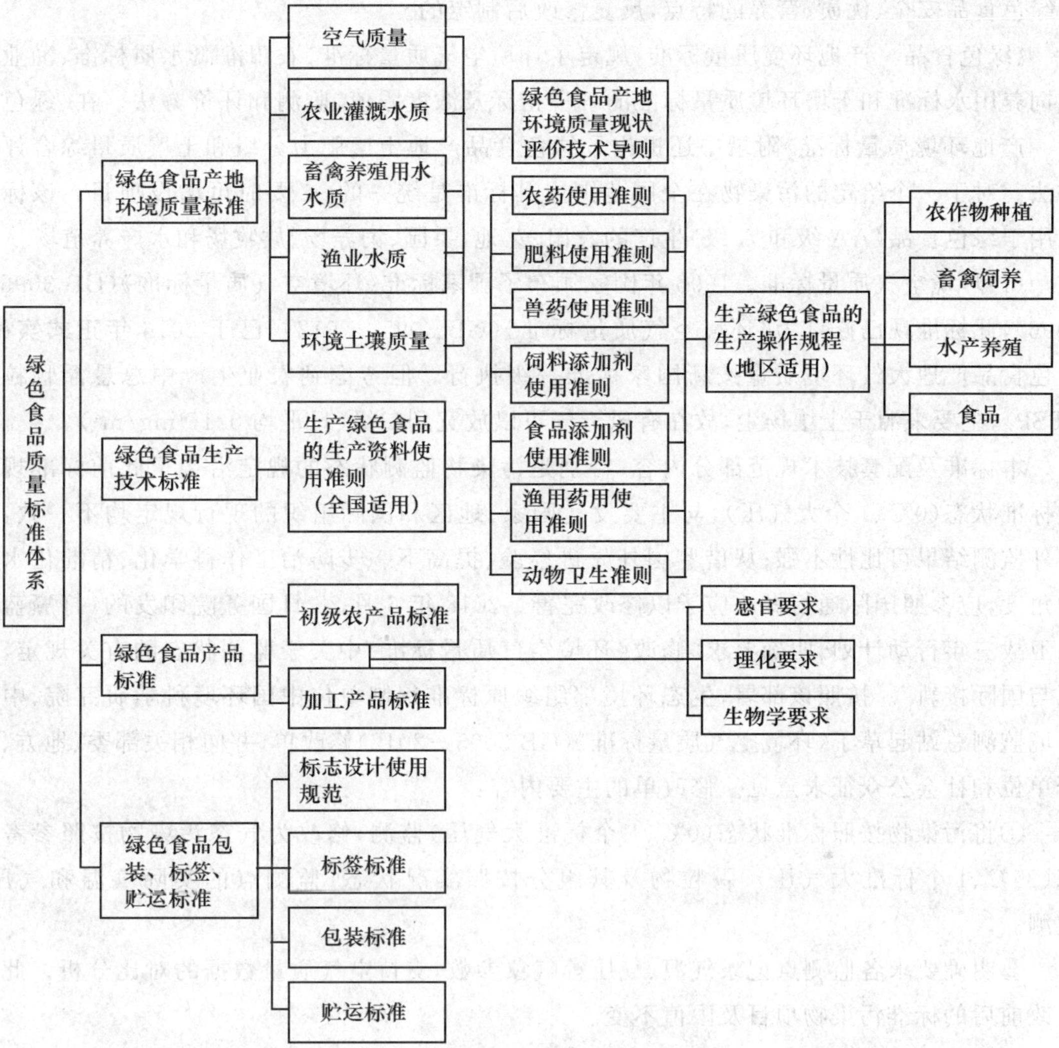

图 2-2-1　绿色食品质量标准化体系框架

环境质量，有效控制污染源排放，从而获得最佳的经济和环境效果，由环境保护机构全面规划、统一协调、分工、组织制定的一系列标准的总称，它是评价和提高环境质量水平的重要技术基础。

绿色食品产地环境质量标准是一系列用于度量、测定产地环境质量水平、污染物排放强度或有害能量释放强度并具法律效力的控制量，是以生态环境、人体健康为基准，由中国绿色食品发展中心委托有关环境管理、科研、教学部门，根据实现一定时期内环境目标的需要，各类环境的不同功能和技术、经济上的可行性来制定的。

2.2.2　绿色食品产地环境质量标准的概况

按其介质的不同，环境质量标准可分为空气、水质、土壤三部分。绿色食品地环境质量标准是在全面调查了主要包括大气、水、土壤中的污染因子对农业生产的影响后，科学地结合绿色食品安全、优质、营养的特点,反复修改后制定的。

《绿色食品　产地环境质量标准》规定了环境空气质量标准、农田灌溉水质标准、渔业畜禽饲养用水标准和土壤环境质量标准的各项指标及浓度限值、监测和评价方法。在《绿色食品　产地环境质量标准》附录中还提出了绿色食品产地土壤肥力分级和土壤质量综合评价方法。对于一个给定的污染物在全国范围内其标准是统一的,必要时可增设项目。该标准适用于绿色食品(AA 级和 A 级)生产的农田、菜地、果园、饲养场、放牧场和水产养殖场。

(1)环境空气质量标准。1996 年国家颁布了国家标准《环境空气质量标准》(GB 3095—1996),此标准现已修订为《环境空气质量标准》(GB 3095—2012),已于 2016 年正式实施。绿色食品产地大气环境质量按新国家标准一级执行。但考虑到农业生产中总悬浮颗粒物(TSP),主要来源于土壤扬尘,故在有风天气可以放宽到二级(日平均 0.15 mg/m^2)。

本标准及配套技术规范部分内容,特别是污染物监测状态的规定沿袭了此前标准规定的标准状态(0℃、1 个大气压),与主要发达国家、地区和国际组织的现行规定均不一致,国内外监测结果可比性不强;从借鉴国外先进经验、提高下一步防治工作科学化、精准化水平的角度,应参照国际通行做法应予以修改完善。2018 年 6 月 27 日国务院印发的《打赢蓝天保卫战三年行动计划》明确要求“修改《环境空气质量标准》中关于监测状态的有关规定,实现与国际接轨”。按照该部署,生态环境部组织原标准编制单位中国环境科学研究院、中国环境监测总站起草了《环境空气质量标准》(GB 3095—2012)修改单,并向相关部委、地方、科研单位和社会公众征求意见。修改单的主要内容:

①将污染物按照标准状态(0℃、1 个标准大气压)监测,修改为气态污染物按照参考状态(25℃、1 个标准大气压)、颗粒物及其组分按照实况状态(监测点的实际气温和气压)监测。

②明确要求各监测点记录气温、气压等气象参数,支持空气质量数据的对比分析。此次修改前后的标准污染物项目及限值不变。

(2)农田灌溉水质标准。《农田灌溉水质标准》(GB 5084—2005)适用于全国以地表水、地下水和处理后的养殖业废水及以农产品为原料加工的工业废水作为水源的农田灌溉用水。本标准规定了农田灌溉水质要求、标准的实施、采样监测方法和分析方法。规定农田灌溉水质要求的目的是控制灌溉水中污染物的最高浓度。用此来作为绿色食品灌溉用水的质量标准,显然是不合适的。绿色食品产地农田灌溉水参照地面水质标准进行修订,规定了灌溉水的 pH、总汞、总镉、总砷、总铅、六价铬、氟化物、化学需氧量、石油类、粪大肠杆菌等污染物的指标要求。其限值在地表水标准Ⅲ类至Ⅳ类之内。这些限值经各绿色食品基地环境监测数据验证合理。

(3)渔业水质标准和畜禽饲养用水标准。《渔业水质标准》(GB 11607—1989)是保护渔业生产的最低要求。绿色食品的渔业水质标准应比一般要求严格。为了防止和控制渔业水质的污染,保证鱼、虾、贝、藻类正常生长、繁殖和水产品的质量,经各绿色食品基地环境监测数据验证,其限定值有些与 GB 11607—1989 一致(如汞、镉),有些严于 GB 11607—1989,如铅、砷、铬。

畜禽饲养用水应按国家生活饮用水标准(GB 5749—2006)。因为在畜禽场人畜水源不可能分开,畜禽场供水系统容易受到污染,所以需要严格要求供水质量。

(4)土壤环境质量标准。2018 年 6 月 22 日,生态环境部和国家市场监督管理总局发布了《土壤环境质量农用地土壤污染风险管控标准(试行)》(GB 15618—2018),同时废止了 1995 年 7 月国家环境保护总局和国家质量技术监督局发布的《土壤环境质量标准》(GB 15618—1995)。新标准规定了农用地土壤污染风险筛选值和管制值,以及监测、实施和监督要求。

农用地土壤污染风险筛选测定包括基本项目及其他项目。基本项目为必测项目,包括镉、汞、砷、铅、铬、铜、镍、锌。其他项目为选测项目,包括六六六、滴滴涕和苯并[α]芘,其他项目由地方环境保护主管部门根据本地区土壤污染特点和环境需求进行选择。各项目都明确规定了农用地土壤污染风险筛选值,其中镉、汞、砷、铅、铬还设定了农用地土壤污染风险管制值。

当土壤中污染物含量等于或者低于风险筛选值时,农用地土壤污染风险低,一般情况下可以忽略;高于风险筛选值时,可能存在农用地土壤污染风险,应加强土壤环境监测和农产品协同监测。

当土壤中镉、汞、砷、铅、铬的含量高于规定的风险筛选值、等于或低于风险管制值时,可能存在食用农产品不符合质量安全标准等土壤污染风险,原则上应当采取农艺调控、替代种植等安全利用措施。当土壤中镉、汞、砷、铅、铬的含量高于规定的风险管制值时,存在食用农产品不符合质量安全标准等农用地土壤污染风险,污染风险高,且难以通过安全利用措施降低食用农产品不符合质量安全标准等农用地土壤污染风险,原则上应当采取禁止种植食用农产品、退耕还林等严格管控措施。

2.2.3 绿色食品产地环境质量标准的实施及管理

绿色食品产地环境质量标准同其他标准一样,为了保证标准的贯彻执行和不断发展,必须有相应的实施条例和管理机构。否则,标准就会成为一纸空文和僵化的东西。为此,依据《绿色食品标志管理办法》及有关规定的要求,各省(自治区、直辖市)绿色食品定点环境监测机构接受绿色食品委托管理机构的委托,按照《绿色食品产地环境现状评价技术导则》及有关规定对申报产品或产品原料产地进行环境监测与评价;根据中国绿色食品发展中心抽检计划,对获得绿色食品标志的产品或产品原料产地的环境质量进行抽检,根据中国绿色食品发展中心的安排,对提出仲裁监测申请的企业进行复检;专题研究绿色食品环境监测与评价工作中的技术问题等。实践证明,上述的种种办法是十分必要和有效的。

绿色食品产地环境质量标准同其他标准一样,不可能固定不变,必须随着经济、技术、科学的发展而不断地修改充实其内容,只有这样,标准才具生命力。因此标准的管理十分重要,必须设置专门机构负责这项工作。

2.3 绿色食品生产技术标准

绿色食品生产过程的控制是绿色食品质量控制的关键环节。绿色食品生产技术标准是绿色食品标准体系的核心,它包括绿色食品生产资料使用准则和绿色食品生产技术操作规程两部分。

绿色食品生产资料使用准则是对生产绿色食品过程中物质投入的一个原则性规定,包括农药、肥料、食品添加剂、饲料添加剂、兽药和水产养殖药的使用原则,对允许、限制和禁止使用的生产资料及其使用方法、使用剂量、使用次数和休药期等做了明确的规定。

绿色食品生产技术操作规程是以上述准则为依据,按作物种类、畜牧种类和不同农业区域的生产特性分别制定的,用于指导绿色食品生产活动、规范绿色食品生产技术的技术规定,包括农产品种植、畜禽饲养、水产养殖和食品加工等技术操作规程。

2.3.1 绿色食品生产技术标准的内容

到目前为止,中国绿色食品发展中心组织有关部门和专家制定了如下几项绿色食品生产资料使用准则和动物卫生准则:

(1)《绿色食品　农药使用准则》(NY/T 393—2013);
(2)《绿色食品　肥料使用准则》(NY/T 394—2013);
(3)《绿色食品　食品添加剂使用准则》(NY/T 392—2013);
(4)《绿色食品　渔药使用准则》(NY/T 755—2013);
(5)《绿色食品　饲料及饲料添加剂使用准则》(NY/T 471—2018);
(6)《绿色食品　渔业饲料和饲料添加剂使用准则》(NY/T 2112—2011);
(7)《绿色食品　兽药使用准则》(NY/T 472—2013);
(8)《绿色食品　畜禽卫生防疫准则》(NY/T 473—2001);
(9)《绿色食品　畜禽饲养防疫准则》(NY/T 1892—2010);
(10)《绿色食品　海洋捕捞水产品生产管理规范》(NY/T 1891—2010)。

以上准则规定了生产绿色食品准用、禁用和限制使用的生产资料,从而为截断生产中的污染源,保证产地和产品不受污染提供了保证。在这些准则中,对允许、限制和禁止使用的物资及其使用方法、使用剂量、使用次数、休药期等做出了明确规定。准则是绿色食品生产、认证、监督、检查的主要依据,也是绿色食品质量和信誉的保证。

这里着重介绍绿色食品肥料使用准则和绿色食品农药使用准则。

2.3.2 绿色食品肥料使用准则

为了确保绿色食品的质量,对生产绿色食品的肥料实施质量管理,由农业部绿色食品管理办公室和中国绿色食品发展中心提出,由农业部制定了《绿色食品　肥料使用准则》,本标准是生产绿色食品的生产资料使用系列准则之一。本标准是中华人民共和国农业行业标准(NY/T 394—2013)(中华人民共和国农业部 2013-12-13 批准,2014-04-01 实施)。

绿色食品　肥料使用准则

1　范围

本标准规定了AA级绿色食品和A级绿色食品生产中允许使用的肥料使用原则、肥料种类及使用规定。本标准适用于绿色食品的生产。

2　规范性引用文件

下列文件对于本文件的应用是必不可少的。凡是注日期的引用文件，仅注日期的版本适用于本文件。凡是不注日期的引用文件，其最新版本(包括所有的修改单)适用于本文件。

GB20287 农业微生物菌刘

NY/T391 绿色食品产地环境质量

NY525 有机肥料

NY/T798 复合微生物肥料

NY884 生物有机肥

3　术语和定义

3.1　AA级绿色食品(略)

3.2　A级绿色食品(略)

3.3　农家肥料

就地取材，主要由植物和(或)动物残体、排泄物等富含有机物的物料制作而成的肥料。包括秸秆肥、绿肥、厩肥、堆肥、沤肥、沼肥、饼肥等。

3.3.1　秸秆。以麦秸、稻草、玉米秸、豆秸、油菜秸等作物秸秆直接还田作为肥料。

3.3.2　绿肥。新鲜植物体作为肥料就地翻压还田或异地施用。主要分为豆科绿肥和非豆科绿肥两大类。

3.3.3　厩肥。圈养牛、马、羊、猪、鸡、鸭等畜禽的排泄物与秸秆等垫料发酵腐熟而成的肥料。

3.3.4　堆肥。动植物的残体、排泄物等为主要原料，堆制发酵腐熟而成的肥料。

3.3.5　沤肥。动植物残体、排泄物等有机物料在淹水条件下发酵腐熟而成的肥料。

3.3.6　沼肥。动植物残体、排泄物等有机物料经沼气发酵后形成的沼液和沼渣肥料。

3.3.7　饼肥。含油分较多的植物种子经压榨去油后的残渣制成的肥料。如菜籽饼、棉籽饼、豆饼、芝麻饼、花生饼、蓖麻饼等。

3.4　有机肥料

主要来源于植物和(或)动物，经过发酵腐熟的含碳有机物料，其功能是改善土壤肥力、提供植物营养、提高作物品质。

3.5　微生物肥

含有特定微生物活体的制品，应用于农业生产，通过其中所含微生物的生命活动，增加植物养分的供应量或促进植物生长，提高产量，改善农产品品质及农业生态环境的肥料。

3.5　有机—无机复混肥

含有一定量有机肥料的复混肥料。

注：其中复混肥料是指，氮、磷、钾三种养分中，至少有两种养分标明量的由化学方法和（或）掺混方法制成的肥料。

3.6　无机肥料

主要以无机盐形式存在，能直接为植物提供矿物质营养的肥料。

3.7　土壤调理剂

加入土壤中用于改善土壤的物理、化学和（或）生物性状的物料，功能包括改良土壤结构、降低土壤盐碱危害、调节土壤酸碱度、改善土壤水分状况、修复土壤污染等。

4　肥料使用原则

4.1　持续发展原则。绿色食品生产中所使用的肥料应对环境无不良影响，有利于保护生态环境，保持或提高土壤生物活性一。

4.2　安全优质原则。绿色食品生产中应使用安全、优质的肥料产品，生产安全、优质的绿色食品。肥料的使用应对作物（营养、味道、品质和植物抗性）不产生不良后果。

4.3　化肥减控原则。在保障植物营养有效供给的基础上减少化肥用量，兼顾元素之间的比例平衡，无机氮素用量不得高于当季作物需求量的一半。

4.4　有机为主原则。绿色食品生产过程中肥料种类的选取应以农家肥料、有机肥料、微生物肥料为主，化学肥料为辅。

5　可使用的肥料种类

5.1　AA级绿色食品生产可使用的肥料种类

可使用3.3、3.4、3.5中所述的肥料。

5.2　A级绿色食品生产允许使用的肥料种类

除5.1规定的肥料外，还可使用3.6、3.7规定的肥料及3.8。

6　不应使用的肥料种类

6.1　添加有稀土元素的肥料；

6.2　成分不明确的、含有安全隐患成分的肥料；

6.3　未经发酵腐熟的人畜粪尿；

6.4　生活垃圾、污泥和含有害物质（如毒气、病原微生物、重金属等）的工业垃圾；

6.5　转基因品种（产品）及其副产品为原料生产的肥料；

6.6　国家法律法规规定不得使用的肥料。

7　使用规定

7.1　AA级绿色食品生产用肥料使用规定

7.1.1　必须选用5.1所列肥料种类，不应使用化学合成肥料。

7.1.2　可使用农家肥料，但肥料的重金属限量指标应符合NY 525要求，粪大肠菌群数、蛔虫卵死亡率应符合NY 884要求。宜使用秸秆和绿肥，配合施用具有生物固氮、腐熟秸秆等功效的微生物肥料。

7.1.3　有机肥料应达到NY 525技术指标，主要以基肥施入，用量视地力和目标产量而定，可配施农家肥料和微生物肥料。

7.1.4　微生物肥料应符合GB 20287或NY 884或NY/T 798标准要求，可与5.1所列其他肥料配合施用，用于拌种、基肥或追肥。

7.1.5　无机栽培可使用农家肥料、有机肥料和微生物肥料，掺混在基质中使用。

7.2　A级绿色食品生产用肥料使用规定

7.2.1　应选用5.2中所列肥料种类。

7.2.2　农家肥料的使用按7.1.2规定执行。耕作制度允许情况下，宜利用秸秆和绿肥，按照约25∶1的比例补充化学氮素。厩肥、堆肥、沤肥、沼肥、饼肥等农家肥料应完全腐熟，肥料的重金属限量指标就行使NY 525要求。

7.2.3　有机肥料的使用按7.1.3规定执行。可配施5.2所列的其他肥料。

7.2.4　微生物肥的使用按7.1.4规定执行。可配施5.2所列的其他肥料。

7.2.5　有机-无机复混肥料、无机肥料在绿色食品生产中作为辅助肥料使用，用来补充农家肥料、有机肥料、微生物肥料所含养分的不足。减控化肥用量，其中无机氮素用量按当地同种作物习惯施肥用量减半使用。

7.2.6　根据土壤障碍因素，可选用土壤调理剂改良土壤。

2.3.3　生产绿色食品的农药使用准则

为了确保绿色食品的质量。合理使用和管理生产绿色食品的农药。由农业部绿色食品管理办公室和中国绿色食品发展中心提出，农业部制定了《绿色食品农药使用准则》，本标准是生产绿色食品的生产资料使用系列准则之一。本标准为中华人民共和国农业行业标准(NY/T 393—2013)(中华人民共和国农业部2013-12-03批准，2014-04-01实施)。

绿色食品　农药使用准则

1　范围

本标准规定了绿色食品生产和仓储中有害生物防治原则、农药选用、农药使用规范和绿色食品农药残留要求。

本标准适用于绿色食品的生产和仓储。

2 规范性引用文件

下列文件对于本文件的应用是必不可少的。凡是注日期的引用文件，仅注日期的版本适用本文件。凡是不注日期的引用文件其最新版本(包括所有的修改单)适用于本文件。

GB 2763 食品安全国家标准食品中农药最大残留限量

GB/T 8321(所有部分)农药合理使用准则

GB 12475 农药贮运、销售和使用的防毒规程

NY/T 391 绿色食品产地环境质量

NY/T 1667(所有部分)农药登记管理术语

3 术语和定义

(略)

4 有害生物防治原则

绿色食品生产中有害生物的防治应遵循以下原则：

——以保持和优化农业生态系统为基础：建立有利于种类天敌繁衍和不利于病虫草害滋生的环境条件，提高生物多样性，维持农业生态系统的平衡；

——优生采用农业措施：如抗病虫品种、种子种苗检疫、培育壮苗、加强栽培管理、中耕除草、耕翻晒垡、清洁田园、轮作倒茬、间作套种等；

——尽量利用物理和生物措施：如用灯光、色彩诱杀害虫，机械捕捉害虫，释放害虫天敌，机械或使用人工除草等；

——必要时合理使用低风险农药：如没有足够有效的农业、物理和生物措施，在确保人员、产品和环境安全的前提下按照第5和第6章规定，配合使用低风险的农药。

5 农药选用

5.1 所选用的农药符合相关的法律法规，并获得国家农药登记许可。

5.2 应选择对主要防治对象有效的低风险农药品种，提倡兼治和不同作用机理农药交替使用。

5.3 农药剂型宜选用悬浮剂、微囊悬浮剂、水剂、水乳剂、微乳剂、颗粒剂、水分散粒剂和可溶性粒剂等环境友好型剂型。

5.4 AA级绿色食品生产应按照附录A第A.1章的规定，选用农药及其他植物保护产品。

5.5 A级绿色食品生产应按照附录A的规定，优先从表A.1中选用农药。在表A.1所列农药不能满足有害生物防治需要时，还可适量使用第A.2章中所列的农药。

6 农药使用规范

6.1 应在主要防治对象的防治适期，根据有害生物的发生特点和农药特性，选择适当的施药方式，但不宜采用喷粉等风险较大的施药方式。

6.2　应按照农药产品标签或 GB/T 8321 和 GB 12475 的规定使用农药，控制施药剂量（或浓度）、施药次数和安全间隔期。

7　绿色食品农药残留要求

7.1　绿色食品生产中允许使用的农药，其残留量应不低于 GB 2763 的要求。

7.2　在环境中长期残留的国家明令禁用农药，其再残留量应符合 GB 2763 的要求。

7.3　其他农药的残留量不得超过 0.01 mg/kg，并应符合 GB 2763 的要求。

附录 A　（规范性附录）

绿色食品生产允许使用的农药和其他植保产品清单

表 A.1　AA 级和 A 级绿色食品生产均允许使用的农药和其他植保产品清单

类别	组分名称	备注
Ⅰ 植物和动物来源	楝素（苦楝、印楝等提取物，如印楝素等）	杀虫
	天然除虫菊素（除虫菊科植物提取液）	杀虫
	苦参碱及氧化苦参碱（苦参等提取物）	杀虫
	蛇床子素（蛇床子提取物）	杀虫、杀菌
	小檗碱（黄连、黄檗等提取物）	杀菌
	大黄素甲醚（大黄、虎杖等提取物）	杀菌
	乙蒜素（大蒜提取物）	杀菌
	苦皮藤素（苦皮藤提取物）	杀虫
	藜芦碱（百合科藜芦属和喷嚏草属植物提取物）	杀虫
	桉油精（桉树叶提取物）	杀虫
	植物油（如薄荷油、松树油、香菜油、八角茴香油）	杀虫、杀螨、杀真菌、抑制发芽
	寡聚糖（甲壳素）	杀菌、植物生长调节
	天然诱集和杀线虫剂（如万寿菊、孔雀草、芥子油）	杀线虫
	天然酸（如食醋、木醋和竹醋等）	杀菌
	菇类蛋白多糖（菇类提取物）	杀菌
	水解蛋白质	引诱
	蜂蜡	保护嫁接和修剪伤口
	明胶	杀虫

续表 A.1

类别	组分名称	备注
	具有驱避作用的植物提取物（大蒜、薄荷、辣椒、花椒、薰衣草、柴胡、艾草的提取物）	驱避
	害虫天敌（如寄生蜂、瓢虫、草蛉等）	控制虫害
Ⅱ 微生物来源	真菌及真菌提取物（白僵菌、轮枝菌、木霉菌、耳霉菌、淡紫拟青霉、金龟子绿僵菌、寡雄腐霉菌等）	杀虫、杀菌、杀线虫
	细菌及细菌提取物（苏云金芽孢杆菌、枯草芽孢杆菌、蜡质芽孢杆菌、地衣芽孢杆菌、多黏类芽孢杆菌、荧光假单胞杆菌、短稳杆菌等）	杀虫、杀菌
	病毒及病毒提取物（核型多角体病毒、质型多角体病毒、颗粒体病毒等）	杀虫
	多杀霉素、乙基多杀菌素	杀虫
	春雷霉素、多抗霉素、井冈霉素、（硫酸）链霉素、嘧啶核苷类抗生素、宁南霉素、申嗪霉素和中生菌素	杀菌
	S-诱抗素	植物生长调节
Ⅲ 生物化学产物	氨基寡糖素、低聚糖素、香菇多糖	防病
	几丁聚糖	防病、植物生长调节
	苄氨基嘌呤、超敏蛋白、赤霉酸、羟烯腺嘌呤、三十烷醇、乙烯利、吲哚丁酸、吲哚乙酸、芸薹素内酯	植物生长调节
Ⅳ 矿物来源	石硫合剂	杀菌、杀虫、杀螨
	铜盐（如波尔多液、氢氧化铜等）	杀菌，每年铜使用量不能超过 6 kg/hm^2
	氢氧化钙（石灰水）	杀菌、杀虫
	硫黄	杀菌、杀螨、驱避
	高锰酸钾	杀菌，仅用于果树
	碳酸氢钾	杀菌
	矿物油	杀虫、杀螨、杀菌
	氯化钙	仅用于治疗缺钙症
	硅藻土	杀虫
	黏土（如斑脱土、珍珠岩、蛭石、沸石等）	杀虫
	硅酸盐（硅酸钠，石英）	驱避
	硫酸铁（3 价铁离子）	杀软体动物

续表 A.1

类别	组分名称	备注
V 其他	氢氧化钙	杀菌
	二氧化碳	杀虫，用于贮存设施
	过氧化物类和含氯类消毒剂(如过氧乙酸、二氧化氯、二氯异氰尿酸钠、三氯异氰尿酸等)	杀菌，用于土壤和培养基质消毒
	乙醇	杀菌
	海盐和盐水	杀菌，仅用于种子(如稻谷等)处理
	软皂(钾肥皂)	杀虫
	乙烯	催熟等
	石英砂	杀菌、杀螨、驱避
	昆虫性外激素	引诱，仅用于诱捕器和散发皿内
	磷酸氢二铵	引诱，只限用于诱捕器中使用

注 1：该清单每年都可能根据新的评估结果发布修改单。

注 2：国家新禁用的农药自动从该清单中删除。

A.2　A 级绿色食品生产允许使用的其他农药清单

当表 A.1 所列农药和其他植保产品不能满足有害生物防治需要时，A 级绿色食品生产还可按照农药产品标签或 GB/T 8321 的规定使用下列农药：

a)杀虫剂

1)S-氰戊菊酯 esfenvalerate

2)吡丙醚 pyriproxifen

3)吡虫啉 imidacloprid

4)吡蚜酮 pymetrozine

5)丙溴磷 profenofos

6)除虫脲 diflubenzuron

7)啶虫脒 acetamiprid

8)毒死蜱 chlorpyrifos

9)氟虫脲 flufenoxuron

10)氟啶虫酰胺 flonicamid

11)氟铃脲 hexaflumuron

12)高效氯氰菊酯 beta-cypermethrin

13)甲氨基阿维菌素苯甲酸盐 emamectin-benzoate

14)甲氰菊酯 fenpropathrin

15)抗蚜威 pirimicarb

16)联苯菊酯 bifenthrin

17)螺虫乙酯 spirotetramat

18)氯虫苯甲酰胺 chlorantraniliprole

19)氯氟氰菊酯 cyhalothrin

20)氯菊酯 permethrin

21)氯氰菊酯 cypermethrin

22)灭蝇胺 cyromazine

23)灭幼脲 chlorbenzuron

24)噻虫啉 thiacloprid

25)噻虫嗪 thiamethoxam

26)噻嗪酮 buprofezin

27)辛硫磷 phoxim

28)茚虫威 indoxacard

b)杀螨剂

1)苯丁锡 fenbutatinoxide

2)喹螨醚 fenazaquin

3)联苯肼酯 bifenazate

4)螺螨酯 spirodiclofen

5)噻螨酮 hexythiazox

6)四螨嗪 clofentezine

7)乙螨唑 etoxazole

8)唑螨酯 fenpyroximate

c)杀软体动物剂

1)四聚乙醛 metaldehyde

d)杀菌剂

1)吡唑醚菌酯 pyraclostrobin

2)丙环唑 propiconazol

3)代森联 metriam

4)代森锰锌 mancozeb

5)代森锌 zineb

6)啶酰菌胺 boscalid

7)啶氧菌酯 picoxystrobin

8)多菌灵 carbendazim

9)噁霉灵 hymexazol

10)噁霜灵 oxadixyl

11)粉唑醇 flutriafol

12)氟吡菌胺 fluopicolide

13)氟啶胺 fluazinam

14)氟环唑 epoxiconazole

15)氟菌唑 triflumizole

16)腐霉利 procymidone

17)咯菌腈 fludioxonil

18)甲基立枯磷 tolclofos-methyl

19)甲基硫菌灵 thiophanate-methyl

20)甲霜灵 metalaxyl

21)腈苯唑 fenbuconazole

22)腈菌唑 myclobutanil

23)精甲霜灵 metalaxyl-M

24)克菌丹 captan

25)醚菌酯 kresoxim-methyl

26)嘧菌酯 azoxystrobin

27)嘧霉胺 pyrimethanil

28)氰霜唑 cyazofamid

29)噻菌灵 thiabendazole

30)三乙膦酸铝 fosetyl-aluminium

31)三唑醇 triadimenol

32)三唑酮 triadimefon

33)双炔酰菌胺 mandipropamid

34)霜霉威 propamocarb

35)霜脲氰 cymoxanil

36)萎锈灵 carboxin

37)戊唑醇 tebuconazole

38)烯酰吗啉 dimethomorph

39)异菌脲 iprodione

40)抑霉唑 imazalil

e)熏蒸剂

1)棉隆 dazomet

2)威百亩 metam-sodium

f)除草剂

1)2 甲 4 氯 MCPA

2)氨氯吡啶酸 picloram

3)丙炔氟草胺 flumioxazin

4)草铵膦 glufosinate-ammonium

5)草甘膦 glyphosate

6)敌草隆 diuron

7)噁草酮 oxadiazon

8)二甲戊灵 pendimethalin

9)二氯吡啶酸 clopyralid

10)二氯喹啉酸 quinclorac

11)氟唑磺隆 flucarbazone-sodium
12)禾草丹 thiobencarb
13)禾草敌 molinate
14)禾草灵 diclofop-methyl
15)环嗪酮 hexazinone
16)磺草酮 sulcotrione
17)甲草胺 alachlor
18)精吡氟禾草灵 fluazifop-P
19)精喹禾灵 quizalofop-P
20)绿麦隆 chlortoluron
21)氯氟吡氧乙酸(异辛酸)fluroxypyr
22)氯氟吡氧乙酸异辛酯 fluroxypyr-mepthyl
23)麦草畏 dicamba
24)咪唑喹啉酸 imazaquin
25)灭草松 bentazone
26)氰氟草酯 cyhalofopbutyl
27)炔草酯 clodinafop-propargyl
28)乳氟禾草灵 lactofen
29)噻吩磺隆 thifensulfuron-methyl
30)双氟磺草胺 florasulam
31)甜菜安 desmedipham
32)甜菜宁 phenmedipham
33)西玛津 simazine
34)烯草酮 clethodim
35)烯禾啶 sethoxydim
36)硝磺草酮 mesotrione
37)野麦畏 tri-allate
38)乙草胺 acetochlor
39)乙氧氟草醚 oxyfluorfen
40)异丙甲草胺 metolachlor
41)异丙隆 isoproturon
42)莠灭净 ametryn
43)唑草酮 carfentrazone-ethyl
44)仲丁灵 butralin

g)植物生长调节剂

1)2,4-滴 2,4-D(只允许作为植物生长调节剂使用)
2)矮壮素 chlormequat
3)多效唑 paclobutrazol
4)氯吡脲 forchlorfenuron
5)萘乙酸 1-naphthalaceticacid
6)噻苯隆 thidiazuron
7)烯效唑 uniconazole

注 1:该清单每年都可能根据新的评估结果发布修改单。
注 2:国家新禁用的农药自动从该清单中删除。

2.4 绿色食品产品标准

2.4.1 绿色食品产品标准的特点

绿色食品涵盖的范围广,产品种类繁多,各种产品在原料生产、生产工艺、加工设备、技术条件等各方面都存在很大差异,因此需要对各种产品制定相应的产品检测标准。

我国绿色食品产品标准制定的主要依据:一是国际标准,如食品法典委员会(CAC)、国际标准化组织(ISO)、欧盟及一些发达国家的标准;二是现行的国家标准和行业标准;三是根据项目的多少和指标的宽严考虑了我国生产企业现状、生产工艺技术水平;四是我国现有的分析测试能力和技术手段。在绿色食品产品标准中规定的安全指标项目,一般都多于和严于现行国家标准、行业标准的规定,等同或接近国际同类产品的规定,在品质指标方面也主要采用了相关标准中对优等品的要求。因此，绿色食品的产品标准基本上体现了“无污染、安全、优质、营养”的特征。

一般来说，绿色食品与普通食品之间存在很多共性，但绿色食品就同一类产品而言，比普通食品在产品质量上、卫生指标上、农药残留要求上要更严一些。各绿色食品生产企业均应按照此标准检验自己所生产产品的质量。

2.4.2 绿色食品产品标准项目

为了适应绿色食品迅速发展的形势，中国绿色食品发展中心在全国范围内组织有关技术力量，有计划、有步骤地制定了一批具体的绿色食品产品标准。

1995 年经农业部批准作为农业行业标准，首批颁布了 25 个绿色食品产品标准(NY/T 268—1995 至 NY/T 292—1995)；2000 年颁布了 24 个绿色食品产品标准(NY/T 391—2000 至 NY/T 394—2000，NY/T 418—2000 至 NY/T 437—2000)；2003 年又颁布了 14 项(NY/T 285—2003、NY/T 743—2003 至 NY/T 755—2003)。这些产品标准涉及种植业、养殖业及农产品和食品加工业等各个方面。今后还将陆续制定和发布更多的绿色食品产品标准。

值得注意的是，由于种种原因，绿色食品的产品标准还在不断地修改、补充和完善。如 1995 年颁布的标准有一些被后来颁布的标准所代替，例如 NY/T 655—2002《绿色食品　茄果类蔬菜》代替了 NY/T 270—1995《绿色食品　番茄》，NY/T 288—2002《绿色食品　红茶和绿茶》代替了 NY/T 288—1995《绿色食品　红茶和绿茶》。又如根据农业部禁止在茶叶上使用氰戊菊酯的要求，绿色食品茶叶中原定的氰戊菊酯允许残留指标为≤0.1，现修改为不得检出。大米中的黄曲霉毒素 B_1 原定为≤5.0，现修改为≤0.005。

因此，我们在使用时，必须随时注意新标准的颁布和修改。结合我国国情，按照“安全与优质相结合、先进性与实用性相结合”的原则，绿色食品创建了一套科学、完善的标准体系。从 1995 年农业部发布首批绿色食品标准起，到 2010 年底已经累计发布绿色食品标准 152 项，部分标准通过修正、合并，到 2019 年止绿色食品产品适用标准目录有 143 项。

2.5 绿色食品的包装、标签与储运标准

世界工业发达国家要求包装遵循“3R”(Reduce 减量、Reuse 重复使用、Recycle 再循环)、“1D”(Degradable 再降解)原则。

绿色食品的产后处理包括包装、标签、储藏、运输，也有严格的标准，以规范绿色食品的外观形象，使绿色食品与非绿色食品有明显的区别。

绿色食品包装标准规定了进行绿色食品产品包装时应遵循的原则，包装材料选用的范围、种类，包装上的标志内容等。要求产品包装从原料、产品制造、使用、回收和废弃的整个过程都应符合环境保护的要求。包括包装材料的安全、牢固性，节省资源、能量，减少、避免废弃物产生，易回收利用，再循环利用，可降解等具体要求和内容。

2.5.1 绿色食品的包装标准

2.5.1.1 食品包装的基本要求

食品包装是指为了在食品流通中保护产品、方便运输、促进销售，按照一定的技术方法

采用的容器、材料及辅助物的总称。为了保证绿色食品的包装质量，包装要求达到下列基本条件：

(1)包装要能使产品达到较长的保质期。

(2)包装过程和包装材料不会带来第二次污染。

(3)包装过程和包装材料要尽量保留食品原来的营养及风味。

(4)包装成本要低廉，降低食品的销售价格。

(5)包装产品要牢固、安全、可靠，便于储藏、运输、销售。

(6)包装外观要美观、大方，设计要精美，能引起消费者的购买欲。

(7)包装材料要选择无毒无害、不污染食品、不影响人体健康，在环境中可自然降解的材料。有些材料还要能重复利用。

2.5.1.2 绿色食品的包装要求

绿色食品种类繁多，具体的包装要求各不相同，但必须符合《绿色食品 包装通用准则》(NY/T 658—2015)。

例如，对于几类常见绿色食品的包装除具备上述基本条件外，还应达到规定的要求。

(1)食品罐头。罐头分为瓶装、罐装两种。金属罐材料要用马口铁、无锡铁、黑铁皮和铝。各种食品对金属腐蚀性不同，采用不同的内涂料来防护，例如低酸、不含硫食品用油脂涂料；易产生黑色硫化铁的，用含氧化锌的油树脂材料；酸性食品用环氧酚醛涂料；高酸度水果还需用乙烯基涂料外涂。

(2)糕点类。糕点类包装必须防潮、避光和阻氧，因此糕点类包装材料常用热封型高防潮的聚丙烯复合薄膜、高阻氧并能避光的铝基复合薄膜或涂层玻璃纸。

绿色食品产品适用标准目录(2019版)

(3)茶叶类。茶叶是一种容易吸潮吸异味的物质。茶叶的含水量超过5%时，维生素C含量急剧下降，色香味都会改变。茶叶包装中的含氧量要低于1%，否则茶叶也会变色变味。茶叶对光也很敏感，茶叶中叶绿素见光分解，产生异味。茶叶也容易吸收空气中的异味。因此茶叶的包装要求防潮、阻氧、避光。小包装材料可用罐装或袋装。罐装材料可用马口铁、无锡铁等；袋装可用铝箔复合塑料薄膜；也可采用抽气真空包装或使用阻氧剂包装。

(4)饮料类。根据饮料的特性、加工方法、流通条件和销售对象的不同，相应采用不同的材料。一般为：

①金属饮料罐，多采用涂层马口铁板，内用环氧酚醛内涂料。酸性较大的饮料，在环氧涂层上还涂敷乙烯基涂料。啤酒、矿泉水多用铁罐和铝二片易开罐。

②玻璃瓶，用涂层法和化学法制造强化玻璃，用来装矿泉水、清酒等。

③塑料容器多采用延伸PET、PVD瓶等。

④纸容器，当日饮料多采用三层结构，PE 15 μm、纸 220～250 g/m²、PE 40 μm 以上，久贮型纸容器则采用 PE 15 μm、铝 7～10 μm、PE 18～20 μm、纸 300～400 g/m²、PE 35～60 μm。

(5)糖果类。水果糖：用玻璃纸，PVC 半硬片容器。巧克力、果酥仁：采用纸/塑，AL/塑及真空镀铝复合薄膜。乳脂糖：采用彩色印刷薄膜，透明的聚丙烯薄膜。

(6)调味品。固体调味品要求高度防潮、阻氧、避光、保香，一般以瓶装较多，软包装用 PET/P 或铝复合薄膜。液体调味品采用玻璃容器，也可采用聚酯瓶和聚氯乙烯瓶。

(7)乳品类。乳品要采用高度阻氧、避光的材料，同时采用无菌包装 UHT 法超高温消毒和浓缩液－25℃冻结贮存及真空充氮等方法。

(8)渍菜。腌渍菜的保存，主要是抑制酵母菌的生长，除了在灭菌上要严格外，包装也可采用铝复合薄膜或其他避光、阻氧材料。

(9)食油类。除用玻璃容器外，也采用 PVC 聚氯乙烯容器。

(10)酒类。酒类仍以玻璃、陶瓷容器为主，也可采用小型复合纸容器。

2.5.2 绿色食品标签标准

食品标签是预包装食品容器上的文字、图形、符号以及一切说明物。任何商品都要有标签，借以显示和说明商品的特性和性能，向消费者传递信息。随着市场经济发展和商品的激烈竞争，标签已成为进行公平交易的一种形式。为了适应国际贸易的需要，食品标签标注内容必须与国际或有关国家接轨，否则我国的预包装食品很难进入国际市场。

2.5.2.1 绿色食品标签制作的基本要求

为了规范我国的食品标签，国家技术质量监督局发布了《食品安全国家标准　预包装食品标签通则》(GB 7718—2011)。绿色食品包装标签应符合《预包装食品标签通则》。

(1)设计、制作绿色食品标签的基本原则。《预包装食品标签通则》中规定的设计、制作食品标签必须遵守的四条基本原则，也就是设计、制作绿色食品标签的基本原则：

①食品标签的所有内容，不得以错误的、引起误解的或欺骗性的方式描述或介绍食品。

②食品标签的所有内容，不得以直接或间接暗示性语言、图形、符号，导致消费者将食品或食品的某一性质与另一产品混淆。

③食品标签的所有内容，必须符合国家法律和法规的规定，并符合相应产品标准的规定。

④食品标签的所有内容，必须通俗易懂、准确、科学。

(2)绿色食品标签标注的内容。《预包装食品标签通则》中规定的食品标签上必须标注以下方面的内容，即是绿色食品标签中应标注的内容。

直接提供给消费者的预包装食品标签内容应包括：

①食品名称。

②配料表。

③净含量和规格。

④生产者和(或)经销者的名称、地址和联系方式。

⑤日期标示(生产日期、保质期)。

⑥贮藏条件。

⑦食品生产许可证编号。

⑧产品标准代号。

⑨其他标示内容。如辐照食品、转基因食品、营养标签、质量(品质)等级。

非直接提供给消费者的预包装食品标签应按以上要求标示食品名称、规格、净含量、生产日期、保质期和贮存条件,其他内容如未在标签上标注,则应在说明书或合同中注明。

2.5.2.2　绿色食品标签标准

绿色食品产品标签除符合国家《预包装食品标签通则》要求外,还应符合《中国绿色食品商标标志设计使用规范手册》的要求。凡取得绿色食品标志使用资格的单位,应严格按手册规范要求将绿色食品标志用于产品的标签上。手册对绿色食品的标准图形、标准字形、图形与字体的规范组合、标准色、广告用语及用于食品系列化包装的标准图形、编号规范均做了严格规定。

2.5.2.3　绿色食品防伪标签标准

绿色食品标志防伪标签采用了以造币技术中的网纹技术为核心的综合防伪技术。该防伪标签为纸制,便于粘贴。标签用绿色食品指定颜色,印有标志及产品编号,背景为各国货币通用的细密实线条纹图案,有采用荧光防伪技术的前中国绿色食品发展中心土任刘连馥的亲笔签名字样。

防伪标签具有多种规格类型,为满足不同包装的需要,分为圆形,直径为 15 mm、20 mm、25 mm、30 mm 不等;长方形,52 mm×126 mm 或按比例变化的任意规格。

图 2-2-2　绿色食品防伪标签

2.5.3　绿色食品贮运标准

绿色食品储运标准对绿色食品贮运的条件、方法、时间做出规定,以保证绿色食品在贮运过程中不遭受污染、不改变品质,并有利于环境保护和节能。

2.5.3.1 绿色食品贮藏标准

该标准规定了贮藏设施的设计、建造及建筑材料的使用，对贮藏设施周围环境、贮藏设施的卫生、贮藏设施管理及保质处理等提出了具体要求。

2.5.3.2 绿色食品运输标准

该标准对运输工具做了详细的规定，并要求在运输过程中采取控温、不同种类食品隔离与保护措施等，运输过程应有完整的档案记录，并保留相应的单据。运输包装应符合《绿色食品　包装通用准则》的规定。

以上标准对绿色食品产前、产中和产后全过程质量控制技术和指标做了全面的规定，构成了一个科学、完整的绿色食品标准体系。

2

第二部分

绿色食品认证篇

项目三　绿色食品的认证

学习笔记

项目三
绿色食品的认证

知识目标

1. 了解绿色食品管理机构、绿色食品认证申报与审批程序；
2. 了解绿色食品标志的使用与管理；
3. 熟悉绿色食品生产资料商标构成、使用；
4. 掌握绿色食品生产资料的审核、监督管理办法；
5. 了解建设全国绿色食品标准化生产基地的目标、建设与管理机构；
6. 了解全国绿色食品标准化生产基地的监管。

技能目标

1. 会申请绿色食品标志使用权；
2. 会申请续展绿色食品标志使用权；
3. 能计算申请绿色食品标志使用权的费用；
4. 会申请绿色食品生产资料标志使用权；
5. 会申请续展绿色食品生产资料标志使用权；
6. 能模拟获证企业在产品包装上使用绿色食品生产资料标志；
7. 会申请创建绿色食品生产基地；
8. 会申请续报绿色食品生产基地；
9. 能验收绿色食品生产基地。

德育目标

1. 培养学生具有良好的沟通表达能力；
2. 培养学生分析问题、解决问题的能力；
3. 培养学生较强的团队合作与组织协调能力；
4. 培养学生科学严谨的工作态度；
5. 培养学生文献检索、信息收集和文字处理的能力；
6. 教育学生依法依规办事；
7. 引导树立学生生态环保意识。

任务一 申请绿色食品标志使用权

【任务要求】

通过本次任务的学习,能申请绿色食品标志使用权。

【任务实施】

1 模拟申请绿色食品标志使用权

在学习绿色食品认证的申报范围、绿色食品认证标志申请单位的条件的基础上,将学生分成 4 组,根据绿色食品认证申报程序、上交材料清单及申请表,分别扮演中国绿色食品发展中心工作人员及评审委员会专家、省级绿色食品发展中心或绿色食品办公室人员、指定检测机构人员、企业申请人,模拟申请绿色食品标志使用权。

1.1 申报程序

绿色食品标志使用许可办理流程见图 3-1-1。

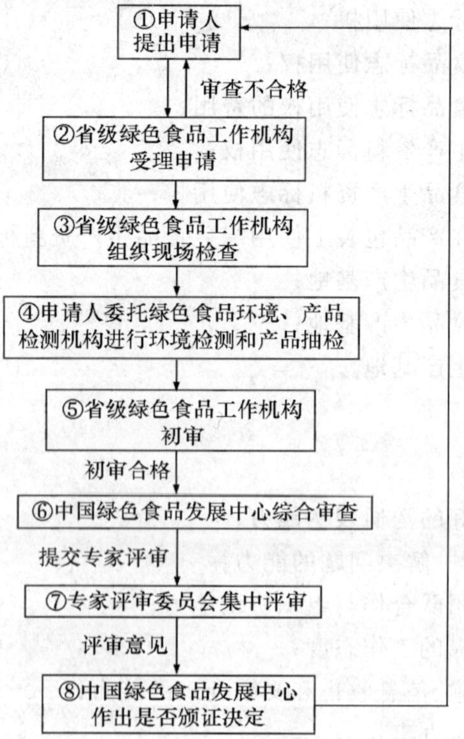

图 3-1-1 绿色食品标志使用许可办理流程图

1.2　上交材料清单及申请表

绿色食品认证申报上交材料清单见表 3-1-1。

表 3-1-1　绿色食品认证申报上交材料清单

序号	材料名称	数量	备注
1	《绿色食品标志使用申请书》	2	
2	资质证明材料：包括企业营业执照、企业卫生许可证、企业计量合格证	2	
3	企业及生产情况调查表	2	
4	产品生产技术规程和质量控制规范	2	
5	产品标准	2	
6	预包装产品包装标签或其设计样张	2	
7	产品注册商标文本复印件	2	
8	省级以上质量监测部门出具的当年产品质量检测报告	2	

附：绿色食品标志使用申请书

一、申请人基本情况

<table>
<tr><td>申请人（中文）</td><td colspan="5"></td></tr>
<tr><td>申请人（英文）</td><td colspan="5"></td></tr>
<tr><td>联系地址</td><td colspan="3"></td><td>邮编</td><td></td></tr>
<tr><td>网址</td><td colspan="5"></td></tr>
<tr><td>统一社会信用代码</td><td colspan="5"></td></tr>
<tr><td>食品生产许可证号</td><td colspan="5"></td></tr>
<tr><td>商标注册证号</td><td colspan="5"></td></tr>
<tr><td>企业法定代表人</td><td></td><td>座机</td><td></td><td>手机</td><td></td></tr>
<tr><td>联系人</td><td></td><td>座机</td><td></td><td>手机</td><td></td></tr>
<tr><td>内检员</td><td></td><td>座机</td><td></td><td>手机</td><td></td></tr>
<tr><td>传真</td><td></td><td>E-mail</td><td colspan="3"></td></tr>
<tr><td>龙头企业</td><td colspan="5">国家级□　省（市）级□　地市级□</td></tr>
<tr><td>年生产总值/万元</td><td colspan="2"></td><td>年利润/万元</td><td colspan="2"></td></tr>
<tr><td>申请人简介</td><td colspan="5"></td></tr>
</table>

注：申请人为非商标持有人，需附相关授权使用的证明材料。

二、申请产品基本情况

产品名称	商标	产量/t	是否有包装	包装规格	绿色食品包装印刷数量	备注

注：续展产品名称、商标变化等情况需在备注栏中说明。

三、申请产品销售情况

产品名称	年产值/万元	年销售额//万元	年出口量/t	年出口额/万美元

填表人(签字)：　　　　　　　　　内检员(签字)：

注：内检员适用于已有中国绿色食品发展中心注册内检员的申请人。

2　模拟申请续展绿色食品标志使用权

在模拟申请完成绿色食品标志使用权的基础上，模拟证书有效期满三年，需要继续使用绿色食品标志的企业，申请续展绿色食品标志使用权。

将学生分成4组，分别模仿中国绿色食品发展中心工作人员及评审委员会专家、省级绿色食品发展中心或绿色食品办公室人员、指定检测机构人员、企业申请人，模拟申请续展绿色食品标志使用权。申请绿色食品续展流程如下：

思政花园

加强绿色食品、有机农产品、地理标志农产品认证和管理，打造地方知名农产品品牌，增加优质绿色农产品供给。

——2020年中央一号文件《中共中央国务院关于抓好“三农”领域重点工作确保如期实现全面小康的意见》

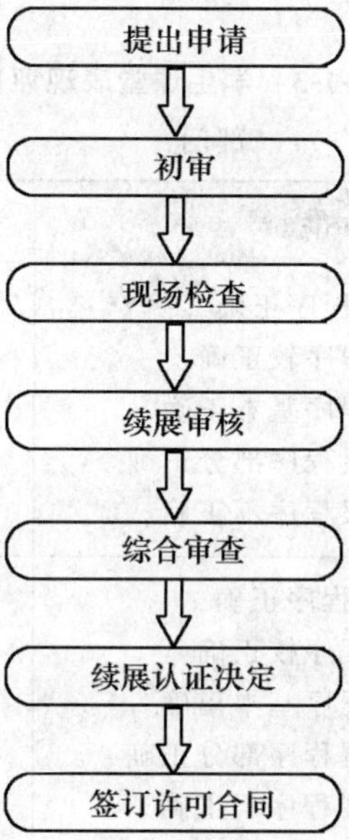

图 3-1-2 申请绿色食品续展流程

绿色食品生产企业需在绿色食品标志使用许可期限到期之前 3 个月向其所在地省绿色食品管理机构提出书面续展申请，并提交以下材料(一式两份)(表 3-1-2)：

表 3-1-2 续展绿色食品认证申报上交材料清单

序号	材料名称	数量	备注
1	《绿色食品续展认证申请书》	2	
2	法定资质文件复印件(包括营业执照、商标注册证、国家强制要求办理的有关证书等)	2	
3	经核准的绿色食品证书复印件	2	
4	续展期原料购销合同及批次购买票据复印件(包括公司与基地的协议或合同、基地清单)	2	
5	自有基地证明材料	2	
6	预包装产品包装标签或设计样	2	
7	要求提供的其他材料	2	

【任务评价】

表 3-1-3　学生课堂表现评价表

企业(班级)：　　　　　　　　　　　部门：　　　　　　　　　　　姓名：

项目名称	评价标准	师傅	徒弟	部门	平均分	备注
模拟申报	优(100～90 分)：申报程序正确 良(89～80 分)：申报程序较正确 中(79～70 分)：申报程序基本正确 及格(69～60 分)：申报程序部分正确 不及格(<60 分)：申报程序不正确					
模拟续展	优(100～90 分)：续展程序正确 良(89～80 分)：续展程序校正确 中(79～70 分)：续展程序基本正确 及格(69～60 分)：续展程序部分正确 不及格(<60 分)：续展程序不正确					
部门合作	优(100～90 分)：按分工，积极参与 良(89～80 分)：按分工，较积极参与 中(79～70 分)：按分工，基本参与 及格(69～60 分)：按分工，能部分参与 不及格(<60 分)：不参与					
职业素质	优(100～90 分)：学习能力、沟通表达，发现解决问题，团队合作与组织协调，严谨的工作，文献检索、信息收集和较强的文字处理、依法依规等职业素质高 良(89～80 分)：职业素质良好 中(79～70 分)：职业素质一般 及格(69～60 分)：职业素质较差 不及格(<60 分)：职业素质差					
总分						
平均分						

[师徒共研]

1．“三品一标”是指什么？

无公害农产品、绿色食品、有机农产品和农产品地理标志统称“三品一标”。

无公害农产品是指产地环境和产品质量均符合国家普通加工食品相关卫生质量标准要求，经政府相关部门认证合格、并允许使用无公害标志的食品。

绿色食品指无污染、优质、营养食品，国家绿色食品发展中心许可使用绿色食品商标的产品。

有机农产品是根据有机农业原则，生产过程绝对禁止使用人工合成的农药、化肥、色素等化学物质，采用对环境无害的方式生产，销售过程受专业认证机构全程监控，通过独立认证机构认证并颁发证书，销售总量受控制的一类真正纯天然、高品位、高质量的食品。

“一标”即农产品地理标志，是标示农产品来源于特定地域，产品品质和相关特征主要取决于自然生态环境和历史人文因素，并以地域名称冠名的特有农产品标志。由农业农村部来负责全国农产品地理标志的登记工作。

“三品一标”是政府主导的安全优质农产品公共品牌，是当前和今后一个时期农产品生产消费的主导产品。纵观“三品一标”发展历程，虽有其各自产生的背景和发展基础，但都是农业发展进入新阶段的战略选择，是传统农业向现代农业转变的重要标志。

2.绿色食品标志使用证书有效期是几年？标注哪些内容？

绿色食品标志使用证书是申请人合法使用绿色食品标志的凭证，有效期是3年，并应当载明准许使用的产品名称、商标名称、获证单位及其信息编码、核准产量、产品编号、标志使用有效期、颁证机构等内容。

3.绿色食品标志在产品包装上通常如何使用？

绿色食品申请人按照《中国绿色食品商标标志设计使用规范手册》的要求，在产品包装物上印制绿色食品标志图形、文字、企业信息码和“经中国绿色食品发展中心许可使用绿色食品标志”的字样。

4.绿色食品标志使用权是终身制吗？

绿色食品标志许可有效期为3年，3年期满后可申请续展，通过审核后方可继续使用绿色食品标志。

5.常见错误示例有哪些？

(1)申报主体资质不符合绿色食品要求，如不能独立承担民事责任，或不具备生产条件的企业等。

(2)申报产品类别不在《绿色食品产品标准适用目录》范围内，不属于绿色食品标志许可使用范围。

(3)申请人未在产品收获、屠宰或捕捞前3个月提出申请，导致无法在生产季节进行环境监测或在产品检测环节没有适抽产品。

(4)所申请产品生产过程中所用农药、肥料、兽药、渔药、饲料及饲料添加剂、食品添加剂等投入品不符合绿色食品相关使用准则的规定。

(5)申请材料不完整，缺少相关文件。

(6)续展申请未在证书有效期满3个月前提出，导致证书过期，未能及时续展。

(7)现场检查未在生产季节内进行。

(8)申请人相关资质证明材料未在有效期内，或生产规模不能满足申报产量、规模。

(9)产品包装标签中绿色食品标志设计不规范，未使用企业信息码；关于产品保健、治疗作用的描述未提供有效依据。

6.现场检查报告如何撰写？

以种植产品为例，现场检查报告如表3-1-4所示。

表3-1-4 种植产品现场检查报告

<table>
<tr><td colspan="2">申请人</td><td colspan="2"></td><td>联系人</td><td colspan="2"></td></tr>
<tr><td colspan="2">申请类型
（初次、续展）</td><td colspan="2">□初次申请 □续展申请</td><td>电话</td><td colspan="2"></td></tr>
<tr><td colspan="2">申请产品</td><td colspan="2"></td><td>商标</td><td colspan="2"></td></tr>
<tr><td colspan="2">种植面积/万亩</td><td colspan="5"></td></tr>
<tr><td colspan="2">检查组派出单位</td><td colspan="5"></td></tr>
<tr><td rowspan="4">检查组</td><td>分工</td><td>姓名</td><td colspan="3">工作单位</td><td>电话</td></tr>
<tr><td>组长</td><td></td><td colspan="3"></td><td></td></tr>
<tr><td rowspan="2">成员</td><td></td><td colspan="3"></td><td></td></tr>
<tr><td></td><td colspan="3"></td><td></td></tr>
<tr><td colspan="2">检查日期</td><td colspan="5">年 月 日</td></tr>
</table>

1.质量管理体系

序号	检查项目	检查内容	检查情况描述
1	基本情况	申请人的基本情况与申请书内容是否一致？	
		申请人的营业执照、商标注册证、土地权属证明等资质证明文件是否合法、齐全、真实？	
		绿色食品生产管理负责人姓名、职务、职责	
		内检员姓名、职务、职责	

续表 3-1-4

序号	检查项目	检查内容	检查情况描述
2	种植基地及产品情况	基地地址、面积	
		基地清单(具体到村)	
		种植产品名称、面积	
		基地行政区划图、基地分布图、地块分布图与实际情况是否一致?	
		基地权属情况(自有、租赁、合同种植)	
3	种植基地管理制度	是否涵盖了绿色食品生产的管理要求?	
		种植基地管理制度是否健全?(应包括人员管理、投入品供应与管理、种植过程管理、产品采后管理、仓储运输管理等)	
		种植基地管理制度在生产中是否能够有效落实?相关制度和标准是否在基地内公示?	
		是否有 50 个农户以上内控组织管理制度?是否科学、可行、实用、有效?	
		生产组织形式	□自有基地 □公司+基地+农户 □绿色食品原料标准化生产基地 其他:
		核实种植基地清单的真实性	
		核实种植农户清单的真实性	
		核实种植产品订购合同或协议的有效性	
		是否存在平行生产?是否有平行生产管理制度?	
		生产管理人员是否定期接受绿色食品培训?	
		是否有绿色食品标志使用管理制度?	
4	种植规程	是否包括种子种苗处理、土壤培肥、病虫害防治、灌溉等内容?	
		是否有收获规程及收获后、采集后运输、初加工、贮藏、产品包装规程?	
		是否轮作/间作/套种其他作物?是否有这些作物的种植规程?是否会对申报作物生产造成影响?	

续表 3-1-4

序号	检查项目	检查内容	检查情况描述
5	产品质量追溯	申请前三年或用标周期(续展)内是否有质量安全事故和不诚信记录?	
		是否有产品内检制度和内检记录?	
		是否有产品检验报告或质量抽检报告?	
		是否建设立了产品质量追溯体系?描述其主要内容	
		是否保存了能追溯生产全过程的上一生产周期或用标周期(续展)的生产记录?	
		记录中是否有绿色食品禁用的投入品及生产技术?	
		是否具有组织管理绿色食品产品生产和承担责任追溯的能力?	
检查员评价			

2. 产地环境质量

6	产地环境	地理位置、地形地貌	
		年积温、年平均降水量、日照时数	
		简述当地主要植被及生物资源	
		农业种植结构	
		简述生态环境保护措施	
		产地是否远离工矿区和公路铁路干线?	
		周边是否有对农业生产活动和产地造成危害的污染源?	
		绿色食品和常规生产区域之间是否有缓冲带或物理屏障?	
		是否建立生物栖息地?应保证基地具有可持续生产能力,不对环境或周边其他生物产生污染	
		是否有保护基因多样性、物种多样性和生态系统多样性,以维持生态平衡的措施?	
		产地是否有绿色食品的明显标识?	

续表 3-1-4

序号	检查项目	检查内容	检查情况描述
7	灌溉水源	灌溉水来源	
		灌溉方式	
		可能引起灌溉水受污染的污染物及其来源	
		绿色食品和常规生产区域之间的排灌系统是否有有效的隔离措施？	
8	免测项目及免测理由	□空气免测	□产地周围 5 km，主导风向的上风向 20 km 内无工矿污染源的种植业区空气免测
			□设施种植业区只测温室大棚外空气
		□土壤免测	□提供了符合要求的环境背景值
		□灌溉水免测	□灌溉水来源为天然降水
			□提供了符合要求的环境背景值
		□续展免测	□产地环境、范围、面积未发生变化
			□产地及其周边未增加新的污染源
			□影响产地环境质量（空气、土壤、水质）的因素未发生变化
9	检测项目	□空气　□土壤　□灌溉水	
绿色食品生产适宜性评价			

3. 种子（种苗）

10	种子（种苗）来源	品种及来源	
		外购种子（种苗）是否有标签和购买凭证？	
		是否为转基因品种？	
11	种子（种苗）处理	处理方式	
		是否包衣？包衣剂种类、用量	
		处理药剂的有效成分、用量、用法	

续表 3-1-4

序号	检查项目	检查内容	检查情况描述
12	播种/育苗	土壤消毒方法	
		营养土配制方法	
		药土配制方法	
检查员评价			

4. 土壤培肥

13	土壤类型	栽培类型(露地/设施)	
		土壤类型、肥力状况	
		简述土壤肥力保持措施	
14	农家肥料	是否秸秆还田?	
		是否种植绿肥?说明种类及亩产量	
		是否堆肥?简述来源、堆制方法(时间、场所、温度),亩施用量	
		说明其他农家肥料的种类、来源及亩施用量	
15	商品有机肥	说明有机肥的种类、来源及亩施用量,有机质、N、P、K 等主要成分含量	
16	微生物肥料	说明种类、来源及亩施用量	
17	有机-无机复混肥料、无机肥料	说明每种肥料的种类、来源及亩施用量,有机质、N、P、K 等主要成分含量	
18	土壤调理剂	简述土壤障碍因素	
		说明使用制剂名称、成分和使用方法	
19	肥料使用	是否施用添加稀土元素的肥料?	
		是否施用成分不明确的、含有安全隐患成分的肥料?	
		是否施用未经发酵腐熟的人畜粪尿?	

续表 3-1-4

序号	检查项目	检查内容	检查情况描述
19	肥料使用	是否施用生活垃圾、污泥和含有害物质(如毒气、病原微生物、重金属等)的工业垃圾?	
		是否施用转基因品种(产品)及其副产品为原料生产的肥料?	
		是否使用国家法律法规不允许使用的肥料?	
20	氮素用量	当地同种作物习惯施用无机氮素用量/[kg/(亩·年)]	
		核算无机氮素用量/[kg/(亩·年)]	
21	肥料使用记录	是否有肥料使用记录?(包括地块、作物名称与品种、施用日期、肥料名称、施用量、施用方法和施用人员等)	
检查员评价			

5. 病虫草害防治

22	病虫草害发生情况	本年度发生的病虫草害名称及危害程度	
23	农业防治	具体措施及防治效果	
24	物理防治	具体措施及防治效果	
25	生物防治	具体措施及防治效果	
26	农药和其他植保产品的使用	商品名、有效成分、防治对象、施药时间、施药剂量(或浓度)、安全间隔期	
		是否获得国家农药登记许可?	
		农药种类是否符合 NY/T 393 要求?	
		是否按农药标签规定用量合理使用?	
		检查地块、周边等是否有农药等投入品包装物,并确认是否有绿色食品禁用投入品。	
27	农药使用记录	是否有农药使用记录?(应包括地块、作物名称和品种、使用日期、药名、使用方法、使用量和施用人员)	
检查员评价			

6. 采后处理

28	收获	简述作物收获时间、方式	
		是否有收获记录？	
29	初加工	作物收获后经过何种初加工处理（清理、晾晒、分级、包装等）？	
		是否打蜡？是否使用化学药剂？说明其成分，是否符合 GB 2760、NY/T 393 中标准要求？	
		简述加工厂所地址、面积、周边环境	
		简述厂区卫生制度及实施情况	
		简述加工流程	
		是否清洗？清洗用水的来源	
		简述加工设备及清洁方法	
		加工设备是否同时用于绿色和非绿色产品？如何防止混杂和污染？	
		简述清洁剂、消毒剂种类和使用方法，如何避免对产品产生污染？	
检查员评价			

7. 包装与贮运

30	包装材料	简述包装材料、来源	
		说明周转箱材料，是否清洁？	
		纸类包装表面是否涂蜡、上油？是否涂塑料等防潮材料？	
		纸箱是否使用扁丝钉订合？所做标记是否使用油溶性油墨？	
		塑料制品是否使用含氟氯烃（CFS）的发泡聚苯乙烯（EPS）、聚氨酯（PUR）等产品？	
		金属类包装是否使用对人体和环境造成危害的密封材料和内涂料？	
		所用油墨、黏结剂等是否无毒？是否直接接触食品？	
		包装材料是否可重复使用、回收利用或可降解？	

续表 3-1-4

序号	检查项目	检查内容	检查情况描述
31	标志与标识	是否提供了含有绿色食品标志的包装标签或设计样张？（非预包装食品不必提供）	
		包装标签标识及标识内容是否符合 GB 7718、NY/T 658 标准要求？	
		绿色食品标志设计是否符合《中国绿色食品商标标志设计使用规范手册》要求？	
		包装标签中生产商、商品名、注册商标等信息是否与上一周期绿色食品证书中一致？（续展）	
32	生产资料仓库	是否与产品分开储藏？	
		简述卫生管理制度及执行情况	
		绿色食品与非绿色食品使用的生产资料是否分区储藏，区别管理？	
		是否储存了绿色食品生产禁用物？禁用物如何管理？	
		出入库记录和领用记录是否与投入品使用记录一致？	
33	产品贮藏仓库	周围环境是否卫生、清洁，远离污染源？	
		简述仓库内卫生管理制度及执行情况	
		简述贮藏设备及贮藏条件，是否满足产品温度、湿度、通风等贮藏要求？	
		简述堆放方式，是否会对产品质量造成影响？	
		是否与有毒、有害、有异味、易污染物品同库存放？	
		与同类非绿色食品产品一起贮藏的如何防混、防污、隔离？	
		简述防虫、防鼠、防潮措施，说明使用的药剂种类和使用方法，是否符合 NY/T 393 规定？	
		是否有贮藏设备管理记录？	
		是否有产品出入库记录？	

续表 3-1-4

序号	检查项目	检查内容	检查情况描述
34	运输管理	采用何种运输工具？	
		简述保鲜措施	
		是否与化肥、农药等化学物品及其他任何有害、有毒、有气味的物品一起运输？	
		铺垫物、遮垫物是否清洁、无毒、无害？	
		运输工具是否同时用于绿色食品和非绿色食品？如何防止混杂和污染？	
		简述运输工具清洁措施	
		是否有运输过程记录？	
检查员评价			

8. 废弃物处理及环境保护措施

35	废弃物处理	污水、农药包装袋、垃圾等废弃物是否及时处理？	
		废弃物存放、处理、排放是否对食品生产区域及周边环境造成污染？	
36	环境保护	如果造成污染，采取了哪些保护措施？	
检查员评价			

9. 绿色食品标志使用情况(仅适用于续展)

37	是否提供了经核准的绿色食品证书？	
38	是否按规定时限续展？	
39	是否执行了《绿色食品标志商标使用许可合同》？	
40	续展申请人、产品名称等是否发生变化？	
41	质量管理体系是否发生变化？	
42	用标周期内是否出现产品质量投诉现象？	
43	用标周期内是否接受中心组织的年度抽检？产品抽检报告是否合格？	
44	用标周期内是否出现年检不合格现象？说明年检不合格原因	
45	核实用标周期内标志使用数量、原料使用凭证	

续表 3-1-4

46	申请人是否建立了标志使用出入库台账，能够对标志的使用、流向等进行记录和追踪？	
47	用标周期内标志使用存在的问题	
检查员评价		

10. 收获统计

作物名称	种植面积/万亩	茬/年	当地常规产量/[t/(亩·年)]	绿色食品产量/[t/(亩·年)]	预计收获量/(t/年)

现场检查意见

现场检查综合评价	
检查意见	□合格 □限期整改 □不合格
检查组成员签字： 年　月　日	
我确认检查组已按照《绿色食品现场检查通知书》的要求完成了现场检查工作，报告内容符合客观事实。 申请人法定代表人(负责人)签字： (盖章) 年　月　日	

[知识链接]

1　绿色食品管理机构

我国绿色食品事业依托我国农业系统，创造性地采取委托管理方式，建立起了一个由中国绿色食品发展中心和各级绿色食品管理机构为主体、环境监测和产品检测机构为支撑、以社会专家为补充的工作体系。

1.1 绿色食品认证管理机构及其职能

1.1.1 国家绿色食品认证管理机构及其职能

中国绿色食品发展中心(China Green Food Development Center)是组织和指导全国绿色食品开发和管理工作的权威机构,1992年11月正式成立,隶属中华人民共和国农业农村部。中国绿色食品发展中心是绿色食品质量证明商标持有人,主管全国绿色食品工作,并对绿色食品标志商标实施许可。1999年中国绿色食品发展中心加挂农业部绿色食品管理办公室的牌子。各省(自治区、直辖市)成立了绿色食品办公室(简称"绿办")或中心,部分地(市)、县成立了绿色食品工作机构,负责本地区绿色食品的申请、检测、管理工作。

中国绿色食品发展中心的基本宗旨是:组织和促进无污染、安全、优质、营养类食品开发,保护和建设农业生态环境,提高农产品及其加工食品质量,推动国民经济和社会可持续发展。

中国绿色食品发展中心的主要职能是:参与绿色食品有关规章制度、规划计划、政策措施的拟订及实施;负责绿色食品登记审查;承担绿色食品标志授权管理和产品质量跟踪检查的具体工作;参与拟订绿色食品相关质量标准、技术规范并组织实施,开展有关国际交流与技术合作;开展绿色食品生产基地创建、技术推广和宣传培训,承办农产品品牌培育、市场发展和展示推介等工作;组织实施绿色食品标志登记相关检验检测工作;组织开展农产品品质规格、营养功能评价鉴定等相关工作;协调指导名优农产品品牌培育、认定和推广等工作等。

1.1.2 各省(自治区、直辖市)绿色食品委托管理机构及其职能

根据绿色食品事业的发展,国家绿色食品管理机构在全国各省(自治区、直辖市)委托了绿色食品管理机构,负责本辖区内绿色食品商标标志的管理工作。

绿色食品委托管理机构的主要职能是:根据绿色食品管理机构的总体发展战略,研究本省(自治区、直辖市)发展绿色食品的方针、政策及规划,并报国家绿色食品管理机构批准后执行;受国家绿色食品管理机构的委托,认真负责地管理好本省(自治区、直辖市)与绿色食品标志申请和使用有关的事宜;协调好本省(自治区、直辖市)内工商、环保、食品卫生等各部门的关系,共同做好绿色食品质量控制和市场监督工作,依法打击假冒伪劣行为;组织各地科技人员对与绿色食品生产相关的技术进行攻关,不断更新和丰富绿色食品的生产操作规程;在省(自治区、直辖市)内各有关部门的支持下,多渠道筹集资金,搞好绿色食品生产基地建设和开发工作;协助国家绿色食品管理机构做好定点商店及专柜的选择认定工作,促进绿色食品市场发育、成熟;组织与绿色食品相关的国内外经济技术合作,协助国家绿色食品管理机构组织绿色食品产品参加各种展销或贸易活动;联合绿色食品企业及有关部门做好宣传工作;配合中国绿色食品发展中心实施绿色食品整体宣传战略。

1.1.3 定点绿色食品环境监测机构及食品检测机构

1.1.3.1 绿色食品产地环境监测与评价机构

由省、自治区、直辖市绿色食品管理机构委托具有省级以上计量认证资格的环境质量监

测机构来执行,并报中国绿色食品发展中心批准备案后,负责当地绿色食品产地环境监测与评价工作。目前,各省(自治区、直辖市)至少指定了一家具备认证资格的产地环境监测与评价机构,形成了可以覆盖全国各地的有效工作网络。

绿色食品产地环境监测机构的主要职能是:根据绿色食品委托管理机构的委托,按《绿色食品产地环境技术条件》和《绿色食品产地环境调查、监测与评价导则》及有关规定对申报产品或产品原料产地进行环境质量监测与评价;根据中国绿色食品发展中心的抽检计划,对获得绿色食品标志的产品或产品原料产地环境进行抽检;根据中国绿色食品发展中心的安排,对提出仲裁监测申请的企业进行复检;根据中国绿色食品发展中心的布置,专题研究绿色食品环境监测与评价工作中的技术问题等。

1.1.3.2　绿色食品检测机构及其职能

绿色食品检测机构是指具备相应的检测条件和能力,并依法经过资质认定,由中国绿色食品发展中心按照公平、公正、竞争的原则进行考核并择优指定,自愿接受委托,承担绿色食品产品和产地环境质量检测任务的检测机构。

绿色食品检测机构的主要任务是:承担绿色食品标志许可、监管、投诉和仲裁等检验;向中心或省级工作机构反馈预警信息以及绿色食品生产企业在环境、产品质量及使用绿色食品标志等方面存在的问题;承担中心委托的其他工作。

绿色食品检测机构的主要工作职责是:检测机构接受申请人委托后,应当及时安排现场抽样,并自产品样品抽样之日起 20 个工作日内、环境样品抽样之日起 30 个工作日内完成检测工作,出具产品质量检验报告和产地环境监测报告,提交省级工作机构和申请人,报告电子版报中心存档;样品的抽取和检测应按照绿色食品相关标准的规定执行,检测机构有义务承检中心要求加测的项目,但未经中心同意,不得擅自增加或减少检测项目;检测机构应依照法律、法规、绿色食品标准及有关规定,客观、公正地出具检验报告,并对检测结果负责,保守受检单位或个人的技术和商业机密,并不得侵占受检单位的知识产权;定期报送检测机构相关考核、复评审、考评及能力验证评价等书面材料。

1.2　社会团体组织

1.2.1　中国绿色食品协会

中国绿色食品协会(China Green Food Association)是一个非行政管理的社会团体组织,是由从事和热心于绿色食品管理、科研、教育、生产、贮运、销售、监测、咨询等活动的单位和个人自愿组成的全国性专业协会,是经中华人民共和国民政部、农业部批准注册的。

中国绿色食品协会的宗旨是遵守国家法律、法规和国家政策,遵守社会道德风尚,以经济建设为中心,致力于促进我国绿色食品事业的发展。

中国绿色食品协会的主要职能是推动绿色食品开发的横向经济联合,协调绿色食品科研、生产、贮运、销售、监测等方面的关系,组织绿色食品事业理论研究、人员培训、社会监督、信息咨询、科技推广与服务,并成为政府与绿色食品企事业单位之间的桥梁和纽带。为绿色食品事业的健康稳步发展和产业的加速建设提供有效的综合服务和有力的社会支持。

1.2.2 绿色食品专家咨询委员会

为了组织社会科技力量，共同推动绿色食品事业发展，在中国农学会的大力支持下，中国绿色食品发展中心于2004年正式组建了绿色食品专家咨询委员会。该咨询委员会由来自全国各地、分布于74个专业的439名专家组成。绿色食品专家咨询委员会将在绿色食品的基础理论研究、标准建设、科技攻关、专业培训等领域提供技术支持，同时根据绿色食品开发和管理工作的需要，开展技术指导和咨询服务。

2 绿色食品认证申报与审批程序

绿色食品标志是经中国绿色食品发展中心注册的质量证明商标，凡具有绿色食品生产条件的国内企业均可按一定程序申请绿色食品认证。

2.1 绿色食品认证的申报

2.1.1 服务对象

企业法人、农民合作社、家庭农场、国有林场、国有农场及兵团团场等生产单位。

2.1.2 绿色食品认证的申报范围

申请使用绿色食品标志的产品，应当符合《中华人民共和国食品安全法》和《中华人民共和国农产品质量安全法》等法律法规规定，在国家工商行政管理总局商标局核定的范围内，并具备下列条件：

(1)产品或产品原料的产地环境符合绿色食品产地环境标准。

(2)农药、肥料、饲料、兽药等投入品使用符合绿色食品投入品使用准则。

(3)产品质量符合绿色食品产品质量标准。

(4)包装储运符合绿色食品包装贮运标准。

2.1.3 绿色食品认证标志申请单位的条件

2012年修订的《绿色食品标志管理办法》第十条规定：申请使用绿色食品标志的生产单位均可作为绿色食品标志使用权的申请人，对标志申请人条件做如下规定。

(1)能够独立承担民事责任。

(2)具有稳定的生产基地。

(3)具有绿色食品生产的环境条件和生产技术。

(4)具有完善的质量管理体系，并至少稳定运行一年。

(5)具有与生产规模相适应的生产技术人员和质量控制人员。

(6)申请前3年内无质量安全事故和不良诚信记录。

2.1.4 绿色食品认证申报程序与颁证

绿色食品认证申报实际上是产品质量认证和许可使用绿色食品标志的申报。《绿色食品管理办法》本着全程质量监控的原则，对认证申报程序做了具体的规定，充分考虑了从产地环境到最终产品质量的所有环节。认证申报程序严格按照先后顺序进行，哪一步出了问题，其下一步的认证申报工作将被终止。申请使用绿色食品标志的程序如下：

第一步：申请

申请人向所在省份的绿色食品委托管理机构[由中国绿色食品发展中心委托，通常为各省（自治区、直辖市）绿色食品发展中心或绿色食品办公室]提出书面申请。填写《绿色食品标志使用申请书》（一式两份）、《企业及生产情况调查表》，并连同产品生产技术规程和质量控制规范、产品标准、企业营业执照、企业卫生许可证、企业计量合格证、预包装产品包装标签或其设计样张、产品注册商标文本复印件及省级以上质量监测部门出具的当年产品质量检测报告，一并报所在省（自治区、直辖市）绿色食品办公室。

第二步：受理

省级绿色食品工作机构自收到申请材料之日起 10 个工作日内审查确认受理与否。

第三步：现场检查

经省级工作机构审查符合要求予以受理后，在产品及产品原料生产期内，绿色食品委托管理机构的专职考察人员到申请人的生产现场进行检查，专职检查人员人数为两个或两个以上，核实其产品生产过程的质量控制情况。写出真实、客观、翔实且具针对性的检查报告，得出检查结论。若检查不合格的，省级工作机构应当退回申请并书面告知理由。若检查合格，则申请人进行第四步的工作。

第四步：产品检测及产地环境监测与评价

这一步中，申请人要做 3 件事：一是参与申报产品抽样。抽样由绿色食品委托管理机构人员和申请人共同进行，抽样按《绿色食品随机抽样规定》的方法进行。二是由绿色食品委托管理机构指定的环境质量监测机构对产地生态环境质量进行监测与评价。检测机构接受申请人委托后，及时安排现场抽样。样品包装上应贴好封条，由参与抽样人员签字，加盖公章。三是送检。由申请人将绿色食品抽样单、抽检样品及检测费送至农业部定点食品检测中心。检测中心并自产品样品抽样之日 20 个工作日内、环境样品抽样之日起 30 个工作日内完成检测工作，出具产品质量检验报告和产地环境监测报告，提交省级工作机构和申请人。

第五步：初审

省级工作机构应当自收到产品检验报告和产地环境监测报告之日起 20 个工作日内提出初审意见。初审合格的，将初审意见及相关材料报送中国绿色食品发展中心。初审不合格的，退回申请并书面告知理由。

第六步：书面审查

中国绿色食品发展中心自收到省级绿色食品工作机构报送的完备材料之日起 30 个工作日内完成书面审查。

第七步：专家评审

中国绿色食品发展中心于书面审查合格后，将产品检验报告和全部其他材料送绿色食品认证评审委员会在20个工作日内组织专家终审,必要时,应当进行现场核查。

第八步:颁证决定

中国绿色食品发展中心应当根据专家评审的意见,在5个工作日内作出是否颁证的决定。不同意颁证的,书面通知申请人并告知理由。同意颁证的,则申请人进行第八步的工作。

第九步:签订绿色食品标志使用合同,办理领证手续

申请人在收到中国绿色食品发展中心办证通知的3个月内,应办理如下相关手续:

(1)交纳申报服务及协议规定的费用。

(2)送审产品包装设计样图(应符合《绿色食品设计标准手册》的要求)。

(3)订制绿色食品标志防伪标签。

(4)与中国绿色食品发展中心签订《绿色食品标志的使用协议书》,办理领证手续。

第十步:结果送达

绿色食品标志许可使用证书可邮寄或自取。结果同时在《中国食品报》《农民日报》及中国绿色食品发展中心网站(http://www.greenfood.agri.cn)上向社会进行发布。

2.2 绿色食品的审批

绿色食品标志管理人员审查申请企业的申请材料,必须真正体现出绿色食品认定的权威性、公正性和科学性,必须抓住审核工作的侧重点。审核的内容包括以下几个方面:

2.2.1 考察报告

考察报告是省(自治区、直辖市)绿色食品管理机构考察申请企业之后撰写的报告,它是直接深入企业调查得来的第一手资料的总结。对考察报告总的要求是真实、客观、详细和有针对性。

(1)考察报告要真实。要真实地反映企业的实际情况,由考察人员自己去现场发现问题,不能以听汇报、看录像等其他形式代替考察人员深入现场。要通过实例印证企业的质量体系情况,不能以"认真负责""严格管理"之类的抽象概念笼统概括企业的基本情况。

(2)考察报告要客观。考察人员在考察企业及书写报告时,要避免个人主观意愿,要实事求是、一分为二地反映企业的全貌。考察时要有两人或两人以上共同前往企业,与被考察企业有特殊关系的人要主动回避。考察报告写出后必须由全部参加考察的人员签字。

(3)考察报告要详细。考察报告要详细具体,并要突出重点。对可能影响绿色食品质量的关键环节要深究细看,直至清楚明了。如在调查企业使用化肥、农药等生产资料的情况时,不仅要亲临生产资料仓库查看,而且要检查其出入账记录,甚至了解近3年之内生产资料的使用情况。

(4)考察报告要有针对性。考察报告应根据企业不同条件、不同生产特点分别突出各自的基本特色,不能千篇一律、枯燥空洞。

2.2.2 环境质量监测与评价

由于环境监测与评价是专业性较强的一项工作,因此必须由专门机构的技术人员完成。

对于审核而言，要注意下述5个方面：

(1)看监测布点是否合理，尽管在《绿色食品产地环境质量评价技术导则》中对布点的要求有大概的量化。但由于实际情况相当复杂，对不同的作物、不同的环境单元，完全机械地追求点数是不客观的。对一些特殊的原料环境而言，布点太少，体现不出整体的情况；布点多了，既无必要又增加了企业的负担。因此，必须在坚持基本要求的基础上，具体情况具体分析。

(2)看监测季节是否合适，只有在作物生长季节执行监测才最有意义。

(3)看每个数据是否超标，对于某个项目在某一点位置超标显著时，应跟踪分析其原因。

(4)看选取参与评价的标准是否准确。

(5)看结论是否完整，是否能真正代表被监测环境的实际情况。

2.2.3　种植规程

种植规程是规范生产行为的技术文件，是绿色食品申报认证中审查的核心部分，它反映了产品生产的全部内容，包括生产方法、生产过程的技术含量，产品具备某种特定品质的特定工艺，以及质量管理的全部细节。审核时要认真考察申报企业的种植规程，既要审核生产基地条件(环境质量、土壤肥力水平等)、田间管理(包括肥料施用、灌溉水水质、病虫草鼠害的防治方法)等，也要审核规程中绿色食品与常规食品的区别。

2.2.4　最终产品监测

最终产品监测不仅是一种技术性的监督手段，也是对实施质量控制过程的后果进行验证的手段。食品监测的依据是标准，审核部门在向绿色食品监测机构下达抽检任务时，可以结合企业生产规程、省(自治区、直辖市)绿色食品管理机构的考察报告，以及环境质量监测等资料，同时向食品监测中心下达该产品执行标准之外的加测项目，以期能较客观、较全面地反映出该产品的真实结果。

2.3　签署绿色食品标志使用许可合同

绿色食品申报单位或企业通过检测和审核合格后，单位或企业的法人代表需到中国绿色食品发展中心签署标志使用许可合同。合同包括了双方当事人需要明确和认可的重要内容、必须具备的法律要素，如双方当事人的姓名、事由、责任条款、有效期、争议仲裁等。绿色食品标志许可使用合同的核心内容有：

(1)商标的所有人，以及商标的注册号。

(2)被许可使用人，以及被许可使用的商品及核准产量。

(3)被许可使用的范围。

(4)被许可使用形式。

(5)被许可使用人缴纳审核费用数额及时限。

(6)许可人监督管理被许可使用人产品质量的权利，如许可人有权到被许可人生产基地年度检查或抽样检测。

(7)被许可使用人的责任和义务。

(8)合同的许可期和终止形式,终止协议的附加条款等。

2.4 绿色食品续展程序及标志使用规定

续展是指绿色食品企业在绿色食品标志使用许可期满前,按规定时限和要求完成申请、认证和颁证工作,并被许可继续在其产品上使用绿色食品标志。

中国绿色食品发展中心负责续展认证综合审核和颁证工作。省级绿色食品管理机构负责续展认证现场检查、续展审核及有关组织协调工作。

2.4.1 绿色食品续展工作程序

第一步:提出申请

绿色食品生产企业需在绿色食品标志使用许可期限到期之前 3 个月向其所在地省绿色食品管理机构提出书面续展申请,并提交以下材料(一式两份):

(1)《绿色食品续展认证申请书》。

(2)法定资质文件复印件(包括营业执照、商标注册证、国家强制要求办理的有关证书等)。

(3)经核准的绿色食品证书复印件。

(4)续展期原料购销合同及批次购买票据复印件(包括公司与基地的协议或合同、基地清单)。

(5)自有基地证明材料。

(6)预包装产品包装标签或设计样。

(7)要求提供的其他材料。

第二步:初审

省绿色食品管理机构收到续展申请材料后,组织检查员完成初审,并制定现场检查计划,同时通知申请人。

第三步:现场检查

检查员依据绿色食品相关标准和续展认证现场检查项目进行逐项检查,并向省绿色食品管理机构递交现场检查评估表。

产地范围、面积、环境质量等均未发生改变的,经现场检查确认,免予环境监测。产地范围、面积、环境质量中任一项发生变化且确需环境监测的,按有关规定实施环境监测。

对证书有效期内中心年度监督抽检合格产品,经检查员确认符合相关要求的,该产品及其同类系列产品免予抽样检测。同类系列产品及免予抽样检测产品数按《绿色食品　产品抽样准则》(NY/T 896—2015)有关规定确定。

需要实施抽样检测的,按以下方法确定产品抽样数:种植(养殖)基地相同、种植(养殖)过程类似的或主要原料相同、加工工艺相似的系列产品,按$\sqrt{n}\times 0.8$取整(n为样本数)随机确定产品抽样数,并按有关规定实施产品检测。

第四步:续展审核

各省绿色食品管理机构收到现场检查评估表、有关环境质量监测报告和产品检验报告后组织检查员完成续展审核，填写《绿色食品续展认证报告》，并将审核合格的续展材料在证书有效期满前 1 个月报送中国绿色食品发展中心，同时进行存档。

第五步：综合审查

中国绿色食品发展中心收到上述材料后，5 个工作日内完成综合审核。综合审核结论为“需要补充材料的”，各省绿色食品管理机构需在收到续展认证综合审核意见通知单后 5 个工作日内将补充材料报送中心。

第六步：续展认证决定

中国绿色食品发展中心主任做出续展认证决定。

第七步：签订许可合同

申请人与中国绿色食品发展中心签订《绿色食品标志商标使用许可合同》，并履行相关手续后，中心颁发证书。证书起始时间与上一个周期的终止日期相衔接。

续展工作要充分考虑产品的生产周期特点，合理安排在规定时间内完成续报工作。初审、现场检查、环境监测、产品检测、续展审核和综合审核中任何一项不合格者，本生产周期不再受理其申请。未按规定时限完成续展的，再行申请认证时，按初次申请认证程序执行。

中国绿色食品发展中心将对续报企业提供优先、快捷的服务，符合标准的续报企业，中心在收到绿色食品管理办公室上报的材料后 1 个月内完成新证颁发工作。

2.4.2　绿色食品续展标志使用规定

申报产品未批准之前无权使用标志。

获得标志使用权后，绿色食品生产企业要按规定尽快将标志使用在证书指定的产品和核定产量的产品包装上。标志在包装标签上的使用必须严格执行《中国绿色食品商标标志设计规范使用手册》的规定，规范使用。

续报企业按规定时间提出续报申请，完成续报工作后，新证书有效使用期从上一使用期到期之日计。

按规定续报并领取新证书的企业，原则上从新证书生效之日起使用新编号的包装，凡带有老编号的包装应及时处理，不得再流入市场。如规模较大的企业，并确按认证规模印制包装，因合理原因，导致大量老编号包装到期未用完的，必须经绿办和中国绿色食品发展中心核准后公告延用老编号包装，延期使用时间最多不超过 6 个月。超认证规模印制的老编号包装不准延期使用。

虽按规定续报但不符合标准的企业，标志使用期到期之后无权再使用标志，中国绿色食品发展中心将公告其已丧失标志使用权。

续报企业未按规定时间提出续报申请，到期后无权再使用标志。超过续报规定时间提出申请的企业，按新申报企业对待，批准之后方可使用绿色食品标志。

到期自动放弃续报的企业，到期之后即无权再使用标志，并要按照有关规定及时处理带有标志的产品和包装。

3 绿色食品标志的使用与管理

3.1 绿色食品标志及编号形式

中国绿色食品发展中心对许可使用绿色食品标志的产品进行统一编号，并颁发绿色食品标志使用证书。编号形式及含义见“项目一绿色食品的识别”中“任务1识别绿色食品”中的“师徒共研”部分。

绿色食品标志、文字和使用标志的企业信息码，组成整体的绿色食品标志系列图形，见图3-1-3。该系列图形应严格按规范设计，出现在产品包装(标签)的醒目位置，通常置于最上方，和整个包装(标签)保持一定的比例关系，不得套叠其他色彩图形。企业信息码应以该企业获得的标志许可使用证书为准，其后附“经中国绿色食品发展中心许可使用绿色食品标志”的说明，并须与标志图形出现在同一视野。

a. 组合一（适用于长方形类的包装标签）

GFXXXXXXXXXXXX

b. 组合二（适用于正方形的包装标签）

图 3-1-3　绿色食品标志

绿色食品标志矢量图供标志使用单位、广告设计和制作单位等使用。详细使用方法参见中国绿色食品发展中心《中国绿色食品商标标志设计使用规范手册》。任何未经中国绿色食品发展中心许可使用绿色食品标志的企业、个人和产品不得擅自使用该标志。

新编号制度继续实行“一品一号”原则。现行产品编号只在绿色食品标志商标许可证书上体现，不要求企业将产品编号印在该产品包装上。为了给每一获证企业建立一个可在续展后继续使用的企业信息码，要求将企业信息码印在产品包装上原产品编号的位置，并与绿色食品标志商标(组合图形)同时使用。没有按期续展的企业，在下一次申报时将不用原企业信息码，而使用新的企业信息码。

3.2 绿色食品标志使用办法

绿色食品的质量保证，涉及国家利益，也涉及消费者的利益，全社会都应该从这个利益出发，加强对绿色食品质量及标志正确使用的监督、管理。标志使用人必须接受中心有关绿色食品标志的统一管理。

根据《绿色食品标志管理办法》规定，各企业取得绿色食品标志使用权的产品，在使用绿色食品标志时应注意以下几点：

(1)标志使用人办理绿色食品标志商标使用手续1个月内，将使用单位的名称、地址、使用商标的内容，报国家工商行政管理总局备案，并定期予以公告，绿色食品标志必须使用在经中心许可的产品上。获得标志使用权后，半年内在许可产品上必须使用绿色食品标志(季节性很强的产品另行规定)。

(2)许可使用绿色食品标志的产品,其包装和标签必须严格按照《绿色食品标志设计标准手册》的规范要求设计,经中国绿色食品发展中心审核,委托管理机构监督,并在中国绿色食品发展中心定点的单位印刷。许可使用绿色食品标志的产品,推行使用绿色食品标志防伪标签。防伪技术产品的印制和使用,由中国绿色食品发展中心统一管理。

(3)在获证产品及其包装、标签、说明书上使用绿色食品标志。

(4)许可使用绿色食品标志的产品,在产品促销广告宣传时,必须使用绿色食品标志。

(5)绿色食品标志使用人必须严格履行《绿色食品标志许可使用合同》,自授予使用权之日起每年按期缴纳标志使用费。

(6)绿色食品标志使用人应接受绿色食品各级管理部门主办的绿色食品知识培训及相关业务培训。

(7)绿色食品标志使用人不得以任何形式将绿色食品标志使用权转让给其联营、合营企业或其他单位和个人,标志使用人不得任意扩大产品的使用范围。

(8)绿色食品标志使用人应按中国绿色食品发展中心及绿色食品委托管理机构的要求报告标志的使用情况,定期提供有关获得标志使用权的产品的当年产量,原料供应情况,肥料、农药的使用种类、方法、用量,添加剂使用情况,产品价格,防伪标签使用情况等内容。

(9)获得绿色食品标志使用权的企业不得擅自改变生产条件、产品标准及工艺。使用单位改变其生产条件、工艺、产品标准及注册商标前,必须报经中心审核、备案。

(10)获得绿色食品标志使用权的企业名称、法人代表等变更须及时报发展中心备案。

(11)积极配合县级以上人民政府农业行政主管部门的监督检查及其所属绿色食品工作机构的跟踪检查。

(12)标志使用人应当健全和实施产品质量控制体系,对其生产的绿色食品质量和信誉负责。

(13)绿色食品标志使用证书有效期为 3 年。在此期间,绿色食品生产企业必须接受中国绿色食品发展中心委托的监测机构对其产品进行抽检,并履行《绿色食品标志使用协议》。期满后,若继续使用绿色食品标志,需于期满前 3 个月重新申报,未重新申报的,视为自动放弃其使用权。中心将通过适当形式通知有关方面予以公告。

3.3 绿色食品标志防伪标签的使用

3.3.1 绿色食品标志防伪标签的作用

绿色食品标志防伪标签具有保护作用和监督作用。防伪标签是绿色食品产品包装上必备的特征,既可防止企业非法使用绿色食品标志,也便于消费者识别。利用标签先进的防伪性能,避免市场中假冒产品的出现。另外,中国绿色食品发展中心还利用发放防伪标签的数量,控制企业生产产量,避免企业取得标志使用权后,扩大产品使用范围及产量。

3.3.2 绿色食品标志防伪标签的管理

(1)为了降低成本、严格管理,绿色食品标志防伪标签由中国绿色食品发展中心统一委托定点专业生产单位印刷。企业不得自行生产或从其他渠道获取防伪标签,也不可直接向中心委托的防伪标签生产企业订货。

(2)各企业根据其绿色食品生产计划及产品包装规格的需要,填写《绿色食品标志防伪标签需求计划表》,于需要使用前两个月报中国绿色食品发展中心。中国绿色食品发展中心根据企业申报时的产量掌握一年内防伪标签的发放总量。

企业在报计划表的同时,应向中国绿色食品发展中心交付中国绿色食品标志防伪标签的印制费用。中国绿色食品发展中心将生产任务通知单下达到绿色食品防伪标签生产企业,并令其按需求时间发货。各企业收到货物应及时检验,若标签有质量或数量问题,需立即与绿色食品发展中心联系。

3.3.3 绿色食品标志防伪标签的使用

(1)许可使用绿色食品标志的产品必须加贴绿色食品标志防伪标签。

(2)每种产品只能使用对应的防伪标签(印有该产品的编号)。

(3)防伪标签应贴于食品标签或包装正面显著位置,不能掩盖原有绿标、编号等绿色食品整体形象。防伪标签粘贴位置应固定,不能随意变化。

3.4 绿色食品标志使用权的中止和终止

《绿色食品标志管理办法》第二十六条规定,有下列情况之一的,取消标志使用人的标志使用权:

(1)生产环境不符合绿色食品环境质量标准的;

(2)产品质量不符合绿色食品产品质量标准的;

(3)年度检查不合格的;

(4)未遵守绿色食品标志使用合同约定的;

(5)违反规定使用绿色食品标志和证书的;

(6)以欺骗、贿赂等不正当手段取得绿色食品标志使用权的。

绿色食品标志使用人依照前款规定被取消绿色食品标志使用权的,3 年内中国绿色食品发展中心不再受理其申请;情节严重的,永久不再受理其申请。

凡产品质量下降,对绿色食品事业整体形象造成严重影响的,中国绿色食品发展中心除取消其绿色食品标志使用权外,并有权追究其经济赔偿责任和法律责任。

中国绿色食品发展中心责成绿色食品委托管理机构收回已中止或终止绿色食品标志使用权的证书,并予以公告。

3.5 绿色食品标志使用的监督管理的内容与方式

3.5.1 绿色食品标志管理的内容

从绿色食品产品被认定的时间上讲,绿色食品标志管理包括绿色食品产品的认定、认定后使用标志的管理两部分内容。绿色食品标志的使用许可过程，即对申请企业的产品能否称为绿色食品的认定过程，亦即依据绿色食品标准，对申请企业的产品进行质量认证的过程。这一时期的标志管理，贯穿在产品质量认证申报的各个环节之中。

绿色食品标志认定后使用标志的管理包含两方面的内容。一是在出现质量问题时对使用标志的产品进行处理。为了突出绿色食品标志的法律特点和监督管理作用，绿色食品标志实行一品一号，主要监督使用标志的正确与否及其产品质量稳定与否。二是对其他产品冒用或伪造绿色食品认证标志进行打击和处罚。

3.5.2　绿色食品标志使用的监督管理方式

3.5.2.1　绿色食品标志使用证书实行年审制

绿色食品标志专职管理人员对标志使用人不定期进行监督检查。标志使用人应如实提供有关资料及情况，标志使用人在许可使用期限内，应接受有关的环保、食品监测部门对其使用标志的产品及生态环境进行抽检。

3.5.2.2　专职监督员队伍

由中国绿色食品协会在全社会范围内组织监督员队伍，随时监督企业的生产条件变化情况与产品流通情况。监督员由熟悉绿色食品质量体系且与绿色食品生产及认证方无利益关系的专家担任，并通过协会及时向中国绿色食品发展中心反馈信息。

3.5.2.3　国家专职监督

全国各级工商行政管理部门是监督注册商标使用情况的国家行政机构，既有完善的网络，又有查处、打击假冒注册商标的职能，是净化绿色食品市场的重要保障力量。

3.5.2.4　社会化监督

包括舆论和新闻媒体的监督，相关行业的抽查监督以及经营者和消费者的自觉监督。

对绿色食品产品出现质量问题者，视情节轻重分别采取不同的处理措施，情节轻者给予警告性通知，并责成企业整改，整改后抽查合格者，继续保留绿色食品标志使用权；整改不合格者，取消其使用权。情节严重者，直接取消其绿色食品标志使用权。

对侵犯绿色食品标志商标专用权的侵权人，中国绿色食品发展中心、绿色食品委托管理机构、经公告的标志使用人及消费者都可以依据《中华人民共和国商标法》《中华人民共和国反不正当竞争法》《中华人民共和国消费者权益保护法》等向侵权人所在地或者侵权行为所在地县级以上工商行政管理部门要求处理，追究侵权人的法律责任，或者直接向人民法院起诉。

4　绿色食品产品监督管理

4.1　绿色食品产品市场监督管理

总的来说，绿色食品生产企业经过严格的质量认证程序之后，质量体系普遍比较健全，产品质量通常比较稳定，尤其是经过几次认证的企业，已在全体职工中建立起完善的绿色食品意识，企业管理层和职工能够随时掌握绿色食品生产操作规程的更新情况，并贯彻到生产中去，因此，绿色食品质量普遍有保证。

但是，由于绿色食品是一个新生事物，加上我国市场经济体系还不完善，绿色食品在发展过程中也必然会出现一些不正常现象。例如，有的绿色食品企业对“一品一号”原则缺乏深刻认识，往往企业一种产品获得标志使用许可后，便对企业内生产的其他产品同时使用同一编号的标志。有的加工产品的非污染指标，诸如水分、净含量等不能稳定地达标。有些企业在获得标志使用许可后，不抓质量，不重管理，产品质量有所下降。因此，加强对绿色食品产品和市场的监督管理显得尤为重要。

随着绿色食品事业的深入发展，假冒伪劣绿色食品开始出现，盗用绿色食品的商标、包装屡见不鲜，严重损害了绿色食品企业的利益，扰乱了绿色食品的市场管理。

4.1.1　假冒绿色食品的现状

市场上假冒绿色食品、扰乱绿色食品标志形象和市场秩序的情况比较复杂，常见的有以下几种情况：

有的企业和个人对绿色食品相关知识缺乏详细了解，无意中冒用了绿色食品标识。比如，有的生产经营企业和个人只知道绿色食品是无污染安全食品，并不了解使用绿色食品称谓和标志必须经专门认定和许可方可使用，仅凭自己的感性认识判定自己的产品无污染时，便轻率地冠以绿色食品名称或使用绿色食品标志进入市场，从而侵犯了中国绿色食品发展中心的商标专用权。

个别企业和个人对绿色食品法规有较清楚的了解，却不愿意履行申请手续，而是抱着投机的心理要手段欺骗消费者。如有的生产者或经营者宣称自己的产品经中国绿色食品发展中心认证，但并不使用“绿色食品”标志；有的使用“绿色食品”四字，却不使用标志图案；有的以“绿色食品”四字冠以生产企业名称，并配合模棱两可的广告语言误导消费者。凡此种种都属不正当竞争的违法行为。

更有甚者知法犯法，有些生产者对绿色食品的详细要求很清楚，却故意假冒绿色食品标志、编号，谎称自己的产品已通过中国绿色食品发展中心认证；还有些生产者和经营者直接假冒绿色食品生产企业的标志、编号，甚至模仿包装，以假乱真。

4.1.2　打击和查处假冒绿色食品

对市场上假冒绿色食品的现象，中国绿色食品发展中心及其委托管理机构将配合各级工商行政管理部门给予坚决打击，由有关部门视情节轻重分别依法进行处理。

4.1.2.1 打击和查处假冒绿色食品的法律依据

(1)商标侵权。根据《中华人民共和国商标法》的有关规定,凡有下列行为的均属侵犯注册商标专用权:

①未经注册商标所有人的许可,在同一种商品或者类似商品上使用与其注册商标相同或者近似商标的;

②销售明知是假冒注册商标的商品的;

③伪造、擅自制造他人注册商标标识或者销售伪造、擅自制造的注册商标标识的;

④给他人的注册商标专用权造成其他损害的。

(2)违反产品质量法。根据《中华人民共和国产品质量法》的规定,禁止伪造或者冒用认证标志、名优标志等质量标志;禁止伪造产品的产地,伪造或者冒用他人的厂名、厂址;禁止在生产、销售的产品中掺杂、掺假,以假充好、以次充好。

(3)不正当竞争。根据《中华人民共和国反不正当竞争法》的规定,经营者不得以下列不正当手段从事市场交易,损害竞争对手:

①假冒他人注册商标;

②擅自使用知名商标特有的名称、包装、装潢,或者使用与知名商标近似的名称、包装、装潢,造成和他人的知名商标相混淆,使购买者误认为是该知名商标;

③擅自使用他人的企业名称或者姓名,引人误认为是他人的商品;

④在商品上假造或者冒用认证标志、名优标志等质量标志,伪造产地,对商品质量作引人误解的虚假表示。

4.1.2.2 打击和查处假冒绿色食品的方式

根据以上法规和《绿色食品标志使用管理办法》的有关规定,对假冒绿色食品标志和产品的,可以请求工商行政管理机构处理,也可以直接向人民法院起诉。分别采取:

(1)假冒绿色食品注册商标,构成犯罪的,除赔偿被侵权人的损失外,还要依法追究刑事责任。

(2)伪造、擅自制造绿色食品注册商标标识,或者销售伪造、擅自制造绿色食品注册商标标识,构成犯罪的,除赔偿被侵权人的损失外,要依法追究刑事责任。

(3)销售明知是假冒绿色食品注册商标的商品,构成犯罪的,除赔偿被侵权人的损失外,要依法追究刑事责任。

4.2 绿色食品溯源体系的建立与管理

食品安全溯源体系,最早是1997年欧洲联盟为应对疯牛病问题而逐步建立并完善起来的食品安全管理制度。食品溯源体系覆盖食品生产基地、加工企业、终端销售等整个食品业链条的上游和下游,通过类似银行取款机系统的专用硬件设备进行信息共享,服务于最终消费者。一旦食品质量在消费者端出现问题,可以通过食品标签上的溯源码进行联网查询,查出该食品的生产企业、产地、具体农户等全部流通信息,明确事故方相应的法律责任。

我国在食品安全溯源系统的开发和应用方面目前还处于起步阶段，关于食品溯源体系的研究始于2002年，在研究和实施过程中，逐步制定了一些相关的标准和指南，如国家质量监督检验检疫总局出台的《出境水产品溯源规程(试行)》、中国物品编码中心编制的《牛肉制品溯源指南》、陕西标准化研究院编制的《牛肉质量跟踪与溯源系统实用方案》等。通过借鉴发达国家的实践经验，率先以北京、上海等大城市为试点，在畜禽业、水产品出口及链条较短、操作较为容易的蔬菜产业导入了溯源系统，开展食品安全追溯制度及系统建设方面的试点示范工作。此外，全国所有龙头食品企业从2005年开始建立食品原料可溯源制度，根据这项制度的要求，国家和地方食品龙头企业将通过"公司＋农户""基地＋农户"等形式，从原料选购环节开始推行标准化操作，对种植、加工和流通环节实行全程质量监控，并在产品包装上张贴食品原料信息标志。消费者可以通过信息码查到蔬菜的药物残留、生产基地的质量认证情况，甚至还可以查到具体生产责任人的姓名。

建设绿色食品追溯系统，对绿色食品监管更加健全，监管能力细分化，提升监管法治化，从而实现绿色食品从传统向现代、从经验向科学监管的重大转变。

国内现行的绿色食品溯源技术大致有两种：一种是无线射频识别技术(RFID)，在食品包装上加贴一个带芯片的标志，产品进出仓库和运输就可以自动采集和读取相关的信息，产品的流向都可以记录在芯片上；另一种是二维码，消费者只需要通过带摄像头的手机拍摄二维码，就能查询到产品的相关信息，查询的记录都会保留在系统内，一旦产品需要召回就可以直接发送短信给消费者，实现精准召回。

2016年，"中国绿色食品溯源平台"成立。该平台由福建追溯科技有限公司经中国绿色食品发展中心授权，独家运营和建设，致力于为企业提供包括：产品防伪溯源＋整合跨界营销＋互联网流量分发＋云端大数据分析的OTO二维码防伪及溯源系统的一整套服务。

福建追溯科技通过整合监控设备、感应设备、物联网体系、溯源平台系统，实现动植物从育苗育种、种植养殖、加工、包装、销售等全过程的信息数据监控、通过信息录入、数据传递和资料汇总到绿色食品溯源平台，通过该平台特定的逻辑加密算法，生成绿色食品的唯一可追溯二维码，并将标签加贴在绿色食品外包装上，实现一个二维码标签对应一个批次的产品，成为保证绿色食品质量安全的关键认证。图3-1-4为不同类型产品的追溯节点信息。

图3-1-4 不同类型产品的追溯节点信息

消费者利用产品上的二维码，可以通过手机、网站、触摸屏等多种方式查询绿色食品种植过程的相关信息，进行溯源信息的查询。不但可以从文字信息了解到相关绿色食品的各种信息，还可以切实查看到原产地的各类图片、影像资料以及原产地相关的温度、湿度、土壤酸碱度、大气 PM2.5 等各类与作物、动物生长、生存息息相关的信息资料（图 3-1-5）。

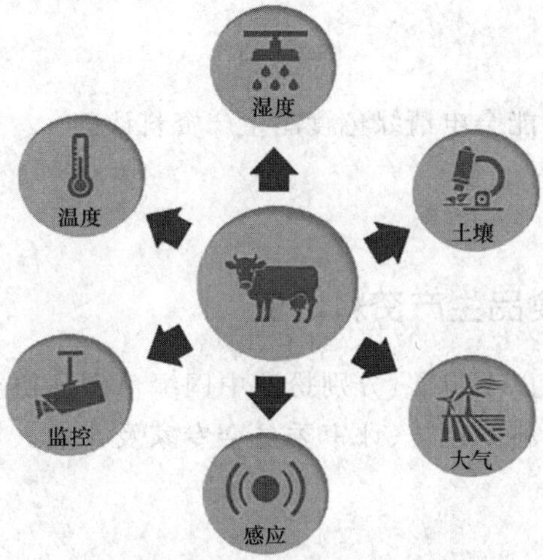

图 3-1-5　动态收集原产地各类信息

原产地的各类信息进入系统后，与食品的下游信息进行传递和衍生，完成从生产开始到运输、销售等过程直到抵达最终消费者的餐桌上，消费者完成扫码溯源实现对原产品的追溯流程。原产地溯源是中国绿色食品溯源平台体系的最重要的功能体系，一个简单的二维码标签不但是企业生产经营的安全保障，也是消费者对产品实力的认可和信心来源（图 3-1-6）。

图 3-1-6　实现与下游信息的传递衍生

“中国绿色食品溯源平台”以“非通过绿色食品认证的企业不予其提供溯源服务”的明确标准，用高科技手段，利用二维码溯源技术为广大人民群众的饮食健康、国家食品安全保驾护航，促进绿色食品的发展与推广。

任务二 申请绿色食品生产资料认证

【任务要求】

通过本次任务的学习，能会申请绿色食品生产资料认证。

【任务实施】

1 模拟申请绿色食品生产资料认证

将学生分成4组，按照以下步骤，分别扮演中国绿色食品协会工作人员、省级工作机构工作人员、绿色食品生产资料管理员、评审委员会专家及企业人员，模拟申请绿色食品生产资料标志使用许可。

1.1 步骤及流程

申请绿色食品生产资料认证流程见图3-2-1。

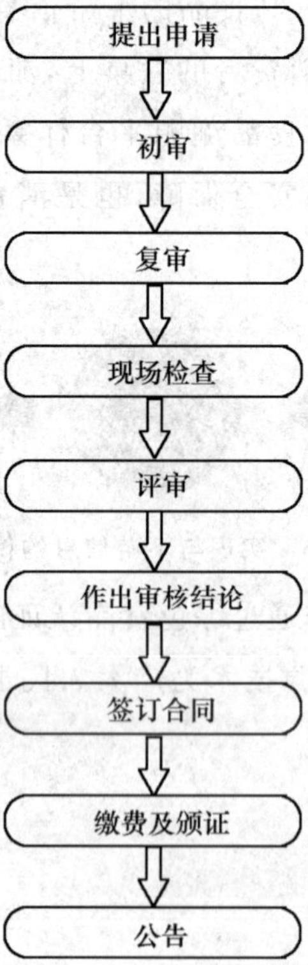

图3-2-1 申请绿色食品生产资料认证流程

1.2　材料清单及申请书

以农药为例，见表3-2-1。

表3-2-1　绿色食品生产资料初次申报材料清单（农药）

企业名称：

提交材料	"√"
《绿色食品生产资料标志使用申请书》	
营业执照复印件	
《农药生产许可证》复印件	
委托加工合同（协议）、委托加工质量管理制度、受托方《农药生产许可证》复印件（委托其他企业加工的）	
《农药登记证》复印件	
原药的《生产许可证》和《农药登记证》复印件	
环保合格证明复印件（三废排放）（县级及以上环保行政主管部门出具，或竣工环保验收意见，或环境质量监测报告）	
合同及发票（收据）复印件（所有外购原药和助剂）	
产品执行标准复印件（系列产品应提供备案后的企业标准）	
产品质量检验报告复印件（一年内、第三方有资质机构、全检）	
产品商标注册证复印件（包括续展证明、商标转让证明、商标使用许可证明等）	
含有绿色生资标志的产品包装标签及产品使用说明书的彩色设计样张	
绿色生资与非绿色生资生产全过程区分管理制度（所有产品均申报，写说明，可免）	
田间药效试验报告、毒理等试验报告、农药残留试验报告和环境影响试验报告的摘要资料	
企业检查表（附照片）	

注：1. 以上材料需装订成册，并附目录，顺序装订，可双面打印（复印），一式两份，省绿办一份，协会秘书处一份，申报企业应存档。
2. 申报产品必须在《绿色食品农药使用准则》（NY/T 393）的附录清单内。
3. 同类产品中，产品的成分、配比、名称等不同的，按不同产品分别申报。
4. 现场检查应安排在申报产品生产加工时段进行，由至少2名有资质的绿色生资管理员共同完成。
5. 管理员在检查过程中，必须将以上材料与复印件一一核对。
6. 绿色生资证书有效期3年，企业自愿续展。申请续展企业应至少在有效期满前3个月提出申请，并根据"绿色生产资料续展材料清单"准备申报材料。

2　模拟申请绿色食品生产资料标志使用许可续展

在申请完成绿色食品生产资料标志使用许可权的基础上，将学生分成4组，参照绿色食品生产资料续展材料清单，分别扮演中国绿色食品协会工作人员、省级工作机构工作人员、绿色食品生产资料管理员、评审委员会专家及企业人员，模拟证书有效期满三年，需要继续使用绿色食品生产资料标志的企业，申请绿色食品生产资料标志使用许可续展。以农药和肥料为例，见图 3-2-2、表 3-2-2、表 3-2-3。

申请绿色食品生产资料标志使用许可续展流程见图 3-2-2。

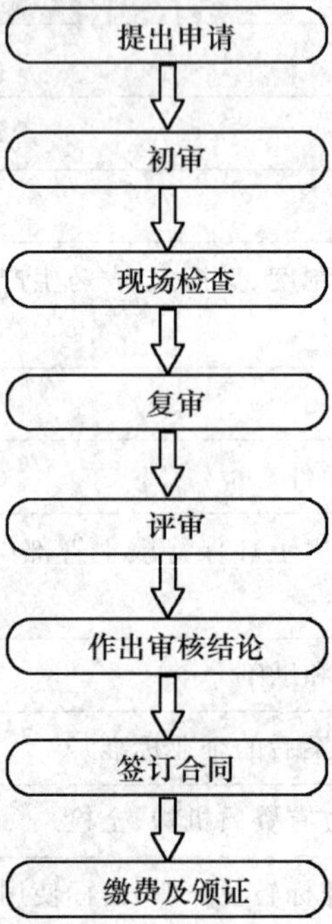

图 3-2-2　申请绿色食品生产资料标志使用许可续展流程

表 3-2-2　绿色食品生产资料续展材料清单(农药)

企业名称：

提交材料	“√”
申请书	
营业执照复印件	
《农药登记证》复印件	
委托加工合同(协议)复印件、受托方的《农药生产许可证》复印件(委托其他企业加工)	
县级以上环保行政主管部门出具的上一用标周期内的环保合格证明(三废排放)，或竣工环保验收意见，或环境质量监测报告复印件※	
合同及发票(收据)复印件(所有外购原药和助剂)	
产品执行标准复印件(系列产品提供备案后的企业标准)	
产品质量检验报告复印件(两年内、第三方有资质、全检)	

续表 3-2-2

提交材料	"√"
产品商标注册证复印件(包括续展证明、商标转让证明、商标使用许可证明等)	
含有绿色生资标志的包装标签及使用说明书的彩色设计样张	
上一用标周期绿色生资证书复印件	
企业检查表(附照片)	

注：1. 以上材料需装订成册，并附目录，顺序装订，可双面打印(复印)，一式两份，省绿办一份，协会秘书处一份，申报企业应存档。

2. 申报产品必须在《绿色食品　农药使用准则》(NY/T 393)的附录清单内。
3. 同类产品中，产品的成分、配比、名称等不同的，按不同产品分别申报。
4. 现场检查应安排在申报产品生产加工时段进行，由至少 2 名有资质的绿色生资管理员共同完成。
5. 管理员在检查过程中，必须将以上材料与复印件一一核对。
6. 绿色生资证书有效期 3 年，企业自愿续展。申请续展企业应至少在有效期满前 3 个月提出申请，并根据此清单准备申报材料。
7. ※经绿色生资管理员确认无变化，在《检查表》上注明，可免于提交。

表 3-2-3　绿色食品生产资料续展材料清单(肥料)

企业名称：

提交材料	"√"
申请书	
营业执照复印件	
《肥料登记证》复印件	
委托加工合同(协议)复印件(委托其他企业加工)	
县级以上环保行政主管部门出具的上一用标周期内的环保合格证明(三废排放)，或竣工环保验收意见，或环境质量监测报告复印件※	
合同、发票(收据)复印件(所有外购原料)	
产品执行标准复印件(系列产品提供备案后的企业标准)	
产品质量检验报告复印件(两年内、第三方有资质、全检)	
产品商标注册证复印件(包括续展证明、商标转让证明、商标使用许可证明等)	
含有绿色生资标志的包装标签及使用说明书的彩色设计样张	
上一用标周期绿色生资证书复印件	
企业检查表(附照片)	

注：1. 以上材料需装订成册，并附目录，顺序装订，可双面打印(复印)，一式两份，省绿办一份，协会秘书处一份，申报企业应存档。

2. 同类产品中，产品的成分、配比、名称等不同的，按不同产品分别申报。
3. 现场检查应安排在申报产品生产加工时段进行，由至少 2 名有资质的绿色生资管理员共同完成。
4. 管理员在检查过程中，必须将以上材料与复印件一一核对。
5. 绿色生资证书有效期 3 年，企业自愿续展。申请续展企业应至少在有效期满前 3 个月提出申请，并根据此清单准备申报材料。
6. ※经绿色生资管理员确认无变化，在《检查表》上注明，可免于提交。

3 模拟获证企业在产品包装上使用绿色食品生产资料标志

模拟获证企业依据《绿色食品生产资料证明商标设计使用规范》相关规定，根据产品类别、标签形状、核准时间、省别、产品序号，选择 A 或 B 一种设计方式，组合运用在绿色食品生产资料商品包装上(图 3-2-3)。

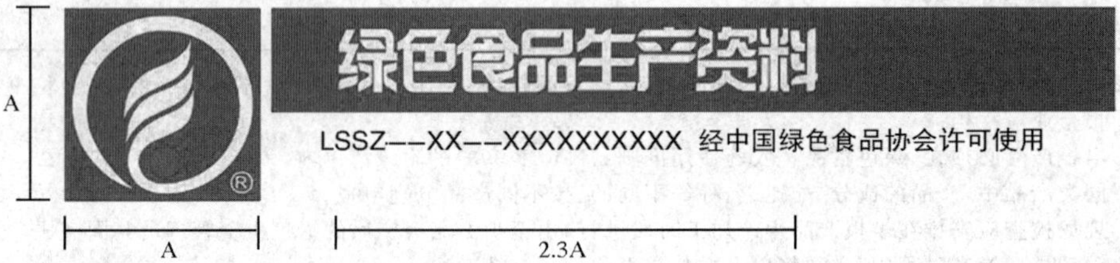

组合A（适合于正方形，长方形类的包装标签）

组合B（适合于圆形类、椭圆形类、半圆形类、三角形类、梯形类、菱形类、异形瓶贴类包装等标签）

图 3-2-3 绿色食品生产资料标志组合

【任务评价】

表 3-2-4 学生课堂表现评价表

企业(班级)：　　　　　　　　部门：　　　　　　　　姓名：

项目名称	评价标准	师傅	徒弟	部门	平均分	备注
模拟申报	优(100～90 分)：申报程序正确 良(89～80 分)：申报程序较正确 中(79～70 分)：申报程序基本正确 及格(69～60 分)：申报程序部分正确 不及格(＜60 分)：申报程序不正确					

续表 3-2-4

项目名称	评价标准	师傅	徒弟	部门	平均分	备注
模拟续报	优(100～90 分):续报程序正确 良(89～80 分):续报程序较正确 中(79～70 分):续报程序基本正确 及格(69～60 分):续报程序部分正确 不及格(＜60 分):续报程序不正确					
模拟获证企业使用绿色食品生产资料标志	优(100～90 分):标志使用正确 良(89～80 分):标志使用较正确 中(79～70 分):标志使用基本正确 及格(69～60 分):标志使用部分正确 不及格(＜60 分):标志使用不正确					
部门合作	优(100～90 分):按分工,积极参与 良(89～80 分):按分工,较积极参与 中(79～70 分):按分工,基本参与 及格(69～60 分):按分工,能部分参与 不及格(＜60 分):不参与					
职业素质	优(100～90 分):学习能力、沟通表达,发现解决问题,团队合作与组织协调,严谨的工作,文献检索、信息收集和较强的文字处理等职业素质高 良(89～80 分):职业素质良好 中(79～70 分):职业素质一般 及格(69～60 分):职业素质较差 不及格(＜60 分):职业素质差					
总分						
平均分						

[师徒共研]

1.绿色食品生产资料与普通食品生产资料相比,有哪些优势?

与普通农业生产资料相比,绿色食品生产资料最显著的特点是安全、有效、环保。绿色食品生产资料的优越性体现在,绿色食品生产资料在产地环境、产品质量、包装标识、标志使用等方面实施监督管理。绿色食品生产资料的生产和加工过程中严格按照绿色食品生产技术规程及生资使用准则的要求,建立严格的质量管理体系和生产过程控制体系。此外,绿色食品生产资料的证后监管体系以年检、抽检和退出公告等制约机制为手段,进一步保证了产品的质量安全。

2.农业投入品的哪类产品可以申请绿色食品生产资料标志？

按国家商标类别划分的第1、5、16、31类中的大多数产品均可申请认证。概括来说，绿色食品生产资料标志使用许可的范围包括：肥料、农药、饲料及饲料添加剂、兽药、食品添加剂，及其他与绿色食品生产相关的生产投入品。

3.具体来说，哪些产品可以申报绿色食品生产资料标志？

肥料产品，包括有机肥料、微生物肥料、有机无机复混肥料、微量元素水溶肥料、含腐植酸水溶肥料、含氨基酸水溶肥料、中量元素水溶肥料、土壤调理剂，以及农业部登记管理的、适用于绿色水食品生产的其他肥料。

农药产品，包括低毒的生物农药、矿物源农药及部分低毒、低残留有机合成农药等符合《绿色食品　农药使用准则》(NY/T 393—2013)农药产品。

饲料级饲料添加剂产品，包括供各种动物食用的单一饲料(包括牧草)、饲料添加剂及添加剂预混合饲料、浓缩饲料、配合饲料和精料补充料。

兽药产品，包括国家兽医行政管理部门批准的微生态制剂和中药制剂；高效、低毒和低环境污染的消毒剂；无最高残留限量规定、无停药期规定的兽药产品。

食品添加剂产品，符合GB 2760—2014、GB 14880—2012规定的品种及使用范围，符合绿色食品食品添加剂使用准则。

4.如何在产品包装上正确使用绿色食品生产资料证明商标？

获证企业根据《绿色食品生产资料证明商标设计使用规范》，选择组合A或组合B一种设计方式。

5.绿色食品生产资料标志有效期是多少年？如何办理续展手续？

绿色食品生产资料标志有效期是3年。

续展申请企业应在绿色食品生产资料标志商标使用证有效期满前3个月向其所在地省绿办(中心)提交《绿色食品生产资料标志使用申请书》和材料清单一式两份，具体事宜请在协会网站下载《绿色食品生产资料标志使用许可续展程序》，依据程序办理相关手续。

6　用农家有机肥和不施用化肥的植物产品都是绿色食品吗？

严格地说，用农家有机肥和不施用化肥的植物产品，只有经专门机构认定、许可使用绿色食品标志商标后才是绿色食品。

思政花园

上元竹枝词

清·符曾

桂花香馅裹胡桃，
江米如珠井水淘。
见说马家滴粉好，
试灯风里卖元宵。

[知识链接]

为了确保生产绿色食品所用生产资料的有效性、安全性，保障绿色食品的质量，中国绿色食品发展中心制定了绿色食品生产资料认定推荐管理办法。

1　绿色食品生产资料商标构成及使用

绿色食品生产资料（简称绿色生资），是指获得国家法定部门许可、登记，符合绿色食品生产要求以及《绿色食品生产资料标志管理办法》规定，经中国绿色食品发展中心核准，许可使用特定绿色生资标志的生产投入品。

绿色生资标志用以标志和证明适用于绿色食品生产的生产资料，见图 3-2-4。

1.1　绿色食品生产资料标志含义

图 3-2-4　绿色食品生产资料标志

绿色外圆，代表安全、有效、环保，象征绿色食品生产资料保障绿色食品产品质量、保护农业生态环境的理念；中间向上的 3 片绿叶，代表绿色食品种植业、养殖业和加工业，象征绿色食品产业蓬勃发展；基部橘黄色实心圆点为图标的核心，代表绿色食品生产资料，象征绿色食品发展的物质技术条件。绿色食品生产资料标志商标在国家商标局注册，用于标志和证明生产资料安全、有效、环保，适用于绿色食品生产。

绿色食品生产资料标志是在国家商标局注册的证明商标，中国绿色食品发展中心是绿色食品生产资料商标的注册人，其专用权受《中华人民共和国商标法》保护。

绿色食品生产资料标志使用许可的范围包括：肥料、农药、饲料及饲料添加剂、兽药食品添加剂以及其他与绿色食品生产相关的生产投入品。

1.2　绿色食品生产资料标志商标设计使用规范

组合运用在绿色食品生产资料商品包装上，标志图形采用反白色形式，圆点的色值（Y100/M70）不变。根据包装物的形式的需要，可选择组合 A 或组合 B，见图 3-2-3。

1.3　绿色食品生产资料标志的使用

获证产品应在其包装上使用绿色食品生产资料标志和绿色食品生产资料产品编号。具体使用式样参照《绿色食品生产资料证明商标设计使用规范》执行。

绿色食品生产资料标志产品编号形式及含义如下：

LSSZ—	××—	××—	××—	××—	××××
绿色生资	类别	年份	月份	省份（国别）	产品序号

省份代码按全国行政区划的序号编码(表3-2-5)。国外产品,从51号开始,按各国第一个产品获证的先后顺序依次编码,如法国代码为51,澳大利来为52,荷兰为53,等等。

表3-2-5 省份代码

省、自治区、直辖市	代码	省、自治区、直辖市	代码	省、自治区、直辖市	代码	省、自治区、直辖市	代码
北京	01	江苏	10	广东	19	宁夏	28
天津	02	浙江	11	广西	20	青海	29
河北	03	安徽	12	海南	21	新疆	30
山西	04	福建	13	四川	22	香港	31
内蒙古	05	江西	14	贵州	23	澳门	32
辽宁	06	山东	15	云南	24	台湾	33
吉林	07	河南	16	西藏	25	重庆	34
黑龙江	08	湖北	17	陕西	26		
上海	09	湖南	18	甘肃	27		

产品编号在绿色食品生产资料标志连续许可使用期间不变。

获得绿色食品生产资料标志许可使用的企业(以下简称"获证企业")可在其获证产品的包装、标签、广告、说明书上使用绿色食品生产资料标志及产品编号。绿色食品生产资料标志和产品编号使用范围仅限于核准使用的产品和数量,不得擅自扩大使用范围,不得将绿色食品生产资料标志及产品编号转让或许可他人使用,不得进行会导致他人产生误解的宣传。

获证产品的包装标签必须符合国家相关标准和规定。

绿色食品生产资料标志许可使用权自核准之日起3年内有效,到期愿意继续使用的,须在有效期满前90天提出续展申请。逾期视为放弃续展,不得继续使用绿色食品生产资料标志。

《绿色食品生产资料标志使用证》所载产品名称、商标名称、单位名称、核准产量等内容发生变化,获证企业应及时向绿色食品协会申请办理变更手续。

获证企业如丧失绿色食品生产资料生产条件,应在1个月内向协会报告,办理停止使用绿色食品生产资料标志的有关手续。

2 绿色食品生产资料的申请与审核

2.1 绿色食品生产资料申请人条件

凡具有法人资格,并获得相关行政许可的生产资料企业均可申请,社会团体、民间组织、政府和行政机构等不可作为绿色食品生产资料的申请人。同时,申请人还应当具备以下资质条件:

(1)能够独立承担民事责任。

(2)具有稳定的生产场所及厂房设备等必要的生产条件,或依法委托其他企业生产绿色食品生产资料申请产品。

(3)具有绿色食品生产资料生产的环境条件和技术条件。

(4)具有完善的质量管理体系,并至少稳定运营一年。

(5)具有与生产规模相适应的生产技术人员和质量控制人员。

(6)有下列情况之一者,不能作为申请人:

①与协会和省绿办(中心)有经济或其他利益关系;

②纯属商业经营、非生产企业。

2.2　申请使用绿色食品生产资料标志的产品(以下简称"用标产品")必须同时符合的条件

(1)按国家商标类别划分的第1、5、16、31类中的大多数产品均可申请认证。

(2)经国家法定部门检验、登记。

①质量符合相关的国家、行业、地方技术标准,符合绿色食品生产资料使用准则;

②有利于保护和促进使用对象的生长,或有利于保护和提高使用对象的品质;

③不造成使用对象产生和积累有害物质,不影响人体健康;

④生产符合环保要求,在合理使用的条件下,对生态环境无不良影响;

⑤非转基因产品和以非转基因原料加工的产品。

2.3　绿色食品生产资料的申请与审核程序

第一步:提出申请

申请人向省级绿色食品工作机构提出申请,并提交《绿色食品生产资料标志使用申请书》及相关材料(一式两份)。有关申请资料可通过协会网站(www.greenfood.org.cn/sites/cgfa)或中国绿色食品网(www.greenfood.org.cn)下载。

第二步:初审

省级绿色食品工作机构在10个工作日内完成对申请材料的初审。

第三步:现场检查

初审符合要求的,组织绿色食品生产资料管理员在20个工作日内对申请用标企业及产品的原料来源、投入品使用和质量管理体系等进行现场检查。初审和现场检查不符合要求的,做出整改或暂停审核决定。

第四步:复审

绿色食品协会在20个工作日内完成对省级绿色食品工作机构提交的初审合格材料和现场检查报告的复审。在复审过程中,绿色食品协会可根据有关生产资料行业风险预警情况,委托省级绿色食品工作机构和具有法定资质的监测机构对申请用标产品组织开展常规检项之外的专项检测,检测费用由申请使用

绿色食品生产资料标志使用申请书(农药)

绿色食品生产资料标志的企业(以下简称用标企业)承担。

第五步:评审

复审合格的,绿色食品协会组织绿色食品生产资料专家评审委员会在15个工作日内完成对申请用标产品的评审。复审不合格的,绿色食品协会在10个工作日内书面通知申请用标企业,并说明理由。

第六步:作出审核结论

绿色食品协会依据绿色食品生产资料专家评审委员会的评审意见,在15个工作日内作出审核结论。

第七步:签订合同

审核结论合格的,申请用标企业与绿色食品协会签订《绿色食品生产资料标志商标使用许可合同》。审核结论不合格的,绿色食品协会在10个工作日内书面通知申请企业,并说明理由。

第八步:缴费及颁证

按照《绿色食品生产资料标志商标使用许可合同》约定,申请用标企业须向绿色食品协会分别缴纳绿色食品生产资料标志使用许可审核费和管理费。之后由协会颁发证书。

第九步:公告

完成上述事项后,由绿色食品协会颁发《绿色食品生产资料标志使用证》,并予以公告。公告内容包括:获证产品名称、编号、商标和企业名称。

初审、现场检查和综合审核中任何一项不合格者,本年度不再受理其申请。

2.4 绿色食品生产资料标志使用许可续展程序

续展是指绿色食品生产资料企业在绿色食品生产资料标志使用许可期满前,按规定时限和要求完成申请、审核和颁证工作,并被许可继续在其产品上使用绿色食品生产资料标志的过程。

中国绿色食品协会(以下简称"协会")负责续展综合审核和颁证工作。省级绿色食品工作机构(以下简称"省级工作机构")负责续展申请材料的初审、现场检查及有关组织协调工作。

第一步:提出申请

申请续展企业(以下简称"企业")应在绿色食品生产资料标志商标使用证(以下简称"证书")有效期满前3个月向其所在地省级工作机构提交续展材料一式两份。增报产品应与续展产品同时提交申请材料。提交材料附目录,按顺序装订。

第二步:初审

省级工作机构收到续展申请材料后,组织绿色食品生产资料管理员完成初审,并制订现场检查计划,同时通知企业。

第三步:现场检查

现场检查应安排在申报产品生产加工时段进行,由至少2名有资质的绿色食品生产资料管理员共同完成。绿色食品生产资料管理员按《绿色食品生产资料企业检查表》的检查内容和标准逐项检查,并参考前一周期用标情况、执行《绿色食品生产资料管理办法》情况进行评定,并予以说明。省级工作机构在证书有效期满前1个月将初审合格的一份续展申请材料和《绿色食品生产资料企业检查表》一并报送协会,同时进行存档。

第四步:复审

协会收到省级工作机构提交的初审合格材料和《绿色食品生产资料企业检查表》后,在10个工作日内完成复审。复审结论为“需补充材料”的,省级工作机构需在收到审核意见通知单后20个工作日内将补充材料报送协会。

第五步:评审

复审合格的,协会组织绿色食品生产资料专家评审委员会在10个工作日内完成对续展申请用标产品的评审。

第六步:做出审核结论

协会依据绿色食品生产资料专家评审委员会的评审意见做出续展审核结论,并报协会领导审批。

第七步:签订合同

审核合格的,企业与协会签订《绿色食品生产资料标志商标使用许可合同》。

第八步:缴费及颁证

企业按照《绿色食品生产资料标志商标使用许可合同》约定,向协会缴纳绿色食品生产资料标志使用许可审核费和管理费后,由协会颁发证书,证书起始时间与上一个周期的终止日期相衔接。

初审、现场检查和综合审核中任何一项不合格者,本年度不再受理其申请。

未按规定时限完成续展的,再行申请使用绿色食品生产资料标志时,按初次申请程序执行。

3 绿色食品生产资料的监督管理办法

3.1 监督机构及其职责

绿色食品协会负责组织绿色食品生产资料产品质量抽检,指导省级工作机构开展企业年度检查和标志使用监察等监管工作。

省级工作机构按照属地管理原则,负责本地区的绿色食品生产资料企业年度检查、标志使用监察和产品质量监督管理工作,定期对所辖区域内获证的企业和产品质量、标志使用等情况进行监督检查。

3.2 整改

获证企业有下列情况之一的,由省级工作机构做出整改决定:

(1)获证产品未按规定使用绿色食品生产资料标志、产品编号的;

(2)获证产品的产量(指实际销售量)超过核准产量的;

(3)违反《绿色食品生产资料标志商标使用许可合同》有关约定的。

整改期限为1个月,整改合格的,准予继续使用绿色食品生产资料标志;整改不合格的,由省级工作机构报请协会取消相关产品绿色食品生产资料标志使用权。

3.3 取消绿色生资标志使用权

对发生下列情况之一的获证企业,由协会对其做出取消绿色食品生产资料标志使用权的决定，并予以公告：

(1)许可使用绿色食品生产资料标志产品不能持续符合绿色食品生产资料技术规范要求的；

(2)违规添加绿色食品生产资料禁用品的；

(3)擅自全部或部分采用未经协会核准的原料或擅自改变产品配方的；

(4)未在规定期限内整改合格的；

(5)丧失有关法定资质的；

(6)将绿色食品生产资料标志用于其他未经核准的产品或擅自转让、许可他人使用的；

(7)违反《绿色食品生产资料标志商标使用许可合同》有关约定的。

获证企业自动放弃或被取消绿色食品生产资料标志使用权后，由协会收回其“使用证”。

3.4 获证企业责任

获证企业应当严格遵守绿色食品生产资料标志许可条件和监管制度，建立健全质量控制追溯体系，对其生产和销售的获证产品的质量负责。

任何单位和个人不得伪造、冒用、转让、买卖绿色食品生产资料标志和“使用证”。

3.5 绿色食品生产资料标志管理工作人员的职责

从事绿色食品生产资料管理的工作人员应严格依据绿色食品生产资料许可条件和管理制度，客观、公正、规范地开展工作。凡因未履行职责导致发生重大质量安全事件的，依据国家相关规定追究其相应的责任。

任务三 申请绿色食品原料标准化生产基地认证

【任务要求】

通过本次任务的学习，能够申请创建及续报绿色食品原料标准化生产基地。

【任务实施】

1 模拟申请创建绿色食品生产基地

将学生分成4组，按照全国绿色食品原料标准化生产基地创建申请程序、流程图及申请表，分别扮演农业农村部绿色食品管理办公室、中国绿色食品发展中心、省级绿色食品工作机构工作人员及企业人员，模拟申请创建绿色食品生产基地。

1.1 申请程序

申请创建绿色食品原料标准化生产基地流程如图 3-3-1 所示。

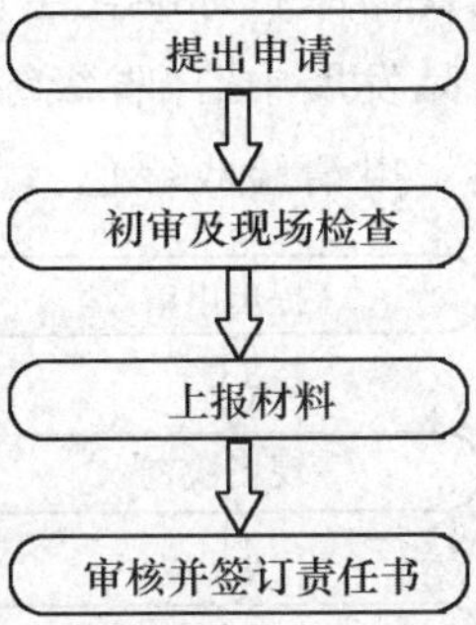

图 3-3-1 申请创建绿色食品原料标准化生产基地流程

1.2 流程图及申请表

全国绿色食品原料标准化生产基地创建流程见图 3-3-2。

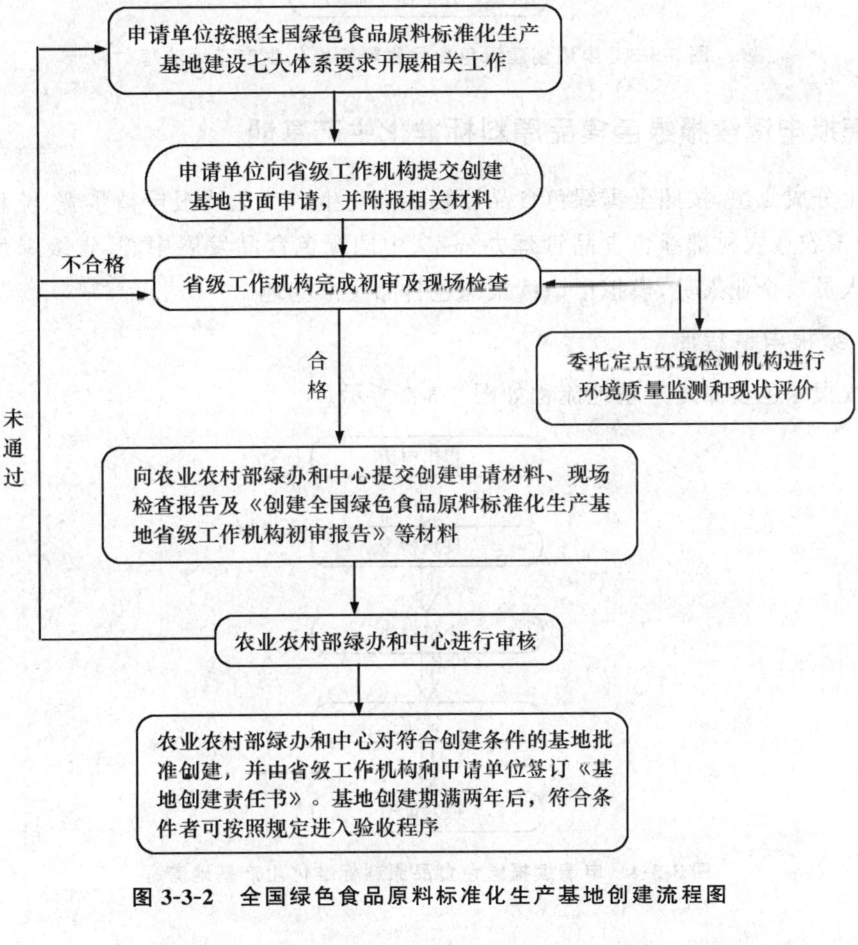

图 3-3-2 全国绿色食品原料标准化生产基地创建流程图

2 模拟申请验收绿色食品原料标准化生产基地

将学生分成 4 组，按照全国绿色食品原料标准化生产基地续报申请程序，分别扮演农业部绿色食品管理办公室、中国绿色食品发展中心、省级绿色食品工作机构工作人员及企业人员，模拟申请验收绿色食品生产基地。申请验收绿色食品生产基地流程如图 3-3-3 所示。

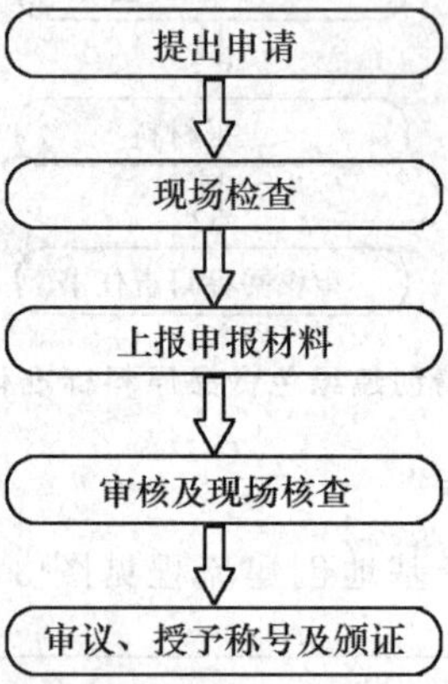

图 3-3-3 申请创建绿色食品原料标准化生产基地流程

3 模拟申请续报绿色食品原料标准化生产基地

将学生分成 4 组，按照全国绿色食品原料标准化生产基地续报申请步骤、流程图及申请表，分别扮演农业农村部绿色食品管理办公室、中国绿色食品发展中心、省级绿色食品工作机构工作人员及企业人员，模拟申请续报绿色食品生产基地。

3.1 续报申请程序

申请续报绿色食品生产基地流程如图 3-3-4 所示。

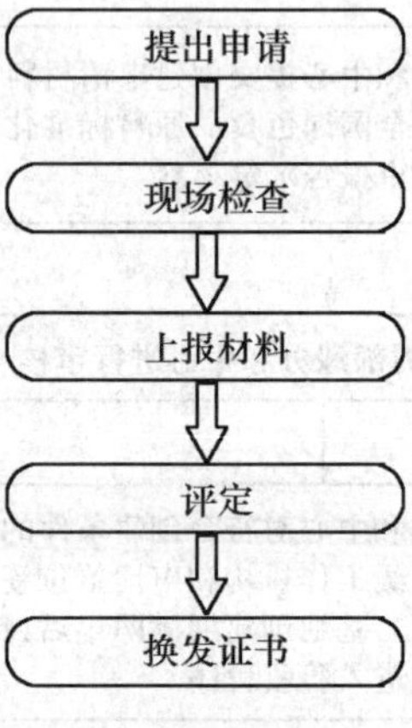

图 3-3-4 申请续报绿色食品原料标准化生产基地流程

3.2　流程图(图 3-3-5)

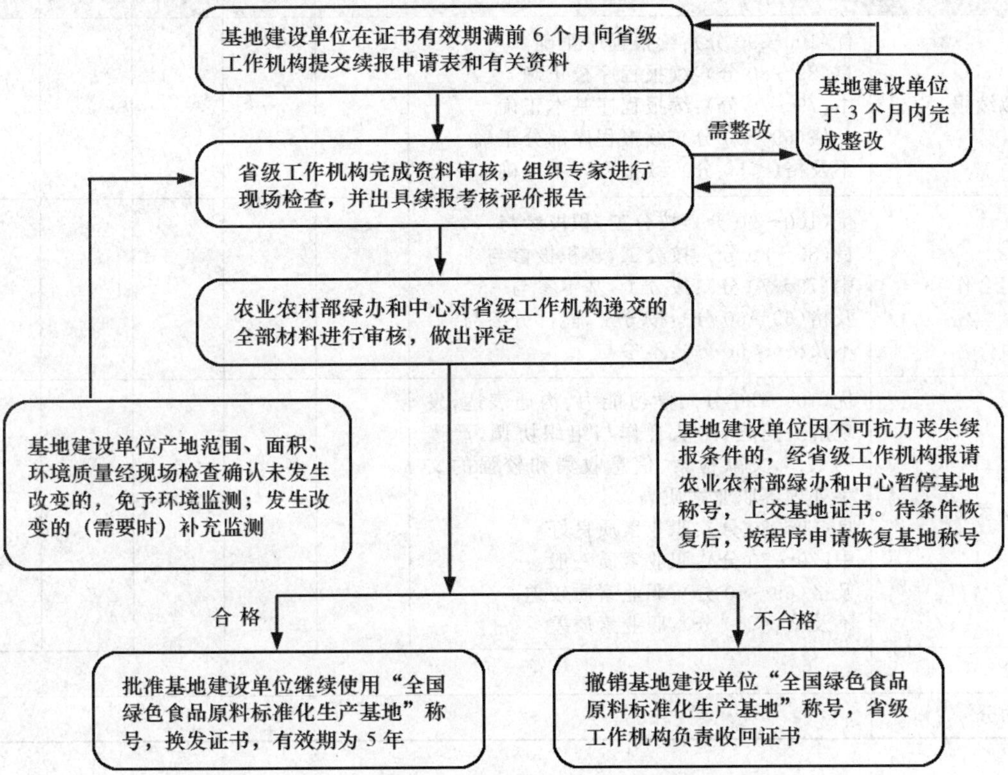

图 3-3-5　全国绿色食品原料标准化生产基地续报流程

【任务评价】

表 3-3-1　学生课堂表现评价表

企业(班级)：　　　　　　部门：　　　　　　姓名：

项目名称	评价标准	师傅	徒弟	部门	平均分	备注
模拟申报	优(100～90 分)：申报程序正确 良(89～80 分)：申报程序较正确 中(79～70 分)：申报程序基本正确 及格(69～60 分)：申报程序部分正确 不及格(＜60 分)：申报程序不正确					
模拟验收	优(100～90 分)：验收程序正确 良(89～80 分)：验收程序较正确 中(79～70 分)：验收程序基本正确 及格(69～60 分)：验收程序部分正确 不及格(＜60 分)：验收程序不正确					

续表 3-3-1

项目名称	评价标准	师傅	徒弟	部门	平均分	备注
模拟续报	优(100～90分):续报程序正确 良(89～80分):续报程序校正确 中(79～70分):续报程序基本正确 及格(69～60分):续报程序部分正确 不及格(<60分):续报程序不正确					
部门合作	优(100～90分):按分工,积极参与 良(89～80分):按分工,较积极参与 中(79～70分):按分工,基本参与 及格(69～60分):按分工,能部分参与 不及格(<60分):不参与					
职业素质	优(100～90分):学习能力、沟通表达,发现解决问题,团队合作与组织协调,严谨的工作,文献检索、信息收集和较强的文字处理等职业素质高 良(89～80分):职业素质良好 中(79～70分):职业素质一般 及格(69～60分):职业素质较差 不及格(<60分):职业素质差					
总分						
平均分						

[师徒共研]

1.绿色食品原料标准化生产基地建设与管理工作包括哪些内容?

基地建设与管理工作包括创建、验收、续报与监管等内容。

2.绿色食品原料标准化生产基地标识牌有统一模板吗?

有统一模板。模板如下:

绿色食品原料标准化生产基地创建期标识牌

全国绿色食品原料(作物名称)标准化生产基地(创建期) 范围: 面积:　　万亩 栽培品种: 技术措施: 基地创建单位: 获批创建时间:　　　年　　月

绿色食品原料标准化生产基地标识牌

全国绿色食品原料(作物名称)标准化生产基地
基地范围：
基地面积：　万亩
栽培品种：
技术措施：
基地建设单位：
获批有效期：　年　月至　年　月

3.什么情况下取消绿色食品原料标准化生产基地创建资格？

在创建期内，对出现下列情况的创建单位，取消其创建资格：

(1)创建基地范围内环境发生变化，无法达到《绿色食品产地　环境质量》标准要求。

(2)创建基地范围内使用绿色食品禁用投入品。

(3)未按要求组织开展基地试验田试验、示范及数据分析工作。

(4)未按照创建申报的作物种类进行种植生产，且未按要求申请核准。

(5)未按时提交创建基地年度工作总结和县级环保部门出具的年度基地环境现状证明材料。

(6)标识牌上未注明“创建期”字样，或超范围标识基地范围、产品种类等。

(7)未获得绿色食品证书的创建基地产品使用绿色食品标志。创建基地产品包装上标注“全国绿色食品原料标准化生产基地”字样。

被取消创建资格的单位，原则上两年内不再受理其创建申请。

4.绿色食品原料标准化生产基地创建申请验收须提交什么材料？

需提交《全国绿色食品原料标准化生产基地验收申请表》；申请之日前1年内，创建基地原料产品全项检测报告；对接企业的绿色食品产品证书复印件。

5.续报申请必须提交的材料有哪些？

(1)《全国绿色食品原料标准化生产基地续报申请表》；

(2)基地证书复印件；

(3)全部对接企业绿色食品产品证书复印件；

(4)申请之日前1年内基地原料产品全项检测报告；

(5)产地范围、面积、环境质量等均未发生改变，县级环保部门出具的各年度环境现状证明材料齐备，并经省级工作机构审核符合《绿色食品产地环境质量》标准要求的，可免予环境监测；产地范围、面积、环境质量中任何一项发生变化且确需环境监测的，按有关规定实施环境补充监测，提交环境质量监测报告。

[知识链接]

1　建设全国绿色食品原料标准化生产基地的目标

《全国绿色食品原料标准化生产基地建设与管理办法》(试行)[本办法适用于种植业基地。养殖业(含水产养殖)基地相关管理办法另行制定]规定:全国绿色食品标准化生产基地(以下简称绿色食品生产基地或基地),是指符合绿色食品产地环境质量标准,按照绿色食品技术标准、全程质量控制体系等要求实施生产与管理,建立健全并有效运行基地管理体系,具有一定规模,并经农业农村部绿色食品管理办公室(以下简称农业农村部绿色食品办公室)和中国绿色食品发展中心审核批准的种植区域或养殖场所。

绿色食品生产基地要围绕新阶段农业和农村经济工作的重点,通过创建绿色食品标准化生产基地,全面执行绿色食品标准化生产和全过程质量控制,促进农产品的区域化布局、产业化经营、标准化生产和市场化发展;提高农业综合生产能力,增强农产品市场竞争力;为绿色食品加工(养殖)企业提供优质原料,推动绿色食品事业全面加快发展;促进农民增收、农业增效和县域经济的发展。

2　绿色食品原料标准化生产基地建设与管理机构

农业农村部绿色食品管理办公室(以下简称农业农村部绿色食品办公室)和中国绿色食品发展中心(简称“国家中心”)负责基地的审核认定、基地监管工作的督导;省级绿色食品工作机构(以下简称省级工作机构)负责本行政区域内基地创建、验收、续报申请的受理、初审,并负责基地建设指导和监督管理工作;基地建设单位负责基地建设和日常管理工作,按照国家法律法规及绿色食品基地建设相关制度规范基地生产行为,接受省级工作机构监督管理,保证基地产品质量安全,并对基地原料产品质量及信誉负责。

3　绿色食品原料标准化生产基地的创建

创建基地是经中国绿色食品发展中心批准,进入创建期至验收合格阶段的基地。创建基地不具备“全国绿色食品原料标准化指生产基地”资格,其原料产品不得作为绿色食品原料对外供应。

> **思政花园**
>
> 稳步推动绿色食品原料标准化基地建设,强化产销对接,促进基地与加工(养殖)联动发展。
>
> ——2016年5月6日《农业部关于推进“三品一标”持续健康发展的意见》

3.1　申请创建基地基本条件

(1)申请创建基地的县级人民政府对县域绿色食品原料标准化生产基地建设有规划、措施和经费保障。

(2)县级人民政府应成立由主管领导和有关部门负责人组成的基地建设领导小组，统一指导基地建设工作。基地建设领导小组下设基地建设办公室（以下简称“基地办”），具体承担基地日常生产管理、技术指导和组织协调等各项工作。基地办须具备统筹、组织、协调农技推广、农业投入品监管等与基地建设密切相关部门的能力，能够依托现有架构建立符合基地建设所需专门技术服务和质量保障体系。基地建设涉及各生产单元（或有关乡镇）应配套落实基地建设责任人，技术服务、质量监督和综合管理人员，各村落实具体负责人员。县级人民政府应建立健全基地建设目标责任制度，将基地建设管理工作纳入各部门绩效考核体系。

(3)申请创建的基地环境符合《绿色食品 产地环境质量》标准要求。基地周围 5 km^2 和上风向 20 km 范围内不得有污染源的企业。

(4)申请创建的基地农业生产基础设施配套齐全，农业技术推广服务体系健全，县乡村三级技术管理制度完善。

(5)土地相对集中连片，已实现区域化、专业化、规模化种植。基地应以 1 种农产品为主（轮作，可有多种作物）。同一农产品种植规模不少于 3 万亩，对于部分地区（特别是南方地区），有地方特色、带动能力强的优势农产品，其创建基地规模可调整为不低于 1 万亩。

(6)申请创建的基地基本结束小规模农户分散生产经营模式，通过土地流转或统一管理、合作经营等形式，初步具备了产业化对接企业或农民专业合作社（以下简称“对接企业”）参与基地日常生产管理、监督与营销的条件，在一定范围内实现了“基地＋企业＋农户”生产经营模式，具备实行统一优良品种、统一生产操作规程、统一投入品供应和使用、统一田间管理、统一收获的生产管理基础。

(7)申请创建的基地建设单位具备一定的绿色食品工作基础，包括已有绿色食品管理人员，同时具有绿色食品产品申报及管理经验。

(8)具备设立试验示范田的能力，能够依托县域农技服务部门或种植（养殖）大户力量开展绿色食品生产资料和绿色防控技术等大田试验、示范及数据收集整理工作。

(9)农业生产者（农户）有建设基地的要求。

(10)对于蔬菜和水果基地的创建，除满足本条以上要求外，还应满足基地原料产品有对接企业收购加工并开发出绿色食品产品，或属于供港澳蔬菜种植基地、备案的出口蔬菜种植基地。

3.2 申请创建基地须提交的材料

(1)《全国绿色食品原料标准化生产基地创建申请表》。

(2)拟创建基地地图及生产单元分布图（应清晰反映县域行政区划范围内基地的具体位置及基地生产单元分布情况，图中必须标明现状公路、铁路及工矿业区情况）。生产单元须统一编号。

(3)县级环保部门出具的基地环境现状证明材料，须包括申报年度县域空气、土壤、水及污染源分布等情况描述。

(4)拟创建基地建设规划、措施和经费保障等相关证明材料。

(5)基地建设组织管理体系文件:

a.成立基地建设领导小组文件(包括成员单位名单及其职责)。

b.成立基地建设办公室文件(明确机构职能、人员及职责分工)。

c.基地单元负责人、技术服务、质量监督和综合管理人员以及各村配备具体工作人员名单。

d.各基地单元全部农户档案(须包含农户姓名、生产单元地块编号、生产面积、种植/养殖品种、联系方式),以电子表格形式提交。

e.县、乡、村监督管理队伍体系架构图。

f.县、乡、村农业技术推广服务体系架构图。

(6)基地建设管理制度包括:

a.基地环境保护制度。

b.生产技术指导和推广制度(须包括按照绿色食品技术标准制定的生产作业指导书样本、基地范围内病虫害统防统治具体措施、绿色防控技术推广措施等)。

c.绿色食品专项培训制度。

d.生产档案管理和质量可追溯制度(须包含投入品购买记录、田间生产管理与投入品使用记录、收获记录、仓储记录、交售记录样本,其中田间生产管理与投入品使用记录内容应包括生产地块编号、种植者、作物名称、品种、种植面积、播种或移栽时间、土壤耕作情况、施肥时间、施肥量、病虫草害防治施药时间、用药品种、剂型规格及数量等)。

e.农业投入品管理制度(含县域内投入品管理体系、市场准入制度、监督管理制度、基地允许使用的农药清单及肥料使用准则、基地允许使用的投入品销售及使用监管措施等)。

f.综合监督管理及检验检测制度(须包括针对基地环境、生产过程、产品质量及相关档案记录的具体监督检查措施)。

(7)对接企业与农户对接监管模式及随机抽取的3份购销协议复印件。

(8)基地拟设试验田位置图、管理人员名单、职责分工及运行管理、成果推广制度。试验田布点要科学合理,能够满足示范辐射覆盖全部基地生产单元。

(9)创建蔬菜和水果基地,除提供第(1)至(8)项材料外,还须提供对接加工企业情况或供港澳蔬菜种植基地、备案的出口蔬菜种植基地证明材料。蔬菜基地还须提供各基地单元作物种类、种植面积、轮作计划等详细情况说明。

3.3 创建基地申请程序

3.3.1 提出申请

由县级人民政府向省级工作机构提出创建基地申请,提交《全国绿色食品原料标准化生产基地建设与管理办法》(试行)第七条(即3.2)要求的全部材料(按所列顺序编制成册)。

3.3.2 初审及现场检查

省级工作机构根据对申请材料进行初审,对初审合格者进行现场检查,出具报告,并对现场检查合格者，委托符合《绿色食品标志管理办法》第七条规定的检测机构进行基地环境质量监测，并由其出具环境质量监测报告。

3.3.3　上报材料

省级工作机构将申请材料、环境质量监测报告、现场检查报告、现场检查照片和《创建全国绿色食品原料标准化生产基地省级工作机构初审报告》一并报中国绿色食品发展中心。

3.3.4　审核并签订责任书

中国绿色食品发展中心对省级工作机构递交的材料进行审核。通过审核的单位，由中国绿色食品发展中心批准进入创建期。获批单位与省级工作机构签订《基地创建责任书》，并报中国绿色食品发展中心备案。

自批准创建之日起计算，基地创建期为 2 年。创建期满，创建单位可根据实际情况提出验收申请或创建延期申请。延期申请经省级工作机构报中国绿色食品发展中心批准后，创建期可延长 1 年。对逾期未提出任何申请的单位，取消其创建资格。

3.4　创建期工作要求

(1)创建单位按照申请材料中审核通过的各项内容、制度和《基地创建责任书》中有关要求，认真组织实施相关工作：

①依托现有农技推广服务体系，培养建设专门的绿色食品生产技术推广员队伍。

②完成对基地各级管理人员、农技推广人员、对接企业生产管理人员及基地内所有农户的绿色食品知识、技术、基地建设管理制度专项培训，培训档案完整保存；向农户发放绿色食品生产操作规程、绿色食品生产者使用手册、基地允许使用的农药清单及肥料使用准则，并指导其使用。

③积极推广病虫害统防统治及绿色防控技术。

④在基地各生产单元的生产、生活区设置绿色食品生产技术宣传栏(形式不限)，向基地内农户普及绿色食品标准和相关技术。宣传栏必须覆盖全部基地单元。

⑤组织力量建立县、乡、村、户生产管理体系，逐级落实生产管理任务，并安排基层工作人员按照生产档案管理制度要求，统一发放、指导并督促农户如实填写投入品购买、田间生产管理与投入品使用、收获、仓储、交售记录。以上各项记录应完整翔实，在产品出售后 10 日内提交基地办存档，并完整保存 5 年。

⑥在基地内积极开展示范乡(镇)、示范村和示范户建设工作，有效推进标准化生产。

⑦实行基地允许使用农业投入品公告制，在各基地单元宣传栏明示基地允许使用的农药清单及肥料使用准则。

⑧建立基地投入品专供点，指导农户按照绿色食品投入品使用要求购买及使用。专供点内须张贴基地允许使用的农药清单和肥料使用准则，并对绿色食品生产用投入品的销售进行台账登记管理。有条件的基地可以引入绿色食品生产投入品供应和使用统一托管服务，严把投入品源头使用关。

⑨每年至少完成 4 次对基地投入品销售及使用情况进行的专项监督检查。基地必须将

所有检查情况及问题予以记录归档留存。

⑩建立由相关部门组成的综合监督管理队伍，开展经常性综合监督检查，有关检查记录交基地办统一归档留存。有条件的单位，建立检验检测体系，定期对基地产品和环境进行检验检测。

⑪建立基地保护区。不得在基地周围 5 km 和上风向 20 km 范围内新建有污染源的工矿企业，防止工业“三废”污染基地。基地内的畜禽养殖场粪水要经过无害化处理，施用的农家肥必须经高温发酵，确保无害。

⑫加强山、水、林、田、路等综合设施建设，不断改善和提高基地的生产条件和环境质量。

⑬指导对接企业按照《全国绿色食品原料标准化生产基地建设与管理办法》(试行)第七条第(七)项提交的监管模式，积极参与基地生产管理、产品收购、加工与销售。

(2)开展申报。依托已有绿色食品工作基础，积极支持、指导基地对接企业开展绿色食品产品申报工作。

(3)收集数据。在基地试验田组织开展绿色食品生产资料、绿色防控技术等相关大田试验，收集数据比对分析，对效果良好的绿色食品生产资料和防控技术加以推广普及。

(4)严格生产。严格按照创建申报的作物种类进行种植生产，如因故调整基地范围内作物种类，须向省级工作机构提交情况说明，并报中国绿色食品发展中心核准。

(5)提交证明材料和报告。每年 11 月底前须向省级工作机构提交创建基地年度工作总结和县级环保部门出具的基地环境现状证明材料。

(6)设立标识牌。创建单位可自愿选择设立标识牌。标识牌须按照统一模板要求，规范填写基地创建单位、基地名称、范围、面积、栽培品种、主要技术措施等内容。标识牌必须标明“创建期”字样。

(7)自觉接受省级工作机构的业务指导、监督与管理。

4 绿色食品原料标准化生产基地的验收

中国绿色食品发展中心对创建基地验收工作进行统一管理。

4.1 申请验收条件

(1)创建期满后，经自查，创建基地已建立健全包括组织管理、生产管理、投入品管理、技术服务、基础设施和环境保护、产业化经营、监管在内的七大体系，并运行良好。

(2)各类创建档案资料齐全，且管理规范。

(3)完成创建基地区域内各级管理人员、农技推广人员、对接企业工作人员和农户全员培训工作。上述人员基本掌握绿色食品技术标准和生产操作规程。

(4)对接企业获得绿色食品证书产品产量所对应的原料量和覆盖面积不得低于基地总产量和总面积的 30%。

(5)按时提交创建基地年度工作总结和县级环保部门出具的各年度基地环境现状证明材料。工作总结内容完整翔实，环境评价报告真实、有效反映基地范围内环境现状。

(6)基地原料产品质量符合绿色食品产品适用标准相关要求，经检测合格。

(7)创建期试验田管理良好，发挥了绿色食品生产技术、绿色食品生产资料、绿色防控技术等示范推广作用。数据收集、比对工作认真、规范，按时上报试验田数据比对分析报告。

4.2　申请验收程序

4.2.1　提出申请

申请验收前，创建单位组织有关力量对创建期工作进行全面自查后填写《全国绿色食品原料标准化生产基地验收申请表》，并将完整的申报材料报省级工作机构审查。

4.2.2　现场检查

省级工作机构对文审合格的创建基地进行现场检查，出具报告；对文审不合格的创建基地，提出整改意见，整改期最长为 3 个月，整改后再行提交验收申请。逾期未提交申请者，视为自动放弃创建资格。

4.2.3　上报申报材料

省级工作机构将创建基地验收申报材料、现场检查报告及现场检查照片报中国绿色食品发展中心。

4.2.4　审核及现场核查

中国绿色食品发展中心对相关材料进行审核，并委派专家组成验收小组对通过材料审核的创建基地进行现场核查。

验收小组按照中国绿色食品发展中心颁布的《全国绿色食品原料标准化生产基地验收工作规范》开展验收工作，提交验收现场核查报告、现场照片等材料。

4.2.5　审议、授予称号及颁证

中国绿色食品发展中心进行审议。对综合评定合格的，由中国绿色食品发展中心止式批准成为全国绿色食品原料标准化生产基地，并与基地创建单位、省级工作机构签订《基地建设管理责任书》，同时授予创建基地“全国绿色食品原料标准化生产基地”称号，颁发证书。证书标注基地作物名称，有效期为 5 年。对综合评定未达标的创建基地，根据专家意见，分别予以延长创建期 1 年或取消创建资格，两年内不再受理其创建申请的批复。

5　绿色食品原料标准化生产基地的续报

基地建设单位在证书有效期满前 6 个月，自愿进行基地续报申请。证书有效期满，未提出申请者，视为自动放弃续报。

5.1　续报申请条件

(1)基地作物类别、面积及产地环境未发生变化或变化已报批。

(2)基地生产符合绿色食品标准要求，基地七大管理体系运行良好。

(3)第一次续报，基地原料产品总量的 50%以上须开发为绿色食品产品。自第二次续报起，基地原料产品总量的 70%以上须开发为绿色食品产品。

(4)基地年度监督检查结论均为合格。

(5)基地原料产品质量检测合格。

(6)基地建设各类档案资料齐全,且管理规范。

(7)绿色食品生产资料、防控技术推广应用范围广,成效显著。

5.2 续报申请程序

5.2.1 提出申请

基地证书有效期满前6个月,符合续报申请条件的基地建设单位自愿向省级工作机构提交《全国绿色食品原料标准化生产基地续报申请表》和有关材料。

5.2.2 现场检查

省级工作机构在基地证书有效期满前3个月组织专家对提出续报申请的基地进行现场检查,并出具《全国绿色食品原料标准化生产基地续报考核评价报告》。

5.2.3 上报材料

基地续报考核评价结论为合格的,省级工作机构将续报申请材料、《全国绿色食品原料标准化生产基地续报考核评价报告》和现场检查照片报中国绿色食品发展中心;基地续报考核评价结论为整改的,基地建设单位必须于省级工作机构完成考核评价之日起3个月内完成整改,并将整改措施和结果报省级工作机构申请复查。省级工作机构及时组织复查并做出结论后,随上述材料一并报中国绿色食品发展中心。对于超过3个月不提出复查申请的基地建设单位,视为自动放弃续报。

5.2.4 评定

中国绿色食品发展中心对省级工作机构提交的全部材料进行审核(视具体情况委派检查小组进行现场核查),并做出评定。

5.2.5 换发证书

评定合格者,中国绿色食品发展中心与申请单位、省级工作机构签订《基地建设管理责任书》,换发证书。申请单位可继续使用"全国绿色食品原料标准化生产基地"称号,有效期5年。

申请单位按照基地建设管理要求开展工作,有效期满后,再行续报。评定不合格者,中国绿色食品发展中心撤销其"全国绿色食品原料标准化生产基地"称号。

因不可抗拒的外力原因致使基地丧失续报条件的,基地建设单位应及时经省级工作机构向中国绿色食品发展中心提出暂时停止使用"全国绿色食品原料标准化生产基地"称号的申请,并将基地证书交回省级工作机构。待基地各方面条件恢复原有水平,经省级工作机构实地考核评价合格,并报中国绿色食品发展中心批准后,再行恢复其称号。在停止使用"全国绿色食品原料标准化生产基地"称号阶段,基地建设单位及与其相关的对接企业、单位或个人均不得使用"全国绿色食品原料标准化生产基地"称号从事任何活动。

6 绿色食品原料标准化生产基地的监管

省级工作机构应结合当地绿色食品质量监督检查工作安排,制定基地监管工作实施细则,采取定期年检和不定期抽检相结合的方式进行监管。基地监管工作中的抽检可与当地自行抽检产品年度计划相结合。

6.1 基地年度检查

(1)年度检查是省级工作机构每年对辖区内基地七大管理体系有效运行情况实施的监督检查工作。主要检查基地产地环境、生产投入品、生产管理、质量控制、档案记录、产品预包装标签、产业化经营等方面情况。

年度检查材料应当包括年度现场检查报告和《全国绿色食品原料标准化生产基地监督管理综合意见表》(以下简称《综合意见表》)。

(2)年度检查应当在作物(动物)生长期进行,由至少2名具有绿色食品检查员或监管员资质的工作人员实施。检查应当包括听取汇报、资料审查、现场检查、访问农户和产业化经营企业总结5个基本环节。要求对每个工作环节进行拍照留档。

(3)检查人员在完成检查后,须向省级工作机构分管基地工作的负责人提交年度现场检查报告。年度检查报告应全面、客观地反映基地各方面情况,并随附现场检查照片。

(4)自创建期起,省级工作机构须每年对辖区内蔬菜基地产品进行监督抽检并出具报告。抽检范围须覆盖基地核准的全部种类,对基地范围内已全部开发为绿色食品产品的种类可免予本项抽检。

(5)省级工作机构根据年度检查报告(蔬菜基地包括抽检产品报告)对基地进行综合评定,并在综合意见表中签署意见。评定结论分为合格、整改和不合格3个等级。基地现场检查人员、省级工作机构分管基地工作的负责人分别对年度检查报告和年度综合评定结论负责。

(6)评定结论为整改的,基地建设单位必须在接到省级工作机构通知之日起3个月内完成整改,并将整改情况报省级工作机构申请复查。省级工作机构及时组织复查并做出结论。评定结论为不合格、超过3个月不提出复查申请或复查不合格的,由省级工作机构报请中国绿色食品发展中心撤销其"全国绿色食品原料标准化生产基地"称号。

(7)省级工作机构应于每年年底前完成辖区内基地年度检查工作。

6.2 基地不定期抽检

(1)省级工作机构应编制年度抽检基地产品计划,并报中国绿色食品发展中心备案。每年抽检基地数量不得低于辖区基地总量的30%。

(2)按照计划对辖区内基地产品进行抽样检测。抽检产品的检验项目和内容不得少于中心年度抽检规定的项目和内容。

(3)基地建设单位应自觉接受监管。对拒不接受监管和抽检产品不合格的基地,由省级工作机构报中国绿色食品发展中心,撤销其"全国绿色食品原料标准化生产基地"称号。

省级工作机构应于每年12月31日前将辖区内基地年度监管工作总结、各基地年度现场检查报告副本、蔬菜基地抽检产品报告副本、《全国绿色食品原料标准化生产基地监督管理综合意见表》以及各基地上报的基地建设年度工作总结(或创建基地年度工作总结)和年度环境现状证明材料一并报中国绿色食品发展中心。对未按要求完成辖区内基地年检和不定期抽检工作、未按要求提交上述所列材料的省级工作机构,中国绿色食品发展中心暂停其辖区内下一年度基地创建申报受理工作。

第三部分

3

绿色食品生产控制篇

项目四　绿色食品产地环境评价

项目五　绿色食品生产过程控制

项目六　绿色食品产后处理过程控制

项目七　绿色食品质量检测

学习笔记

项目四
绿色食品产地环境评价

知识目标

1. 掌握绿色食品产地环境质量现状调查内容；
2. 掌握环境质量检测的采样要求、方法及检测方法；
3. 掌握评价计算步骤；
4. 掌握环境质量报告撰写内容。

技能目标

1. 能撰写环境质量现状调查报告；
2. 根据实际情况确定各环境元素的采样点数、采样频率，并进行正确采样；
3. 能对采集的样品进行检测；
4. 能根据检测结果进行环境评价计算；
5. 能撰写绿色食品生产环境评价报告。

德育目标

1. 培养学生分析问题的能力；
2. 培养学生团结合作的职业精神；
3. 培养学生科学严谨的工作态度；
4. 培养学生认真负责的工作精神。

任务一 调查绿色食品产地环境质量现状

产地环境质量调查的目的是科学、准确地了解产地环境质量现状，为优化监测布点提供科学依据。根据绿色食品产地环境特点，兼顾重要性、典型性、代表性，重点调查产地环境质量现状、发展趋势及区域污染控制措施，兼顾产地自然环境、社会经济及工农业生产对产地环境质量的影响。

【任务要求】

通过本次任务的学习，掌握绿色食品产地环境现状调查的内容，并能撰写现状调查报告。

【任务实施】

1 确定调查人员

省级绿色食品工作机构负责组织对申报绿色食品产品的产地环境进行现状调查，确定调查人员，调查人员要求是绿色食品执行检查员或高级检查员，调查人员一般为 2 名或 2 名以上。

2 确定技术路线

(1)通过实地考察，核实申请认证材料中申请人及其产品产地的基本情况。

(2)通过召开座谈会(要求有企业管理负责人、专业技术人员和产地负责人参加)、收集资料和发放问卷等调查方法，了解产品产地所在区域的自然环境概况、土壤类型及其环境背景值、地方病情况、农药和肥料施用情况(特别是产地是否施用过垃圾多元肥、稀土肥料、有机汞和有机砷制剂、污泥等，是否大量引进外源有机肥)、产地客土情况、水源的水质和水量、灌溉条件等。

(3)申请人应提供有关证明材料。如当地植保站、土肥站或供销社等部门出具的农药、肥料的销售和使用情况的证明材料。环境监测部门出具(或从公开出版的文献查阅)的区域土壤环境背景值。卫生防疫部门出具(或从公开出版的文献查阅)的地方病证明材料。

(4)在当地环保部门的配合下，对区域污染源分布情况和污染物排放情况进行实地考察。

(5)如产地已进行过环境监测，申请人可提供县级以上(包括县级)农业、环保、卫生、水文等部门出具的具有法定效力的监测数据。

省级绿色食品委托管理机构对绿色食品产地进行初步考察，决定该地区是否适宜发展绿色食品。

3　进行调查，确定布点采样方案

根据省级绿色食品委托管理机构下达的任务书，由监测单位对申报的绿色食品及其加工产品原料生产基地的农业自然环境概况、社会经济概况和环境质量状况进行综合现状调查，并决定布点采样方案。

综合现状调查采取搜集资料和现场调查两种方法。首先通过搜集资料法获取有关资料，当这些资料不能满足要求时，再进行现场调查。

4　填写现场调查表

表 4-1-1　绿色食品产地环境质量现状调查表

企业名称			产品名称	
被调查者				
联系电话		邮编	调查时间	
灌溉水源		水质	□未监测×，已监测√（见附件）	
加工水源		水质	□未监测×，已监测√（见附件）	
养殖水源		水质	□未监测×，已监测√（见附件）	
地方病	□无×有√	□地方性甲状腺肿 □克汀病 □氟中毒 □砷中毒 □铊中毒 □大骨节病		
上风向 5 km 范围内有无工矿企业废气污染源				□有√，无×
渔业养殖区周围 1 km 内有无工矿企业和城镇				□有√，无×
畜禽圈养区周围 1 km 内有无工矿企业和城镇				□有√，无×
产地周围 5 km 内、主导风向 20 km 内有无工矿企业废气污染源，3 km 范围内有无燃煤锅炉排放源				□有√，无×
产地 3 km 范围内有无垃圾填埋场、电厂灰场				□有√，无×
是否受工业固体废物和危险废物的污染影响				□是√，否×
是否施用下列农药和化肥（需有证明材料）			是√ 否×	有机汞□　有机砷□ 污泥□　垃圾多元肥料□ 大量引进的外源有机肥□ 稀土肥料□
有无土壤环境背景值或土壤环境质量监测资料				□有√（附件），无×
是否使用污水灌溉或进行过客土				□是√，否×
调查结论	免测环境			
	免测理由			
	补测项目			

表 4-1-2　绿色食品产地环境质量现状调查人员明细表

序号	调查人	工作单位	职称	职务	专业	通信地址	电话	签名
1								
2								
3								

【任务评价】

表 4-1-3　学生课堂表现评价表

企业(班级)：　　　　　　　部门：　　　　　　　姓名：

项目名称	评价标准	师傅	徒弟	部门	平均分	备注
调查方案	优(100～90 分)：条目清楚、易执行 良(89～80 分)：条目清楚、费力执行 中(79～70 分)：条目条理性稍差但可执行 及格(69～60 分)：条目条理性较差、部分可执行 不及格(<60 分)：条目没有条理、不可执行					
调查报告	优(100～90 分)：完成质量高 良(89～80 分)：完成质量较高 中(79～70 分)：基本完成 及格(69～60 分)：能部分完成 不及格(<60 分)：不能完成					
部门合作	优(100～90 分)：按分工，积极参与 良(89～80 分)：按分工，较积极参与 中(79～70 分)：按分工，基本参与 及格(69～60 分)：按分工，能部分参与 不及格(<60 分)：不参与					
职业素质	优(100～90 分)：沟通表达，发现解决问题，团队合作与组织协调，严谨的工作，文献检索、信息收集和较强的文字处理等职业素质高 良(89～80 分)：职业素质良好 中(79～70 分)：职业素质一般 及格(69～60 分)：职业素质较差 不及格(<60 分)：职业素质差					
总分						
平均分						

[师徒共研]

1.如何在网上查询当地的地理环境状况？

百度搜索或谷歌地球等资源上查询。

2.调查的方法有哪些？

采用座谈会、实地考察、收集资料、发放问卷等多种形式相结合的方法。

[知识链接]

1　绿色食品产地选择的原则

绿色食品产地环境主要涉及大气、水和土壤等。绿色食品产地应选择在空气清新、水质纯净、土壤未受污染、农业生态环境质量良好的地区，应尽量避开繁华的都市、工业区和交通要道。除了远离都市农业生态环境良好的边远农村外，城市郊区受城市污染较轻或未受污染的地方，也是绿色食品产地选择的理想区域。

1.1　对大气的要求

对于大气，要求产地及产地周边不得有大气污染源，特别是上风口不得有污染源，如化工厂、钢铁厂、水泥厂等。这些工厂不得有有毒有害气体排放，也不得有烟尘和粉尘。生产生活用的燃煤锅炉由于是二氧化硫的主要污染源，因此需要对这些锅炉安装除尘除硫设备。汽车尾气会产生氮氧化合物，绿色食品产地需避开交通繁华要道。

1.2　对水的要求

首先必须满足绿色食品生产过程中用水的需要。包括水的数量和质量方面，水的数量包括：地面水的多少、分布、地下水资源的多少及降水多少等。而对于水的质量方面，主要是要求水中不能含有污染物，特别是重金属和有毒有害物质，例如汞、铅、铬、镉、酚、苯等。这些污染物可以通过灌溉在土壤中积累，然后通过根系吸收进入作物体内，在作物体内积累。若是饲养动物，则可通过饮水进入畜禽体内，并且也有富积过程。如果是食品加工厂，加工水质量将直接影响产品质量。因此绿色食品产地要选择在地表水、地下水水质清洁无污染的地区，远离对水造成污染的工厂矿山，尽量位于地表水、地下水的上游。

1.3　对土壤的要求

绿色食品生产的产地要求位于土壤元素背景值正常的区域，产地及产地周围没有金属或非金属矿山，并未受到人为污染。土壤中无农药残留，并选择土壤有机质含量较高的地区。对于土壤中某些元素自然本底高（如放射性元素高本底区、重金属元素高本底区等）的地区，因土壤中的这些元素可转移、累积于植物体内，并通过食物链危害人类，因此，不宜作为绿色食品产地。为了保证绿色食品产地整体处于健全的生态环境之中，确保绿色食品生产持续、稳定的发展，还需要考虑产地生物多样性以及生态环境的基础建设，如农田防护林的建设等问题。

2 绿色食品产地环境调查的具体内容

(1)自然地理：地理位置、地形地貌。

(2)气候与气象：该区域的主要气候特四年平均风速和主导风向、年平均气温、极端气温与月平均气温、年平均相对湿度、年平均降水量、降水天数、降水量极值、日照时数。

(3)水文状况：该区域地表水、水系、流域面积、水文特征、地下水资源总量及开发利用情况等。

(4)土地资源：土壤类型、土壤肥力、土壤背景值、土壤利用情况。

(5)植被及生物资源：林木植被覆盖率、植物资源、动物资源、鱼类资源等。

(6)自然灾害：旱、涝、风灾、冰雹、低温、病虫草鼠害等。

(7)社会经济概况：行政区划、人口分布、工业布局、农田水利、农村能源结构等。

(8)农业生产方式：农业种植结构、生态养殖模式。

(9)工农业污染：包括污染源分布、污染物排放、农业投入品使用情况。

(10)生态环境保护措施：包括废弃物处理、农业自然资源合理利用；生态农业、循环农业、清洁生产、节能减排等情况。

思政花园

不明察，不能烛私。

解释：不仔细调查研究，了解情况，就不能洞察隐私真情。

——《韩非子·孤愤》

3.1 免做水质监测

(1)农田灌溉水、畜禽养殖水、渔业养殖水及加工用水：申请人具有近 1 年内由县级以上农业、环保、卫生、水利等部门出具的具有法定效力的监测数据，同时，水源未受污染，符合绿色食品水质监测项目和环境质量标准要求。个别项目不能满足绿色食品水质监测项目要求的，可仅对缺项进行补充监测。

(2)农田灌溉水：无灌溉条件，靠自然降雨的产地。

(3)渔业养殖水：远洋捕捞。

3.2 免做土壤质量监测

(1)不属于与土壤环境有关的地方病区。

(2)主导风向和次主导风向的上风向 5 km 范围内没有工矿企业废气污染源的区域。

(3)产地 3 km 范围内无生活垃圾填埋场、电厂灰场、工业固体废物和危险废物填埋场的区域。

(4)已进行土壤环境背景值调查或近 3 年内已进行土壤质量监测、且背景值或监测结果符合绿色食品环境质量标准的区域。

(5)自土壤环境背景值调查或土壤质量监测以来,未使用有机汞、有机砷农药,未施用污泥、垃圾多元肥料和稀土肥料,未大量引进外源有机肥的产地。

(6)自土壤环境背景值调查或土壤质量监测以来,未进行污水灌溉,未使用客土的产地。

(7)矿泉水、纯净水、太空水、π化水等产地免做土壤质量监测。

3.3 免做空气质量监测

(1)产地周围5 km内、主导风向20 km内无工矿企业废气污染源,3 km范围内无燃煤锅炉烟气排放源(锅炉容量大于1 t/h)的区域。

(2)渔业养殖区:产地周围1 km范围内无工矿企业和城镇。

(3)规模化畜禽圈养区:产地周围1 km范围内无工矿企业和城镇。

(4)矿泉水、纯净水、太空水、π化水等水源地。

3.4 免做产地环境质量监测

续报企业产地环境质量监测,经省绿色食品办公室(中心)调查确认,产地及其周边2 km范围内没有新增工矿企业污染源,且产地范围没有变化、产地面积未扩大,农业生产资料的使用符合绿色食品相关准则的要求,水源未受污染,免做产地环境质量监测。

4 绿色食品产地环境调查报告撰写内容

根据调查、了解、掌握的资料情况,对申报产品及其原料生产基地的环境质量状况进行初步分析,出具调查分析报告,报告包括如下内容:

(1)产地基本情况、地理位置及分布图;

(2)产地灌溉用水环境质量分析;

(3)产地环境空气质量分析;

(4)产地土壤环境质量分析;

(5)农业生产方式、工农业污染、生态环境保护措施等;

(6)综合分析产地环境质量现状,确定优化布点监测方案;

(7)调查单位及调查时间。

任务二 绿色食品产地环境质量检测

绿色食品产地环境检测提供代表环境质量的信息数据,为绿色食品生产者、管理者提供丰富的第一手资料。调查研究和现场考查能全面地了解产地的环境现状,但环境中的许多问题,如土壤中元素的丰度、农药残留、大气中氮氧化合物的含量等只有经过采样分析才能确定。产地环境检测可以提供环境中各种污染因素在一定范围内的时空分布信息,从而为判断产地环境质量是否符合绿色食品产地环境质量标准提供可靠的数据，这是保证绿色食品产品质量的基本措施，并对产地环境质量现状评价提供基础数据。

【任务要求】

通过本次任务的学习掌握环境质量检测的采样要求及检测方法；能根据实际情况确定各环境元素的采样点数、采样频率，并进行正确采样，能对采集的样品进行检测。

【任务实施】

(1)从网上下载 NY/T 391—2013《绿色食品　产地环境质量标准》，确定检测项目及对各检测项目的要求。

(2)学习采样布点原则与方法，制订大气、水体、土壤的取样方案。

(3)进行正确的采样。

(4)样品处理。

(5)检测样品。

【任务评价】

表 4-2-1　学生课堂表现评价表

企业(班级)：　　　　　　　　　部门：　　　　姓名：

项目名称	评价标准	师傅	徒弟	部门	平均分	备注
采样方案	优(100～90 分)：方案科学合理 良(89～80 分)：方案较科学合理 中(79～70 分)：方案基本科学合理 及格(69～60 分)：方案部分科学合理 不及格(<60 分)：方案缺乏科学合理性					
报告	优(100～90 分)：完成质量高 良(89～80 分)：完成质量较高 中(79～70 分)：基本完成 及格(69～60 分)：能部分完成 不及格(<60 分)：不能完成					
部门合作	优(100～90 分)：按分工，积极参与 良(89～80 分)：按分工，较积极参与 中(79～70 分)：按分工，基本参与 及格(69～60 分)：按分工，能部分参与 不及格(<60 分)：不参与					

续表 4-2-1

项目名称	评价标准	师傅	徒弟	部门	平均分	备注
职业素质	优(100～90 分):沟通表达,发现解决问题,团队合作与组织协调,严谨的工作,文献检索、信息收集和较强的文字处理等职业素质高 良(89～80 分):职业素质良好 中(79～70 分):职业素质一般 及格(69～60 分):职业素质较差 不及格(<60 分):职业素质差					
总分						
平均分						

[师徒共研]

1. 如何在网上查询并下载 NY/T 391—2013 农业行业标准?

第一种方法:在百度搜索中国农产品质量安全网→查找“农业行业标准查询”→在搜索栏内输入标准号 NY/T 391—2013→点击查询→勾选标准前的方框→点选“查看”→此时如果没有注册,请先在平台注册,注册完毕后进入“查看”→点选“下载原文”→保存。

第二种方法:进入中国绿色食品发展中心网站首页→查找业务指南板块→绿色食品→技术标准→相关规定→绿色食品产地环境质量,然后下载即可。

2. 环境监测单位在进行环境监测之后需要填写什么表?

进行绿色食品环境质量检测之后需要填写环境质量监测表,见表 4-2-2。

表 4-2-2 绿色食品环境质量监测情况表

申请人					
申请认证产品					
采样时间					
递交报告时间					
监测人					
监测收取的费用					
签发人(签字)		签发日期		监测单位(盖章)	

备注:本表一式三份,由环境监测单位填写,一份连同监测报告报送中心认证处,一份抄送省绿办,一份监测单位留存。

[知识链接]

1 绿色食品产地环境检测分类

按检测的对象分成:大气检测、水环境检测、土壤监测。

按检测的手段分成:物理检测、化学检测、微生物检测。

按监测的目的性质可分成:基础性检测、监视性检测、仲裁检测。

2 绿色食品产地各环境质量要求

2.1 大气质量要求

大气质量要求应符合表 4-2-3 的要求。

表 4-2-3 大气质量要求(标准状态)

项目	指标		检测方法
	日平均[a]	1 小时[b]	
总悬浮颗粒物,mg/m^3	≤0.30	—	GB/T 15432
二氧化硫,mg/m^3	≤0.15	≤0.50	HJ 482
二氧化氮,mg/m^3	≤0.08	≤0.20	HJ 479
氟化物,$\mu g/m^3$	≤7	≤20	HJ 480

[a] 日平均指任何 1 日的平均指标。

[b] 1 小时指任何 1 小时的指标。

2.2 水体质量要求

2.2.1 农田灌溉水质要求

农田灌溉用水,包括水培蔬菜和水生植物,应符合表 4-2-4 要求。

表 4-2-4 农田灌溉水质要求

项目	指标	检测方法
pH	5.5~8.5	GB/T 6920
总汞,mg/L	≤0.001	HJ 597
总镉,mg/L	≤0.005	GB/T 7475
总砷,mg/L	≤0.05	GB/T 7485
总铅,mg/L	≤0.1	GB/T 7475
六价铬,mg/L	≤0.1	GB/T 7467
氟化物,mg/L	≤2.0	GB/T 7484
化学需氧量(CODcr),mg/L	≤60	GB 11914
石油类,mg/L	≤1.0	HJ 637
粪大肠菌群[a],个/L	≤10 000	SL 355

[a] 灌溉蔬菜、瓜类和草本水果的地表水需测粪大肠菌群,其他情况不测粪大肠菌群。

2.2.2 渔业水质要求

渔业用水应符合表 4-2-5 要求。

表 4-2-5　渔业水质要求

项目	指标		检测方法
	淡水	海水	
色、臭、味	不应有异色、异臭、异味		GB/T 5750.4
pH	6.5～9.0		GB/T 6920
溶解氧,mg/L	>5		GB/T 7489
生化需氧量(BOD_5),mg/L	≤5	≤3	HJ 505
总大肠菌群,MPN/100 mL	≤500(贝类 50)		GB/T 5750.12
总汞,mg/L	≤0.000 5	≤0.000 2	HJ 597
总镉,mg/L	≤0.05		GB/T 7475
总铅,mg/L	≤0.05	≤0.05	GB/T 7475
总铜,mg/L	≤0.01		GB/T 7475
总砷,mg/L	≤0.05	≤0.03	GB/T 7485
六价铬,mg/L	≤0.1	≤0.01	GB/T 7467
挥发酚,mg/L	≤0.005		HJ 503
石油类,mg/L	≤0.05		HJ 637
活性磷酸盐(以 P 计),mg/L	—	≤0.03	GB/T 12763.4
水中漂浮物质需要满足水面不出现油膜或浮沫要求。			

2.2.3 畜禽养殖用水要求

畜禽养殖用水,包括养蜂用水,应符合表 4-2-6 要求。

表 4-2-6　畜禽养殖用水标准

项目	指标	检测方法
色度[a]	≤15,并不应呈现其他异色	GB/T 5750.4
浑浊度[a](散射浑浊度单位),NTU	≤3	GB/T 5750.4
臭和味	不应有异臭,异味	GB/T 5750.4
肉眼可见物[a]	不应含有	GB/T 5750.4
pH	6.5～8.5	GB/T 5750.4
氟化物,mg/L	≤1.0	GB/T 5750.5
氰化物,mg/L	≤0.05	GB/T 5750.5
总砷,mg/L	≤0.05	GB/T 5750.6
总汞,mg/L	≤0.001	GB/T 5750.6
总镉,mg/L	≤0.01	GB/T 5750.6

续表 4-2-6

项目	指标	检测方法
六价铬,mg/L	≤0.05	GB/T 5750.6
总铅,mg/L	≤0.05	GB/T 5750.6
菌落总数,CFU/mL	≤100	GB/T 5750.12
总大肠菌群,MPN/100 mL	不得检出	GB/T5750.12

注:[a]散养模式免测该指标。

2.2.4　加工用水要求

加工用水包括食用菌生产用水、食用盐生产用水等,应符合表 4-2-7 要求。

表 4-2-7　加工用水要求

项目	指标	检测方法
pH	6.5～8.5	GB/T 5750.4
总汞,mg/L	≤0.001	GB/T 5750.6
总砷,mg/L	≤0.01	GB/T 5750.6
总镉,mg/L	≤0.005	GB/T 5750.6
总铅,mg/L	≤0.01	GB/T 5750.6
六价铬,mg/L	≤0.05	GB/T 5750.6
氰化物,mg/L	≤0.05	GB/T 5750.5
氟化物,mg/L	≤1.0	GB/T 5750.5
菌落总数,CFU/mL	≤100	GB/T 5750.12
总大肠菌群,MPN/100 mL	不得检出	GB/T 5750.12

2.2.5　食用盐原料水质要求

食用盐原料水包括海水、湖盐或井矿盐天然卤水,应符合表 4-2-8 要求。

表 4-2-8　食用盐原料水质要求

项目	指标	检测方法
总汞,mg/L	≤0.001	GB/T 5750.4
总砷,mg/L	≤0.03	GB/T 5750.6
总镉,mg/L	≤0.005	GB/T 5750.6
总铅,mg/L	≤0.01	GB/T 5750.6

2.3　土壤质量要求

2.3.1　土壤环境质量要求

按照耕作方式的不同分为旱田和水田两大类,每类又根据土壤 pH 的高、低分为 3 种情况,即 pH＜6.5、6.5≤pH≤7.5、pH＞7.5。应符合表 4-2-9 要求。

表 4-2-9 土壤质量要求

项目	旱田			水田			检测方法
	pH＜6.5	6.5≤pH≤7.5	pH＞7.5	pH＜6.5	6.5≤pH≤7.5	pH＞7.5	NY/T 1377
总镉,mg/kg	≤0.30	≤0.30	≤0.40	≤0.30	≤0.30	≤0.40	GB/T 17141
总汞,mg/kg	≤0.25	≤0.30	≤0.35	≤0.30	≤0.40	≤0.40	GB/T 22105.1
总砷,mg/kg	≤25	≤20	≤20	≤20	≤20	≤15	GB/T 22105.2
总铅,mg/kg	≤50	≤50	≤50	≤50	≤50	≤50	GB/T 17141
总铬,mg/kg	≤120	≤120	≤120	≤120	≤120	≤120	HJ 491
总铜,mg/kg	≤50	≤60	≤60	≤50	≤60	≤60	GB/T 17138

注:1.果园土壤中铜限量值为旱田中铜限量值的 2 倍。
2.水旱轮作的标准值取严不取宽。
3.底泥按照水田标准执行。

2.3.2 土壤肥力要求

土壤肥力按表 4-2-10 划分。

表 4-2-10 土壤肥力分级指标

项目	级别	旱地	水田	菜地	园地	牧地	检测方法
有机质,g/kg	Ⅰ	＞15	＞25	＞30	＞20	＞20	NY/T 1121.6
	Ⅱ	10～15	20～25	20～30	15～20	15～20	
	Ⅲ	＜10	＜20	＜20	＜15	＜15	
全氮,g/kg	Ⅰ	＞1.0	＞1.2	＞1.2	＞1.0		NY/T 53
	Ⅱ	0.8～1.0	1.0～1.2	1.0～1.2	0.8～1.0	—	
	Ⅲ	＜0.8	＜1.0	＜1.0	＜0.8	—	
有效磷,mg/kg	Ⅰ	＞10	＞15	＞40	＞10	＞10	LY/T 1232—2015
	Ⅱ	5～10	10～15	20～40	5～10	5～10	
	Ⅲ	＜5	＜10	＜20	＜5	＜5	
速效钾,mg/kg	Ⅰ	＞120	＞100	＞150	＞100	—	LY/T 1234—2015
	Ⅱ	80～120	50～100	100～150	50～100	—	
	Ⅲ	＜80	＜50	＜100	＜50	—	
阳离子交换量,cmol(+)/kg	Ⅰ	＞20	＞20	＞20	＞20	—	LY/T 1263
	Ⅱ	15～20	15～20	15～20	15～20	—	
	Ⅲ	＜15	＜15	＜15	＜15	—	

注:底泥、食用菌栽培基质不做土壤肥力检测。

2.3.3 食用菌栽培基质质量要求

土培食用菌栽培基质按表 4-2-9 执行，其他栽培基质应符合表 4-2-11 要求。

表 4-2-11 食用菌栽培基质要求

项目	指标	检测方法
总汞，mg/kg	≤0.1	GB/T 22105.1
总砷，mg/kg	≤0.8	GB/T 22105.2
总镉，mg/kg	≤0.3	GB/T 17141
总铅，mg/kg	≤35	GB/T 17141

3 绿色食品产地各环境要素采样要求

3.1 空气监测

3.1.1 布点原则

依据产地环境调查分析结论和产品工艺特点，确定是否进行空气质量监测。进行产地环境空气质量监测的地区，可根据当地生物生长期内的主导风向，重点监测可能对产地环境造成污染的污染源的下风向。

3.1.2 样点数量

样点布设点数应充分考虑产地布局、工矿污染源情况和生产工艺等特点，按表 4-2-12 规定执行；同时还应根据空气质量稳定性以及污染物对原料生长的影响程度适当增减，有些类型产地可以减免布设点数，具体要求详见表 4-2-13。

表 4-2-12 同产地类型空气点数布设表

产地类型	布设点数
布局相对集中，面积较小，无工矿污染源	1～3 个
布局较为分散，面积较大，无工矿污染源	3～4 个

表 4-2-13 减免布设空气点数的区域情况表

产地类型	减免情况
产地周围 5 km，主导风向的上风向 20 km 内无工矿污染源的种植业区	免测
设施种植业区	只测温室大棚外空气
养殖业区	只测养殖原料生产区域的空气
矿泉水等水源地和食用盐原料产区	免测

3.1.3 采样方法

空气监测点应选择在远离树木、城市建筑及公路、铁路的开阔地带，若为地势平坦区域，沿主导风向45°～90°夹角内布点；若为山谷地貌区域，应沿山谷走向布点。各监测点之间的设置条件相对一致，间距一般不超过5 km，保证各监测点所获数据具有可比性。

采样时间应选择在空气污染对生产质量影响较大的时期进行，采样频率为每天4次，上下午各2次，连采2天。采样时间分别为：晨起、午前、午后和黄昏，每次采样量不得低于10 m^3。遇雨雪等降水天气停采，时间顺延。取4次平均值，作为日均值。

农业生产基地大气采样高度基本与植物高度相同。

3.2 水质监测

3.2.1 布点原则

水质监测点的布设要坚持样点的代表性、准确性和科学性的原则。

坚持从水污染对产地环境质量的影响和危害出发，突出重点，照顾一般的原则。即优先布点监测代表性强，最有可能对产地环境造成污染的方位、水源（系）或产品生产过程中对其质量有直接影响的水源。

3.2.2 样点数量

对于水资源丰富，水质相对稳定的同一水源（系），样点布设1～3个，若不同水源（系）则依次叠加，具体布设点数按表4-2-14规定执行。水资源相对贫乏、水质稳定性较差的水源及对水质要求较高的作物产地，则根据实际情况适当增设采样点数；对水质要求较低的粮油作物、禾本植物等，采样点数可适当减少，有些情况可以免测水质。

表4-2-14 不同产地类型水质点数布设表

产地类型		布设点数（以每个水源或水系计）
种植业（包括水培蔬菜和水生植物）		1个
近海（包括滩涂）渔业		1～3个
养殖业	集中养殖	1～3个
	分散养殖	1个
食用盐原料用水		1～3个
加工用水		1～3个

表4-2-15 免测水质的产地类型情况表

产地类型	布设点数（以每个水源或水系计）
灌溉水系天然降雨的作物	免测
深海渔业	免测
矿泉水水源	免测

3.2.3 采样方法

采样时间和频率：种植业用水在农作物生长过程中灌溉用水的主要灌期采样 1 次；水产养殖业用水，在其生长期采样 1 次；畜禽养殖业用水，宜与原料产地灌溉用水同步采集饮用水水样 1 次；加工用水每个水源采集水样 1 次。

> **思政花园**
>
> 事莫明于有效，论莫定于有证。
>
> **解释**：对事物最好的证明是看看它是否有效，对理论最好的检验是看它有没有证据。
>
> ——东汉 · 王充《论衡 · 薄葬篇》

3.3 土壤监测

3.3.1 布点原则

绿色食品产地土壤监测点布设，以能代表整个产地监测区域为原则；不同的功能区采取不同的布点原则；宜选择代表性强、可能造成污染的最不利的方位、地块。

3.3.2 样点数量

(1)大田种植区　按照表 4-2-16 规定执行，种植区相对分散，适当增加采样点数。

表 4-2-16　大田种植区土壤样点数量布设表

产地面积	布设点数
2 000 hm^2 以内	3～5 个
2 000 hm^2 以上	每增加 1 000 hm^2，增加 1 个

(2)蔬菜露地种植区　按照表 4-2-17 规定执行。

表 4-2-17　蔬菜露地种植区土壤样点数量布设表

产地面积	布设点数
200 hm^2 以内	3～5 个
200 hm^2 以上	每增加 100 hm^2，增加 1 个

注：莲藕、荸荠等水生植物采集底泥。

(3)设施种植业区　按照表 4-2-18 规定执行，栽培品种较多、管理措施和水平差异较大，应适当增加采样点数。

表 4-2-18　设施种植业区土壤样点数量布设表

产地面积	布设点数
100 hm^2 以内	3 个
100～300 hm^2	5 个
300 hm^2 以上	每增加 100 hm^2，增加 1 个

(4)食用菌种植区 根据品种和组成不同,每种基质采集不少于3个。

(5)野生产品生产区 按照表4-2-19规定执行。

表4-2-19 野生产品生产区土壤样点数量布设表

产地面积	布设点数
2 000 hm^2以内	3个
2 000～5 000 hm^2	5个
5 000～10 000 hm^2	7个
10 000 hm^2以上	每增加5 000 hm^2,增加1个

(6)其他生产区域 按照表4-2-20规定执行。

表4-2-20 其他生产区域土壤样点数量布设表

产地面积	布设点数
近海(包括滩涂)渔业	不少于3个(底泥)
淡水养殖区	不少于3个(底泥)

注:深海和网箱养殖区、食用盐原料产区、矿泉水、加工业区免测。

3.3.3 采样方法

在环境因素分布比较均匀的监测区域,采取网格法或梅花法布点;在环境因素分布比较复杂的监测区域,采取随机布点法布点;在可能受污染的监测区域,可采用放射法布点。

土壤样品原则上要求安排在作物生长期内采样,采样层次按表4-2-21规定执行,对于基地区域内同时种植一年生和多年生作物,采样点数量按照申报品种,分别计算面积进行确定。

表4-2-21 不同产地类型土壤采样层次表

产地类型	采样层次
一年生作物	0～20 cm
多年生作物	0～40 cm
底泥	0～20 cm

任务三 评价绿色食品产地环境质量

绿色食品产地环境质量评价的目的,是为保证绿色食品安全和优质,从源头上为生产基地选择优良的生态环境，为绿色食品管理部门的决策提供科学依据，实现农业可持续发展。

【任务要求】

通过本次任务的学习，掌握绿色食品产地环境质量评价指标分类，并能应用单项指数法和综合指数法进行环境评价，撰写环评报告。

【任务实施】

1 学习评价指标

绿色食品产地环境质量评价指标，知晓哪些指标是严控指标，哪些指标是一般指标。

2 计算单项污染指数

如果所有指标的污染指数都合格，说明环境清洁，适合进行 AA 级绿色食品（现已停止认证，与有机食品同级别），如果严控指标污染指数有一个以上不合格，则不能进行绿色食品生产。

3 计算综合污染指数

如果严控指标污染指数都合格，一般指标的某些污染指数不合格，则进一步计算综合污染指数。

4 得出结论

将得出的结果与表 4-3-1 所给标准进行对照，得出结论。

表 4-3-1　综合评价结果对照表

序号	严控指标污染指数	一般指标污染指数	综合污染指数	结论
1	>1	—	—	不能进行绿色食品生产
2	<1	<1	—	能进行 AA 级绿色食品
3	<1	>1	>1	不能进行绿色食品生产
4	<1	>1	<1	能进行 A 级绿色食品

5 撰写绿色食品产地环境质量评价报告

参考师徒共研中的有关内容，撰写绿色食品产地环境质量评价报告。

【任务评价】

表 4-3-2　学生课堂表现评价表

企业(班级):　　　　　　　　　部门:　　　　　　　　　姓名:

项目名称	评价标准	师傅	徒弟	部门	平均分	备注
报告	优(100～90 分):完成质量高 良(89～80 分):完成质量较高 中(79～70 分):基本完成 及格(69～60 分):能部分完成 不及格(<60 分):不能完成					
部门合作	优(100～90 分):按分工,积极参与 良(89～80 分):按分工,较积极参与 中(79～70 分):按分工,基本参与 及格(69～60 分):按分工,能部分参与 不及格(<60 分):不参与					
职业素质	优(100～90 分):沟通表达,发现解决问题,团队合作与组织协调,严谨的工作,文献检索、信息收集和较强的文字处理等职业素质高 良(89～80 分):职业素质良好 中(79～70 分):职业素质一般 及格(69～60 分):职业素质较差 不及格(<60 分):职业素质差					
总分						
平均分						

[师徒共研]

1.绿色食品产地环境质量评价指标具体包括哪些?

绿色食品产地环境质量评价中,一般应以单项指数评价为主,以综合指数评价为辅。而且,应根据污染因子的毒理学特征和农作物吸收、富集能力分为两类加以控制。具体指标见表 4-3-3。

表 4-3-3　绿色食品产地环境质量评价指标分类表

评价类别		第一类:严控环境指标	第二类:一般控制环境指标
水质	农田灌溉水	Pb、Cd、Hg、As、Cr^{6+}	F^-、粪大肠菌群、pH
	渔业用水	Pb、Cd、Hg、As、Cr^{6+}、挥发酚	BOD_5、DO、总大肠菌群、石油类、pH、色臭味、漂浮物质、悬浮物质
	畜禽养殖用水	Pb、Cd、Hg、As、Cr^{6+}、CN	F^-、细菌总数、总大肠菌群、pH、色度、混浊度、臭和味、肉眼可见物
	加工用水	Pb、Cd、Hg、As、Cr^{6+}、CN	pH、F^-、细菌总数、总大肠菌群
土壤		Cd、Hg、As、Cr	Cu、Pb、pH
空气		SO_2、NO_x、F^-	TSP

注:BOD_5为 5 天生化需氧量,DO 为溶解氧量

2.污染指数具体计算方法是什么?

依据简明、可比、可综合的原则,绿色食品产地环境质量评价一般多采用指数法。

2.1　单项污染指数

首先进行单项污染指数评价,按照式(1)计算。如果有一项单项污染指数大于1,视为该产地环境质量不符合要求,不适宜发展绿色食品。对于有检出限的未检出项目,污染物实测值取检出限的一半进行计算,而没有检出限的未检出项目如总大肠菌群,污染物实测值取0进行计算。对于pH的单项污染指数按式(2)计算。

式中:

$$P_i = \frac{C_i}{S_i} \qquad (1)$$

式中:P_i—监测项目 i 的污染指数;C_i—监测项目 i 的实测值;S_i—监测项目 i 的评价标准值。

$$P_{pH} = \frac{|pH - pH_{sm}|}{(pH_{su} - pH_{sd})/2} \qquad (2)$$

其中,$pH_{sm} = \frac{1}{2}(pH_{su} + pH_{sd})$

式中:P_{pH}—pH 的污染指数;pH—pH 的实测值;pH_{su}—pH 允许幅度的上限值;pH_{sd}—pH 允许幅度的下限值。

2.2　综合污染指数

单项污染指数均≤1,则继续进行综合污染指数评价。综合污染指数分别按照式(3)和式(4)计算,并按表 4-3-4 的规定分级。综合污染指数可作为长期绿色食品生产环境变化趋势的评价指标。

$$P_{综} = \sqrt{\frac{P_{i\max}^2 + P_{iave}^2}{2}} \qquad (3)$$

式中：$P_{综}$—水质（或土壤）的综合污染指数；$P_{i\max}$—水质（或土壤）中污染物的中污染指数的最大值；P_{iave}—水质（或土壤）污染物种污染指数的平均值。

$$P'_{综} = \sqrt{P_{i\max}^2 \times P_{i\,ave}^2} \qquad (4)$$

式中：$P'_{综}$—空气的综合污染指数；$P'_{i\max}$—空气污染中指数的最大值；$P'_{i\,ave}$—空气污染物种污染指数的平均值。

单项污染指数均≤1，则继续进行综合污染指数评价。综合污染指数分别按照式(3)和式(4)计算，并按表4-3-4的规定进行分级。综合污染指数可作为长期绿色食品生产环境变化趋势的评价指标。

表 4-3-4　综合污染指数分级标准

环境因素种类	等级划分	综合污染指数范围	污染级别	污染水平
大气	1	≤0.6	清洁	清洁
	2	0.6～1.0	尚清洁	标准限量内
	3	1.0～1.9	中污染	警戒水平
	4	1.9～2.8	重污染	警报水平
	5	≥2.8	极重污染	紧急水平
水体	1	≤0.5	清洁	清洁
	2	0.5～1.0	尚清洁	标准限量内
	3	>1.0	污染	超出警戒水平
土壤	1	≤0.7	安全	清洁
	2	0.7～1.0	警戒级	尚清洁
	3	1.0～2.0	轻污染	土壤、作物开始污染
	4	2.0～3.0	中污染	土壤、作物受到中度污染
	5	>3.0	重污染	土壤、作物受到污染已相当严重

土壤肥力仅进行分级划定，不作为判定产地环境质量合格的依据，但可作为评价农业活动对环境土壤养分的影响及变化趋势。

3.绿色食品产地环境质量评价报告如何撰写？

绿色食品产地环境质量现状评价报告是绿色食品申报材料中十分重要的基础材料之一，绿色食品产地环境质量监测评价单位应按《绿色食品产地环境质量现状评价技术导则》中的有关要求及格式认真编写，编写内容及格式如下。

一、前言

（一）评价任务来源

内容包括省、自治区、直辖市绿色食品发展中心（或管理办公室）下发的环境监测委托书。

（二）绿色食品申报企业基本情况概述

（三）产品及原料基本情况概述

产品的特点、原料的生产规模（面积、单产、总产量、总产值等）及发展计划、规划等。

二、绿色食品产地环境质量现状调查

（一）自然环境状况

包括基地的地理位置、地形地貌、土壤类型、土壤质地及气候气象条件、生物多样性及水系分布情况等。

（二）主要工业污染源

包括乡镇、村办工矿企业的"三废"排放情况等。

（三）生产过程中质量控制措施

包括绿色食品原料生产基地的产品或原料。生产过程中农药、化肥的使用（品种、使用量、使用次数、使用时间及有机肥的来源）、品种的选择及农田管理措施等。

（四）绿色食品产地环境质量现状初步分析

根据实地调查及收集的有关基础资料、监测资料等，对产地环境质量状况做出初步分析。

三、绿色食品产地环境质量监测

（一）布点的原则和方法

(1)水质监测布点原则和方法。

(2)土壤质量监测布点原则和方法。

(3)空气质量监测布点原则和方法。

基地地理位置及布点图：布点图是环境监测布点的真实反映，评价报告中要附上产地环境水、土、气布点采样图。布点图应反映布点的代表性和合理性，应标明村庄路、工矿等可能造成污染的场所所在地点，并标明主要风向。布点图应采用当地最新的行政区划图为底图，并根据产地面积及地形复杂程度，采用合适的比例绘制。有条件的，应尽可能用微型计算机绘制彩图。

(二)采样方法

(1)水质采样方法,包括农田灌溉水、畜禽养殖水、渔业水和加工用水。

(2)土壤采样方法。

(3)大气采样方法。

(三)样品处理原则和方法

(1)水质样品处理的原则及方法。

(2)土壤样品处理的原则及方法。

(3)大气样品处理的原则及方法。

(四)分析项目和分析方法

(1)水质样品的分析项目和分析方法。

(2)土壤样品的分析项目和分析方法。

(3)大气样品的分析项目和分析方法。

要求以表格的形式编写。

(五)分析测定结果

水质、土壤、大气分析测定结果,要求以表格的形式报告。

四、绿色食品产地环境质量现状评价

(一)水质现状评价

(1)评价所采用的模式及评价标准。

(2)评价结果与分析。

(二)土壤质量现状评价

(1)评价。所采用的模式及评价标准。

(2)评价结果与分析。

(三)大气质量现状评价

(1)评价所采用的模式及评价标准。

(2)评价结果与分析。

(四)产地环境质量综合评价

五、评价结论

应做出适宜 A 级或 AA 级绿色食品产品开发的结论。

六、综合防治对策及建议

[知识链接]

1 环境污染来源

1.1 环境污染

环境污染是指人类直接或间接地向环境排放超过其自净能力的物质或能量，从而使环境的质量降低，对人类的生存与发展、生态系统和财产造成不利影响的现象。具体包括：水污染、大气污染、噪声污染、放射性污染等。而涉及对农业生产产生影响的环境因素主要包括大气、水体和土壤等方面。

空气中某些污染物的数量超过了大气本身的稀释、扩散和净化能力，对人体、动植物产生不良影响时的大气状况，我们称之为大气污染；人类活动排放的污染物进入河流、湖泊、海洋或地下水等水体，使水和水体底泥的物理性质、化学性质、生物群落组成发生变化，降低水体的利用价值的现象，我们称之为水体污染；而土壤污染是指人类活动产生的污染物进入土壤并积累，直到其数量和速度超过了土壤的承受容量和净化速度，破坏土壤的自然动态平衡，则使土壤质量下降，造成土壤的污染。

1.2 污染物主要来源

农业生产中主要环境污染物主要来源于工农业生产，具体来源见表 4-3-5。

表 4-3-5 危害农业生产环境三要素的污染物种类(指标)和来源

环境类型	污染物指标	来源
大气	SO_2	(1)工业生产过程中排出的废气，如火力发电厂、有色金属冶炼厂、化工厂等。 (2)消耗煤、石油及炼焦油的发热设备、取暖设备和交通运输都是 SO_2 的重要排放源。
	NO_x	(1)含氮有机化合物燃烧生成。 (2)在燃料燃烧时，在一定的条件下空气中的氮被氧化。 (3)来自硝酸(HNO_3)和大量使用硝酸的生产过程，如电镀酸洗厂、有色金属冶炼厂等。 (4)土壤微生物的硝化反硝化作用，使土壤中的部分氮肥变成 NO_x 或 NH_3 气体进入环境，NO_x 是参与光化学反应的活跃分子，进入大气平流层与臭氧作用，是造成臭氧层破坏的元凶之一，NO_x 也是温室气体之一。
	F^-	(1)砖瓦、陶瓷的烧制。 (2)钢铁冶炼、玻璃制造、煤炭、石油的燃烧。 (3)铝的生产以及氟化工企业。
	TSP	主要来自燃烧、粉碎、爆破过程。重要的污染源有水泥厂、热电厂、金属冶炼厂、公路交通等。

续表 4-3-5

环境类型	污染物指标	来源
水体	主要的污染指标有 pH、铅、汞、镉、六价铬、砷、化学需氧量(COD)、生化需氧量(BOD_5)、氯化物、氰化物、氟化物、细菌、粪大肠菌群等	(1)食品加工工业废水。主要是屠宰、酿造、制糖、奶制品、饮料加工等废水。废水一般无毒性,但废水中有机物含量高,水的生化需氧量和化学需氧量高。有机物消耗水中大量的溶解氧,导致鱼类和其他水生生物死亡。此类废水灌溉农田,短期有促进生长的作用,但长期来看,大量有机物随废水进入土壤会阻塞土壤的毛细孔,使水田土壤呈发黑、发臭和烂糊状态,影响植物根系呼吸,进而影响植物生长。 (2)纺织印染工业废水。此类废水中含有各种各样的有机物、无机物、有毒物质和悬浮物。印染废水中所含的各种染料和助剂有的有毒性,有的有害,例如重铬酸钾、二氯化苯等。 (3)电镀生产废水。主要污染因子有铬、镉等重金属和氰根。 (4)化工废水。有些化工企业所产生的废水中酚类物质含量高,有的则重金属含量高等。 (5)造纸厂废水。乡镇小造纸厂用碱法居多。用碱蒸煮,pH 较高,废水变成黑液,对水生生物会造成致命的危害。 (6)皮革废水。有些乡镇建有皮革厂,废水中主要有重金属铬离子、一些化学助剂和颜料,最主要的污染因子是化学鞣制剂中的铬离子。这些工业废水如不经处理就排放,将会造成水体污染,不能用于人畜饮用、农田灌溉、渔业养殖等。 (7)农业生产活动污染。土壤施肥不当会造成水体污染。如一次施氮素过多,植物吸收不了,氮素就会流入环境。我国目前氮肥的利用率平均为 30%,即有 70%的氮素进入了环境,其中大部分进入水环境,污染地表水和地下水。据中国农业科学院研究,凡施氮肥量超过 500 kg/hm^2 的地区,地下水的硝酸盐含量都可能超过饮用水标准,硝酸盐污染不仅发生在浅层地下水,而且已经进入深层地下水。
土壤	重金属	(1)汞污染主要来自制碱、汞化物生产等工业废水和污泥、含汞农药、汞蒸气等。 (2)镉污染主要来自冶炼、电镀、染料等工业“三废”、肥料杂质等。 (3)铅污染主要来自颜料、冶炼工业废水、含铅汽油燃烧排放、农药等。 (4)铬污染主要来自冶炼、电镀、制革、印染等工业废水和污泥。 (5)砷污染的主要来源是硫酸、化肥、农药、医药、玻璃工业废水、废气、含砷农药等。 (6)铜污染来源于冶炼、铜制品生产三废、含铜农药等。
	农药	农业生产的施用。
	化肥	农业生产的施用。
	农用塑料残膜	农业生产的施用。

2 环境污染物对人体健康的影响

污染物对环境的污染，通过生物传递和富集作用，最终影响到人生产生活和身体健康。污染物对人体危害的表现见表 4-3-6。

表 4-3-6 污染物(指标)对人体危害表现

污染物(指标)名称	对人体的危害表现
硫化合物	短期吸入高浓度气体，可出现眼和呼吸系统的刺激症状，有流泪、畏光，鼻及咽喉部有烧灼感和疼痛，鼻溃疡、咳嗽、声音嘶哑、胸痛、呼吸困难。有时出现恶心、呕吐、上腹痛、头痛、头昏、乏力等。严重者可发生喉头水肿，X 线胸片出现相应征象。皮肤和眼接触可发生炎症或灼伤。
氮氧化合物	二氧化氮是一种生物活性大、毒性很强的气体，其毒性是一氧化氮的 4～5 倍。由于在水中溶解度小，对上呼吸道和咽黏膜刺激作用小，但到达下呼吸道后，缓慢地溶解于肺泡表面的液体及含水蒸气的肺泡中，与水反应，形成硝酸及亚硝酸，对肺组织细胞产生强烈的刺激与腐蚀作用，使肺毛细血管的通透性增加，导致肺水肿，严重者可导致患急性呼吸窘迫综合征而死亡。吸入的氮氧化物能够损伤肺泡表面活性物质，使肺泡萎缩，肺泡顺应性受损，毛细血管流体静压升高，体液由血管内外渗，影响呼吸功能导致组织缺氧。氮氧化合物能够使细胞内环磷酸腺苷含量下降，损害生物膜的功能。部分氮氧化合物如一氧化氮能够使血红蛋白衍变为高铁血红蛋白，出现高铁血红蛋白血症，当体内高铁血红蛋白含量达 15%以上时，即出现发绀，影响红细胞携带氧的功能，加重机体缺氧。
氟化物	最常见氟的无机化合物为氟化氢和氢氟酸，气态的氟化氢、四氟化硅，以及氟化钾、氟化钠等水溶性氟化物在呼吸道吸收迅速而完全。大多数氟化物不易经完整皮肤吸收，但经被灼伤的皮肤(尤其是氢氟酸)可大量吸收。氟被吸收后，约 60 min 可达到最高血液浓度，血液里的氟约 75%与血浆蛋白结合，10%以离子状态存在，其余存在于红细胞内。氟对呼吸道黏膜有不同程度的刺激作用和腐蚀作用。吸入可引起喉痉挛、支气管痉挛、肺炎、肺水肿和肺出血。进入血液循环和组织器官的氟离子与钙离子、镁离子结合，导致低钙、低镁血症，引发心脏功能的紊乱，出现心律失常、心肌缺血、心肌酶谱异常等表现，严重者可致死；氟化物可刺激、腐蚀口腔和消化道黏膜，造成黏膜充血、水肿、出血。氟离子带很强的负电荷，与其结合的氢离子不易分离。
颗粒悬浮物	细颗粒物，因为直径小，进入呼吸道的部位越深。10 μm 直径的颗粒物通常沉积在上呼吸道，2 μm 以下的可深入到细支气管和肺泡。细颗粒物进入人体到肺泡后，直接影响肺的通气功能，使机体容易处在缺氧状态。
氰化物	氰化物通常是指含氰根(CN^-)的无机物。常见的氰化物是氰化钠、氰化钾、氰化氢，这几种简单的氰化物都能溶于水，三者都有剧毒。氰化物非常容易被人体吸收，可经口、呼吸道或皮肤进入人体。氰化物进入胃内，在胃酸的解离下，能立即水解为氰氢酸而被吸收。此种物质进入血液循环后，血液中的细胞色素氧化酶的 Fe^{3+} 与氰根结合，生成氰化高铁细胞色素氧化酶，丧失传递电子的能力，使呼吸链中断，细胞窒息死亡。由于氰化物在类脂中的溶解度比较大，所以中枢神经系统首先受到危害，尤其呼吸中枢更为敏感。呼吸衰竭是氰化物急性中毒致死的主要原因。 氰化物慢性中毒多见于吸入性中毒。慢性中毒主要症状为头痛、呕吐、头晕、动作不协调等，如生成速度超过排出速度，体内有硫氰化物蓄积，而硫氰化物阻碍甲状素的合成，引起甲状腺功能低下。

续表 4-3-6

污染物(指标)名称	对人体的危害表现
微生物	主要导致传染病的流行,还可以引起食品气味和组织结构发生不良变化,有些微生物的毒性很大,可直接使人致死。如黄曲霉产生大量的黄曲霉毒素,黄曲霉毒素抑制蛋白质的合成。
汞	金属汞的中毒机理主要是由于二价汞离子与蛋白质和酶中的巯基反应形成牢固的硫汞键,改变了蛋白质尤其是酶的结构与功能,使细胞代谢紊乱,导致组织器官病变。 汞中毒症状主要有体力减退、头晕、头痛、失眠、多梦、记忆力减退等中枢神经系统症状,还有精神症状(如胆怯、焦虑、不安、精神压抑、丧失信心等)、意向性震颤(即注意力集中时震颤更明显);此外,皮肤可出现红斑疹、疱疹、荨麻疹,眼睛可发生汞毒性晶体炎(晶体前出现灰棕色或黄色翳斑)等。
镉	镉对胃肠黏膜有刺激作用,故口服镉化合物可引起呕吐,并可引起腹泻、休克和肾功能障碍。 人在生产环境中大量吸入镉烟尘和蒸气也可引起急性镉中毒,中毒时口有金属味,出现头晕、头痛、咳嗽、呼吸困难、恶心、呕吐、腹泻等,并产生肺炎和肺水肿。 镉可大量破坏红细胞并使骨髓缺铁导致贫血。 镉可与钙离子产生拮抗作用,导致骨质疏松。
砷	砷的氧化物(如三氧化二砷)和盐类绝大部分属高毒,而砷化氢则属剧毒物质。过量的砷会干扰细胞的正常代谢,影响呼吸和氧化过程,使细胞发生病变。砷还可直接损伤小动脉和毛细血管壁,并作用于血管舒缩中枢,导致血管渗透性增加,引起血容量降低,加重脏器损害。三氧化二砷和三氧化砷对眼、上呼吸道和皮肤均有刺激作用。
铅	环境中的铅经食物、呼吸和皮肤等途径进入人体,引起铅中毒。铅对消化、神经、呼吸、血液、泌尿系统造成急性或慢性的毒性影响,通常导致肠绞痛、贫血和肌肉瘫痪等中毒症状,严重时可引发脑病甚至导致死亡。
铬	铬的毒性与其存在价态有关,三价铬对人体几乎不产生有害作用,未见引起工业中毒的报道,六价铬比三价铬毒性高100倍,并易被人体吸收且在体内蓄积。 六价铬可以通过消化道、呼吸道、皮肤和黏膜侵入人体,在体内主要积聚在肝、肾和内分泌腺中。通过呼吸道进入的则易积存在肺部。六价铬有强氧化作用,所以慢性中毒往往以局部损害开始逐渐发展到不可救药。经呼吸道侵入人体时,开始侵害上呼吸道,引起鼻炎、咽炎和喉炎、支气管炎。长期摄入会引起扁平上皮癌、腺癌、肺癌等疾病;吸入较高含量的六价铬化合物会引起流鼻涕、打喷嚏、瘙痒、鼻出血、溃疡和鼻中隔穿孔等症状;短期大剂量的接触,在接触部位会溃疡、鼻黏膜刺激和鼻中隔穿孔;摄入超大剂量的铬会导致肾脏和肝脏的损伤以及恶心、胃肠道不适、胃溃疡、肌肉痉挛等症状,严重时会使循环系统衰竭,失去知觉,甚至死亡。长期接触六价铬的父母还可能对其子代的智力发育带来不良影响。
铜	过量的铜摄入不利于人体健康,特别是一些可溶性铜盐,若作为增强剂一次摄入机体过多,会引起中毒。铜摄入过多还会有致癌作用。另外,较长时间摄入过多的铜会诱发动脉硬化。职业性铜摄入中毒,其铜中毒量为治疗量的100倍。除此之外,若长期口服硫酸铜达治疗量10倍(25～50 mg),也会引起中毒。铜中毒时可发生溶血、血红蛋白降低、血清乳酸脱氢酶升高及脑组织病变等。

续表 4-3-6

污染物(指标)名称	对人体的危害表现
农药	局部刺激症状。接触部位皮肤充血、水肿、皮疹、瘙痒、水泡,甚至灼伤、溃疡。以有机氯、有机磷、氨基甲酸酯、有机硫、除草醚、百草枯等农药作用最强。 神经系统表现。对神经系统代谢、功能,甚至结构的损伤,引起明显神经症状。常见有中毒性脑病、脑水肿、周围神经病而引起烦躁、意识障碍、抽搐、昏迷、肌肉震颤、感觉障碍或感觉异常等表现。
农药	心脏毒性表现。对神经系统的毒性作用多是心脏功能损伤的病理生理基础,有些还对心肌有直接损伤作用。如有机氯、有机磷、百草枯、磷化锌等农药中毒,常致心电图异常(ST-T 波改变、心律失常、传导阻滞)、心源性休克甚至猝死。 消化系统症状。多数农药口服可引起化学性胃肠炎,出现恶心、呕吐、腹痛、腹泻等症状,如砷制剂、百草枯、有机磷、环氧丙烷等农药可引起腐蚀性胃肠炎,并有呕血、便血等表现。
亚硝酸盐	亚硝酸盐为强氧化剂,人中毒之后由于组织缺氧引起发绀现象,如口唇、舌尖、指尖青紫;重者眼结膜、面部及全身皮肤青紫,头晕头疼、乏力、心跳加速、嗜睡或烦躁、呼吸困难、恶心呕吐、腹痛腹泻;严重者昏迷、惊厥、大小便失禁,可因呼吸衰竭而死亡。 亚硝酸盐的危害还不只是使人中毒,它还有致癌作用。亚硝酸盐可以与食物或胃中的仲胺类物质作用转化为亚硝胺。亚硝胺具有强烈的致癌作用,主要引起食管癌、胃癌、肝癌和大肠癌等。
农用塑料残膜	微塑料对人体的影响主要体现在它含有的污染物上,如多氯联苯和多环芳烃。塑料作为高分子聚合物在正常使用情况下可以认为是安全无毒的,但是在塑料生产过程中为增加和改变塑料的功能,会增添一些化学成分,如塑化剂(增塑剂)、抗氧化剂、染料等。以塑化剂而言,最常见的是邻苯二甲酸二酯,释放到环境后便成为环境雌激素中的酞酸酯类,当海洋生物或人类摄入并累积到一定的数量后,就会以假激素的形式向身体传递模拟或虚假的化学讯号,从而干扰内分泌功能,影响生殖和发育,造成畸胎甚至致癌。

3 环境污染物对农业生产的影响

农业生产其实包括农、林、牧、渔等各个方面,产品是人类直接或间接的食物来源,包括生物初级生产和加工两方面的过程。本处所涉及的农业生产主要是指初级的农业生产,即生物的生长繁殖过程。以大田农业生产为例来看农业环境对农业生产的影响。

众所周知,作物生长,是靠叶片进行光合作用产生碳水化合物及将光能转化为化学能,用来提供生长发育所需的物质和能量。所以作物生长离不开环境,作物从大气中吸收 CO_2、从土壤中吸收水分和养分,土壤中的水分又与灌溉和天然降雨有关。因此,作物生长的环境主要包括大气、水及土壤。而环境受到污染时,环境中有毒有害物质、甚至是作物所需的营养物质超标,都将导致作物从以上环境三要素内除了吸收自身所需的营养水分之外,还将吸收过量的有毒有害物质,植物自身有一定的承受能力,在其自身没有表现出受害之前,被消费者所食用，通过食物链传递，由于生物富集作用影响人的身体健康。如果环境污染物超过作物的承受能力，作物直接受到伤害，导致减产或绝收。具体污染物对农作物的危害见表4-3-7。

表 4-3-7 污染物对农业生产的危害

污染物种类	危害表现
SO_2	(1) SO_2 进入植物体破坏叶绿素，造成叶片失绿，逐渐枯焦、坏死。 (2)溶于水溶液中生成亚硫酸，与光合作用初期生成的醛类反应生成有毒的 α 羟基碳酸。但在湿度大的空气中二氧化硫易被氧化为三氧化硫(SO_3)。SO_3 再经过一系列反应，形成硫酸烟雾和酸雨，严重时可对生态环境造成一系列不良影响，使河流、土壤酸化，土壤养分淋失，使一些有害的重金属转化为可溶性的化合物，为植物吸收，对产品造成污染。 (3) SO_2 对植物的危害多发生在生理功能旺盛的功能叶上。在形态上表现为许多失绿的伤斑。有资料表明，二氧化硫对作物的危害，在夏季白天光照强、温度高、空气湿度大时较严重。在作物的不同生长期中，当二氧化硫浓度不大时(1～10 mg/kg)，分蘖期受害最为严重；高浓度时(25～100 mg/kg)，孕穗期受害最重。
NO_x	造成大气污染的主要是一氧化氮(NO)和二氧化氮(NO_2)。因它们参与光化学烟雾的形成而特别引起人们的重视。NO_2 危害植物，最初叶片表面的叶脉间和近边缘出现不规则形状的水渍斑，而后干燥，变成白色、黄色或褐色的坏死斑点，质地与纸质差不多，斑点甚至逐渐扩展到整个叶片。禾本科作物平行叶脉的叶片，在叶的中心部位沿叶脉产生条斑，其他大多数单子叶和针叶植物的急性伤害症状通常是叶尖附近出现坏死斑。通常植物功能叶和老叶容易受害，而幼嫩叶抗性较强。
F^-	氟化物是对植物毒性很强的大气污染物，其中以氟化氢(HF)为代表。 (1)HF 危害植物的症状，主要在嫩叶、幼芽上首先发生。氟化物危害作物的原因是由于氟化物与叶片中的钙发生反应而干扰酶的作用，阻碍代谢机能，破坏叶绿体和原生质，从而使其失水变干，成为深褐色或黄褐色。 (2)氟化物还影响作物的光合作用和呼吸作用。 (3)HF 是一种积累性毒物，即使在大气中浓度不高，也可通过植物吸收而富集，然后通过食物链影响动物和人体健康。
TSP	总悬浮颗粒物(TSP)主要由烟尘、粉尘、金属尘组成。大气中的颗粒物除沉降于土壤中外，还可沉降于植株体上或被作物吸收。 (1)悬浮颗粒物降落附着在作物体上，影响叶片的光合作用和蒸腾作用。 (2)影响花粉的萌发受精，导致坐果率下降。 (3)降低产品质量和食用价值。 (4)一些粉尘还含有对人体有害的多种金属，这些含金属尘不但附着于植物表面，而且还能被植物吸收，使作物及产品受到污染水体污染对农业生产的影响。

续表 4-3-7

污染物种类	危害表现
主要的污染指标有 pH、铅、汞、镉、六价铬、砷、化学需氧量(COD)、生化需氧量(BOD_5)、氯化物、氰化物、氟化物、细菌、粪大肠菌群等	(1)对土壤性质的影响。水体污染可使土壤理化性状发生变化,影响微生物活动及土壤功能,从而间接影响植物生长。如无机盐含量过高能使土壤板结。 (2)对作物生理生化的影响。水体污染会使作物根部、叶片或其他器官生长发育受阻,导致作物减产、品质降低。重金属会抑制作物根系生长,出现畸形根;导致叶片卷曲、枯死,并在植物体内积累,不能食用。据报道,重金属盐随灌溉水进入农田后,积累到一定程度,有害金属能与作物原生质中的蛋白质结合,使细胞死亡,即使在少量的情况下,也能置换植物蛋白中的铁、锰等元素,使酶的活性受到抑制,阻碍呼吸等一系列代谢过程。含过量氰化物的灌溉水,对水稻、油菜的生长有抑制作用。 (3)对渔业的影响主要表现在: ①水中大量的溶解性有机物分解时消耗溶解氧,造成水中溶解氧不足,水生生物缺氧死亡。 ②水中氮磷物质丰富,藻类迅速增殖,水体生态平衡破坏,由于富营养化而引起水生生物死亡。 ③重金属直接危害水生生物,或通过富集作用使水生生物内重金属含量提高,影响水产品的品质。此外,畜禽饮用水、加工用水受污染后,均可直接影响畜禽产品、水产品的品质。
重金属	汞污染使作物减产的现象少见,其污染危害主要是使农产品含汞量增高,从而危害人体健康,严重污染植株表现为矮小瘦弱、叶色淡、叶细长不展开。 镉易被植物吸收富集,镉污染在使作物生长受到危害之前,籽实中的累积量已超过安全标准,其危害主要是影响农产品的品质和安全性。 铅毒性较小,单独对作物的污染危害少见,一般易与铜、锌等元素同时存在,形成复合污染危害。 铬危害表现在低浓度时可刺激作物生长,过量可使小麦、水稻发育受抑制,可使蔬菜、玉米出现萎黄病症。 砷污染可使作物体内代谢作用受阻,叶片呈弯曲状或直接下垂,马铃薯、番茄、胡萝卜、葡萄抗砷性强,黄瓜、菜豆、洋葱对砷敏感。 铜的危害使作物生长不良,首先表现在根部,主根生长受阻,重污染地上部分出现症状,通常为新叶褪绿、老叶坏死、叶柄和叶背面变成紫色。
农药	(1)干扰土壤生态系统,使土壤中的微生物和小动物的数量减少。 (2)农药在土壤中的残留与农产品的累积。散落在土壤中的农药,主要残留在 0~30 cm深度的土壤中,通过生物和非生物途径转化和降解,或通过挥发、随水移动,或被植物吸收而迁移。不同品种的农药在土壤中的稳定性差异很大,有机氯属于长效性农药,我国已于 20 世纪 80 年代中期停止生产和使用,主要替代品是有机磷农药。另外,滥施农药还使害虫抗药性增强,伤害天敌和其他有益生物,在环境中长期积累,农产品产生农药残留等。它的污染与“三废”污染或化肥污染有不同之处,它对生物多样性的破坏后果甚至比“三废”污染更为严重。
化肥	(1)长期施用氮素化肥,会使土壤酸化和板结,降低生产力,并活化重金属元素(如镉、汞、铅、铬等),增加其在土壤中的活性。如施硫酸铵、氯化铵、氯化钾等酸性肥料,都容易引起土壤变酸。

续表 4-3-7

污染物种类	危害表现
化肥	(2)对农产品质量安全造成影响，如硝酸盐含量超标。因硝酸盐还原后形成的亚硝酸盐，可与人体内血红蛋白结合形成高铁血红蛋白，使其失去带氧能力，导致患者出现绀紫等缺氧症状，严重时甚至可使人窒息死亡；硝酸盐和亚硝酸盐同时还有致癌作用。 (3)改变农产品的营养构成比例。过量施用氮肥，在使禾本科作物籽粒含氮量及蛋白质含量增加的同时，也将导致氨基酸含量比例发生变化，使其营养品质下降；过量施用磷肥将对蔬菜、水果中的有机酸、维生素 C 等成分的含量以及果实的大小、着色、形状、香味等带来一系列影响。 (4)肥料制造中的杂质污染，如磷肥对土壤造成的污染主要是磷肥中的杂质中含有镉、铬、铅、砷、放射性元素等，这些杂质来源于磷矿石和加工磷肥的硫酸。
农用塑料残膜	(1)毒害作用，主要针对种子萌芽和幼苗生长。如农膜中的增塑剂邻苯二甲酸二丁酯随水溢出渗入土壤，对种子有毒害作用，使作物缺苗断垄。而农膜中所含的联苯酚、邻苯二甲酸酯、聚乙烯、多氯联苯(PCB)等物质对农产品造成污染后，沿着食物链危害人类的健康。 (2)影响土壤物理性质，影响土壤的容重、孔隙度、含水量。聚烯烃类薄膜在土壤中抗机械破碎性强，妨碍气、热、水、肥等的流动和转化，使土壤物理性能变差，养分运输困难。 (3)耕性变差，大量的农膜残留在土壤中，容易损害作业机械，不利于土壤的耕翻及作物根系的伸展。 (4)对农产品产量及质量的影响。田间大量调查试验表明，作物减产幅度随农膜使用年限和残留量的增加而增大，一般情况下，小麦、玉米、大豆和蔬菜的减产幅度分别为 7%～20%、15%～20%、5%～10%和 5%～40%。生育期短的蔬菜减产幅度小于生育期长的品种。

4　绿色食品产地环境质量评价的程序

绿色食品产地环境质量现状评价的工作程序随目的、要求不同而不同，最基本的工作程序见图 4-3-1。

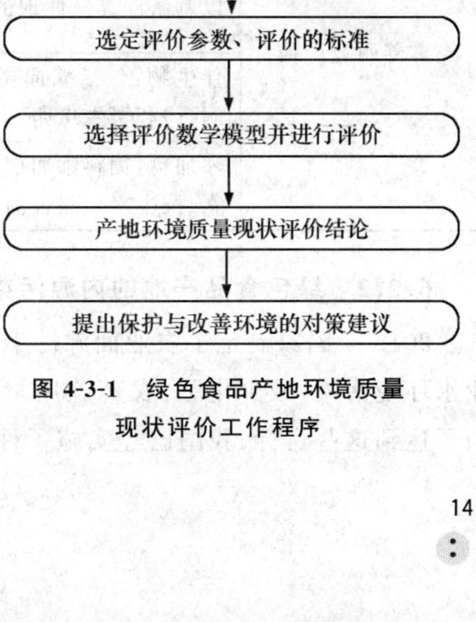

图 4-3-1　绿色食品产地环境质量现状评价工作程序

5　绿色食品产地环境评价的基本原则

(1)在区域性环境初步优化的基础上进行评价，同时不应忽视农业生产过程中的自身污染。

(2)各项环境质量标准(空气、水质、土壤)是评价产地环境质量合格与否的依据，要从严掌握。

(3)在全面反映产地环境质量现状的前提下，突出对产品生产危害较大的环境因素(严控指标)和高浓度污染物对环境质量的影响。

6 绿色食品产地的污染控制

绿色食品产地污染的类型根据污染物产生的来源可以分为外源污染和内源污染两类。外源污染指除了农业生产之外的各种因素对绿色食品生产环境产生的污染,如矿山开采、工业生产等。对外源污染的控制主要体现在对这些区域进行产地选择时加以回避,同时还需要加强基地的建设,实施环境整治。而内源污染,是由农业生产自身产生的,包括施用肥料、农药、农用薄膜对土壤及农产品的污染等,也称为农业面源污染。要想减少这种内源污染,需要我们对农业生产的操作措施加以控制。

6.1 严控外源污染

严格控制外源污染物的排放良好的生态环境是绿色食品生产的前提,因此,必须切实增强环境保护意识,严格控制和治理污染,努力提高环境质量。严格控制城乡污水、生活垃圾和工业"三废"对基地用水、空气、土壤的污染,特别要控制乡镇企业对农村生态环境的污染破坏,从宣传教育、管理制度、行政法规、治理技术及产品结构调整等多方面进行综合治理和保护。在建立绿色农产品基地前,调查与评价生态环境本地状况,并对其环境要素进行监测。在整个生产过程中,要加强生态环境管理,对有害物质应实行动态监测,以确保产品优质、无污染。

6.2 加强内源污染控制

6.2.1 常见的农业生产内源污染物

常见的农业生产内源污染物请见表 4-3-8。

表 4-3-8 常见农业生产内源污染物种类及指标

产地类型	污染物种类	可以说明的指标
种植业产地	不合理使用化肥、农药、塑料薄膜和农业废弃物处置不当所造成的环境污染	pH、重金属、农药残留、薄膜残留等
畜禽养殖业产地	粪便及其分解产物中的有机物	以生化需氧量(BOD_5)、化学需氧量(COD)等指标
	以刺激性臭气体现的物质	氨、硫化氢以及挥发性脂肪酸、酚类、醛类、胺类、硫醇类
	伴生物:包括病原微生物(细菌、真菌、病毒)和寄生虫卵	微生物指标
	添加物:饲料添加剂(微量营养元素、激素、抗生素)、圈舍消毒剂等	兽药残留

6.2.2 绿色食品产地的内源污染控制

2015 年国家制定了农业面源污染"一控两减三基本"目标,严格控制农业用水总量和农业水环境污染,减少化肥、农药施用量,实现畜禽粪便、农膜、农作物秸秆基本资源化利用。为了达到这些目标,我国已经实施了种植业化学投入品减量和废弃物循环利用工程,推广先进的肥药施用和废弃物处理技术，加强工程实施的制度保障，绿色食品生产可以借鉴这些技术的使用，用来保证产地的内源污染控制。

实施化肥减施工程，实行农艺与农机融合，推广生物固氮、机械深施肥等技术，提高肥料利用率，减少化肥施用量。充分利用洼地和河道，建成拦截沟渠，种植半旱生和水生植物，减少肥料流失对水系的污染。优化种植结构，减少化肥投入。引导农户施用有机肥、种植绿肥，增加土壤有机质含量，提高耕地肥力。

严格按照《生产绿色食品肥料施用准则》选用肥料种类、数量及方法，合理施用化肥，充分利用有机肥，做到无机有机结合，推广配方施肥，这有利于减少环境污染。

思政花园

人类可以利用自然、改造自然，但归根结底是自然的一部分，必须呵护自然，不能凌驾于自然之上。

——习近平《携手构建合作共赢新伙伴　同心打造人类命运共同体——在第七届联合国大会一般性辩论时的讲话》

（1）广辟有机肥源。城镇人粪尿、有机废弃物和大中型畜禽场的粪便是重要的、大宗的有机肥源，应充分利用，变废为宝，变废为肥，化害为利。农村各家各户的猪牛栏粪、鸡鸭鹅屎、瓜皮果壳、地皮树叶、河塘沟泥等，均是良好的有机肥，只要广为收集、合理利用，对实现作物高产高效十分有利。另外，推广秸秆还田技术。作物秸秆是一种数量多、来源广、可就地利用的优质肥源。它具有补充和平衡土壤养分、增加土壤新鲜有机质、疏松土壤、改善土壤理化性状和提高土壤肥力的作用，秸秆分解时所产生的有机酸能促进土壤中难溶性磷酸盐转化为弱酸溶性磷酸盐，提高其有效性。

（2）改进施肥技术，提高肥料利用率，减少化肥施用量。应大力推行配方施肥、测土施肥、诊断施肥先进的平衡配套施肥技术；试验和推广卫星定位施肥技术；由化肥浅施技术改为深施技术，并根据化肥剂型的特征来确定是采用分期多次性的施肥技术还是一次性的施肥技术，同时施用硝化抑制剂、尿酸抑制剂等。只有这样，才可减少化肥施用量，从而减少环境污染。

（3）肥料的无害化处理。人畜禽粪尿、生活垃圾、作物秸秆等，如不经处理直接投入农田使用，往往会成为扩散和反复传染植物、动物及人体病原或寄生虫的传染载体，因此必须对其进行无害化处理。现在通常采用的方法是高温堆肥和沼气发酵，这种处理有两个作用是可大大减少各种病原和寄生虫的数量及种类；二是使有机肥中的养分有效化，适合于农业利用。高温堆肥，只要物料中有机质超过 25％，碳氮比为 20～30 就可以顺利进行，在堆肥过程中一般 6 天即可发热，肥堆温度高于 50℃保持 7 天或高于 60℃保持 3 天，就能很好地完成无害化处理，堆肥达到预定温度，可有效地被杀死主要微生物、寄生虫、害虫和病菌。沼气发酵是另一种无害化处理办法。在沼气厌氧发酵中，会产生氨气，其有很强的杀菌作用，厌氧条件对寄生虫卵等也有很好的杀死作用，产生的沼气可作为燃料加以利用，达到了无害化和资源化的目的。

实施农药减施工程，有效防治农作物病虫害。首先必须按照绿色食品农药使用准则中的要求，严格禁止高残留和高毒农药的施用，降低农药流失引发的环境污染程度。调整农药施用结构，推广高效低毒低残留农药和生物农药以及先进施药机械，实行农作物病虫害统防统治和绿色防控。通过选育抗病虫品种、合理的轮作换茬等措施，预防病虫发生，减少防控次数，间接控制农作物病虫害。

对动植物有害生物的防治，采用综合防治技术，保护利用生物多样性，开展生物防治或充分发挥自然平衡调节及控制作用，尽量避免使用或少用人工合成或具有毒害副作用的农业投入品。当确有必要使用化学农药、化肥、兽药、饲料添加剂等农业投入品时，应严格按标准操作使用。另外，要加强动植物病虫害的检疫、防疫和防治，加大对动植物疫情的监督管理力度。同时要坚持做好生产档案记录，并实行定点监控，加强病虫害的预测预报，有针对性地适时用药，未达到防治指标或益害虫比合理的情况下不用药。根据病虫害特点，合理选择农药种类、施用时间和施用方法。注意不同作用机理农药的交替使用和合理混用。此外，还要加强对农业生产者的技术培训，提高其素质。

实施种植业废弃物循环利用工程，注重农作物秸秆资源化利用，推进秸秆肥料化、饲料化、燃料化、原料化、基料化利用。提高废旧农用塑料薄膜回收利用率，推广使用可降解农用塑料薄膜，采用可降解地膜覆膜栽培技术。在农药施用用量大的农产品主产区，建立农药包装废弃物回收和无害化处理站。

总之，生产过程的行为控制，是绿色食品产地控制污染的有效而重要的途径。生产资料使用规则是农业清洁生产的体现，它包括肥料、农药、兽药、水产养殖用药、食品添加剂和饲料添加剂的使用准则。这些准则对允许、限制和禁止使用的物资名单和使用方法都做了明确规定，具体内容详见本书相关章节。

7 绿色食品产地生态建设

绿色食品产地的建设除了环境污染控制外，还应对产地生态系统进行合理调控，使其结构合理，功能和谐，生产力达到最大。而调控农业生态系统最佳途径就是生态环境建设。

7.1 绿色食品产地生态建设的目标

一般绿色食品产地具有 3 个等级结构的生态系统，一是产地隔离带(周边环境)与产地组成一级生态系统，二是产地内构成的二级生态系统，三是产地土壤构成的三级生态系统。每个生态系统包括植物、动物、微生物和非生物 4 个主要组成部分。这 4 个组成部分通过食物链，进行能量转化和物质循环，使系统内紧密地结合成一个整体，系统具有自动调节能力，可保持自身的相对稳定和平衡。因此绿色食品生产应该从生态系统的整体出发，保持和改善自然界的生态平衡，要因地制宜地调整产业结构和布局并不断优化，使其能够相互协调发展。这样的生态系统才能产生最好的动态平衡和实现良性循环。绿色食品产地生态建设的总目标是：通过绿色食品产地的生态建设，达到产地生物多样性增加；农业生物结构合理，功能协调;使产地逐步具有综合性的可持续生产能力,逐步把产地建设成为良性循环的生态环境,使产地成为无废物的生存基地;通过绿色食品的生产,使产地土壤成为健康的、肥沃的土壤。

7.2　绿色食品生态建设的内容与技术

7.2.1　周边生态建设

周边生态环境除在产地选择时把握好生态条件外,在绿色食品生产的同时,需要完善其环境建设,包含生物多样性建设和植树种草,建设成一个有明显标志的生态隔离带。天然的或人工隔离带有生态调节作用,隔离带可以是草地、树林、某些植物或是水沟、山等地形地貌或其他人工屏障。产地的隔离带需要一定的宽度,除了扩大产地的生态调节作用,还可以屏蔽或减少非绿色食品生产地块喷洒的化学农药和使用化学肥料对产地的影响。同时要重视在第一级生态环境进行水土流失治理。

7.2.2　产地生态建设

合理使用耕作技术,如间作套种。合理的间作套种比单作有很多优越性。像我们的玉米小麦间作、果树花生间作等,利用作物生长的时间和空间的差异,起到改善通风透光条件、减少土壤水分蒸发、提高空气湿度等作用,使农作物互惠生长。且农民还会采用耙、中耕、耢、镇压等措施,改善农田土壤的物理化学条件,为作物生长创造良好的土壤及水分环境。

在病虫害防治过程中,充分利用农业防治、物理机械防治、生物防治等技术,用生物多样性增强系统的稳定性,提高植物抵抗病虫害的能力;利用化学生态学原理,用某些植物所分泌的化学物质吸引或排斥病虫害;保护和繁殖天敌防治害虫,在减少化学农药的施用,甚至不用化学农药的前提下,保证作物的产量。

改变农田灌溉方式,使用滴灌、微灌等节水灌溉方式;改造农田引水渠道,防止跑水、漏水;整修农田水利;保水、蓄水与用水结合;提高农田降水利用率;建立土壤水库;提高保水保墒能力。

7.3　土壤生态建设

土壤生态建设主要指土壤肥力的建设。土壤肥力是指土壤对植物的供水、供营养物质、供生物体所需物质的能力。农业生态系统是一个经济生产系统,营养物质和能量的输入与输出要趋于平衡。既要有机肥与无机肥平衡,也要氮磷钾和微量元素的平衡。作物生产的施肥绝不仅仅是给作物提供养分,更重要的是培育健康、有活性的土壤,而健康的土壤,需具有完善的土壤生态结构,具有生产者(植物)、小型消费者(微型动物)和分解者(微生物),相互间的数量比要协调。用一句通俗的话来说,"施肥不是喂植物,而是喂土壤"。因此绿色食品生产中肥料施用的基本思想是:创造农业生态系统的良性循环;充分开发和利用本地区、本单位的有机肥源,合理循环使用有机物质;充分发挥土壤中有益微生物在提高土壤肥力中的作用,尽量控制和减少化学合成肥料的施用。

7.4　产地生态建设与质量转化

在产地生态建设中,种植业、养殖业产地环境质量的转化,是指在特定区域范围内,将一个常规农业生产方式转化为绿色食品生产方式的过程。从常规农业生产方式开始进行绿色食品管理，直到种植业和养殖业生产被确认为符合绿色食品生产要求的时期称为转化期。

常规农业的生产方式，包括化学肥料和农药的使用，各种耕作和养殖措施对土地、畜禽会产生污染或存在残留，这种污染或残留的清除需要一定的时期，因此绿色食品的标准要求，应有一定的过渡时期才能将常规农业生产方式转变成绿色食品生产方式。绿色食品生产基地的需要两年的创建期，之后通过验收，才可以获得全国绿色食品生产原料化生产基地证书。证书有效期为5年。

项目五
绿色食品生产过程控制

知识目标

1. 掌握农产品生长过程基础知识；
2. 掌握绿色食品生产对畜禽养殖生产过程的要求；
3. 掌握绿色食品生产对水产养殖生产过程的要求；
4. 掌握绿色食品生产对产品加工过程的要求。

技能目标

1. 能进行农作物生产过程控制；
2. 能进行畜禽养殖生产过程控制；
3. 能进行水产养殖生产过程控制；
4. 能进行加工产品生产过程控制。

德育目标

1. 培养学生团结合作精神；
2. 培养学生环境保护意识。

任务一 绿色食品作物种植生产过程控制

绿色食品包括初级农产品和加工品,初级农产品是加工品的原料来源,保证初级农产品的安全是保证加工食品安全的第一步,而初级农产品的安全性其实也是受到生产过程的各种因素的影响的,本次任务是通过具体作物和普遍技术的结合,学习农作物种植生产过程中的安全控制。

【任务要求】

通过本次任务的学习,掌握农作物生长过程中容易产生危害的关键点进行质量控制,学会播种技术、适宜肥水管理技术及病虫草害防治技术,能根据绿色食品农药施用准则、绿色食品肥料施用准则选择适宜的肥料和药剂进行施用和防治。

【任务实施】

1 写出玉米生产栽培过程

(1)播前准备。

①制订种植计划。清种玉米。

②品种选择。选择高产、优质、抗性强的品种。

③种子处理。进行种子包衣,包衣成分可以为杀虫剂、杀菌剂、微肥、植物生长调节剂等一种或多种物质,能够防治丝黑穗病、青枯病、地下害虫及促进玉米生长。

④土壤耕作。对土壤进行翻耕起垄等操作,在耕作过程中施用基肥(底肥)。

(2)播种。采用机播或人工播种,施用种肥。

(3)田间管理。

①播后苗前:除草。

②苗期:注意练苗、蹲苗,随时注意植株长势,根据外在表现判断是否缺肥,及时补充。注意防治金针虫、蛴螬、蝼蛄、小地老虎等地下害虫及时除草。玉米7～8叶时进行追肥。

③拔节期:拔节初期防治黏虫,在大喇叭口期防治玉米螟。

④生殖生长期:包括抽雄、开花、灌浆、蜡熟、完熟等时期。后期会有玉米的许多病害发生,但现今人们一般不进行玉米病害的防治,由于开花期进入雨季,杂草还会继续生长,注意机械除草。

(4)收获。注意:随时根据实际降水情况,保证水分的管理。不论是何种农产品生产,保证农作物产量是第一位的,影响作物产量的因素主要就是水分、营养和光照条件。光照条件就是自然条件,人类不能左右,但水肥的管理一定要与作物的生长发育需要相对应,才能达到高产的效果。而水分缺乏或作物遭受了严重的水分胁迫，农作物可能大幅减产。由于近些年的厄尔尼诺现象比较明显，水分胁迫比较突出，应注意及时适当地排灌。

2　判断栽培过程中引进外物的关键点

在环境检测达标的前提下进行绿色食品玉米生产。玉米的安全性主要由品种自身和从外界强加进玉米生长环境中的物质的安全性决定，而这些物质的加入是人从事栽培活动的结果。从玉米生产栽培的过程来看，一共有几个关键点会导致玉米的安全性降低。从表5-1-1中可以看出，可能引起作物安全性下降的农业投入品主要包括转基因品种、农药和肥料。

表 5-1-1　绿色食品玉米栽培过程中的关键控制点

序号	时期	人的活动	可能引起安全性降低的物质
1	播种前	选择品种	转基因品种
		种子包衣	农药
		施基肥	肥料
2	播种	施种肥	肥料
3	播后苗前	除草	除草剂
4	苗期	除草	除草剂
		追肥	肥料
		防治地下害虫	杀虫剂
5	拔节期	防治黏虫	杀虫剂
		防治玉米螟	杀虫剂

3　对关键点进行质量控制

找到了玉米生产过程中的关键控制点，就要对这些控制点的农业投入品进行安全性控制。表5-1-2展示了针对各个关键点所采取的控制措施。

表 5-1-2　绿色食品玉米栽培过程中针对各关键点采取的控制措施

序号	关键点	人的活动	可能引起安全性降低的物质	控制措施
1	播种前	选择品种	转基因品种	选择非转基因品种、同时注意选择高产、优质、抗性好的品种。
		种子包衣	农药	可以包衣促进生根的微生物菌肥。用噻虫嗪、毒死蜱等防治地下害虫，用多菌灵、戊唑醇等防治丝黑穗病。
		施基肥	肥料	充分腐熟的或商品有机肥。每公顷施用量20～30 t。进口肥料要追溯肥料来源。

续表 5-1-2

序号	关键点	人的活动	可能引起安全性降低的物质	控制措施
2	播种	施种肥	肥料	化肥：每公顷施五氧化二磷 70～100 kg、氧化钾 50～60 kg；纯氮 40 kg。不用硝态氮肥。
3	播后苗前	除草	除草剂	乙草胺、异丙甲草胺、噻吩磺隆等化学药剂除草。
4	苗期	除草	除草剂	玉米苗后 3～5 叶期，禾本科杂草 3～5 叶期，阔叶杂草 2～4 叶期施药。选用药剂有噻吩磺隆、硝磺草酮。
		追肥	肥料	每公顷施纯氮 60 kg，不用硝态氮肥。
		防治地下害虫	杀虫剂	诱杀或药剂防治，主要是在地面上的成虫，可以喷施菊酯类农药防治。
5	拔节期	防治黏虫	杀虫剂	玉米百株有幼虫 50 头，大部分虫龄达到 3 龄时，要及时采取化学药剂进行防控，可用氯氰菊酯、联苯菊酯进行喷雾施药。
		防治玉米螟	杀虫剂	根据病虫害预测预报，对达到防治指标的地块，适时采取有效的绿色防控措施，进行综合治理。当百株活虫达到 40 头以上，田间百株卵量超过 30 块时，应当及时采取以下措施分别对成虫、卵、幼虫进行防治。 ——诱杀成虫。当地玉米螟成虫羽化初始期，设置杀虫灯或性诱剂加挂在投射式杀虫灯上进行成虫诱杀。每日 21 时到次日 4 时开灯。小雨仍可开灯，中雨以上关灯。 ——抑制卵量。依据当地田间调查及预测预报，在玉米螟卵期进行三次放蜂。玉米螟化蛹率达到 20%时，后推 10 天为第一次放蜂日，间隔 5 天后第二次放蜂，间隔 10 天后第三次放蜂。每亩地总放蜂量为 15 000 头，每次每亩放 5 000 头，每亩每次放两个点，每点放 1 块蜂卡。 ——防治幼虫。在田间玉米螟卵孵化率达到 30%时（一般在玉米心叶末期），利用自走式高秆作物喷杆式喷雾机，喷洒 50 000 IU/mg 的苏云金杆菌（Bt）可湿性粉剂，每亩用量 25 g 防治幼虫，防效在 70%以上。如在玉米抽丝期加装吊杆式喷头，对雌穗定向喷雾，再次用药，防效可达 90%以上。

【任务评价】

表 5-1-3　学生课堂表现评价表

企业(班级)：　　　　　　　　部门：　　　　　　　　姓名：

项目名称	评价标准	师傅	徒弟	部门	平均分	备注
报告	优(100～90 分)：完成质量高 良(89～80 分)：完成质量较高 中(79～70 分)：基本完成 及格(69～60 分)：能部分完成 不及格(＜60 分)：不能完成					
部门合作	优(100～90 分)：按分工，积极参与 良(89～80 分)：按分工，较积极参与 中(79～70 分)：按分工，基本参与 及格(69～60 分)：按分工，能部分参与 不及格(＜60 分)：不参与					
职业素质	优(100～90 分)：沟通表达，发现解决问题，团队合作与组织协调，严谨的工作，文献检索、信息收集和较强的文字处理等职业素质高 良(89～80 分)：职业素质良好 中(79～70 分)：职业素质一般 及格(69～60 分)：职业素质较差 不及格(＜60 分)：职业素质差					
总分						
平均分						

[师徒共研]

1. 为什么在绿色食品中禁止使用硝态氮肥呢？

在绿色食品生产中是禁止使用硝态氮肥的，按照农民施肥的习惯，大多数时候都是要采用往土壤中施肥的方式为作物提供营养，这样肥料先溶解在土壤溶液中，然后被根系吸收。而土壤颗粒是带负电荷的，硝态氮肥溶解到土壤溶液中主要以硝酸根离子存在，硝酸根离子带负电荷，不易被土壤颗粒吸附，容易被淋溶到耕层以下，或随水流失到地下水中，造成水质的富营养化而导致水体污染，而作物的根系却没有吸收到养分。因此在绿色食品中禁止使用硝态氮肥。

2.《绿色食品　农药使用准则》中附表A2A级绿色食品生产允许使用的其他农药清单中的农药的作用机理是什么，归到哪一类呢？

表5-1-4　除草剂根据作用机理分类对应表

HRAC分组	作用靶标	化学结构亚组	农药举例	WSSA分组
A	乙酰辅酶A羧化酶抑制剂	芳氧苯氧基丙酸酯类	氰氟草酯、千草灵、精喹禾灵、精吡氟禾草灵、炔草酯	1
		环己烯酮类	烯草酮、烯禾啶	
B	乙酰乳酸合成酶抑制剂	咪唑啉酮类	咪唑喹草灵	2
		三唑并嘧啶磺酰胺类	双氟磺草胺	
		磺酰胺羰基三唑啉酮类	氟唑磺隆	
C1	光系统Ⅱ抑制剂	三嗪类	莠灭净、西玛津	5
		三唑啉酮类	环嗪酮	
		氨基甲酸酯类	甜菜安、甜菜宁	
C3	光系统Ⅱ抑制剂	苯并噻二嗪酮类	灭草松	6
D	光系统Ⅰ电子传递抑制剂	联吡啶类		22
E	原卟啉原氧化酶抑制剂	二苯醚类	乳氟禾草灵、乙氧氟草醚	14
		三唑啉酮类	唑草酮	
G	5-烯醇丙酮酰莽草酸-3-磷酸合成酶抑制剂	有机磷类	草甘膦	9
H	谷氨酰胺合成酶抑制剂	磷酸类	草胺膦	10
I	DHP合成酶抑制剂	氨基甲酸酯类	黄草灵	18
K1	微管组装抑制剂	二硝基苯胺类	二甲戊灵、仲丁灵	3
K2	有丝分裂抑制剂	氨基甲酸酯类		23
K3	细胞分裂抑制剂	氯酰胺类	乙草胺、甲草胺	15
N	脂肪合成抑制剂——非ACC酶抑制剂	硫代氨基甲酸酯类	禾草丹、禾草敌	
O	合成激素类	苯氧羧酸类	2甲4氯	
		苯甲酸类	麦草畏	
		吡啶羧酸类	氯氟吡氧乙酸、氨氯吡啶酸、二氯吡啶酸	
		喹啉羧酸类	二氯喹啉酸	

表 5-1-5　杀菌剂根据作用机理分类对应表

作用机理编码	作用靶标位点及编码	化学类型名称	通用名称
A 核酸合成	A1 RNA 聚合酶Ⅰ	苯酰胺类	甲霜灵、精甲霜灵、恶霜灵
	A3 DNA/RNA 合成(建议)	芳香杂环类	恶霉灵
B 有丝分裂和细胞分裂	B1 有丝分裂中 β-微管蛋白合成	苯并咪唑氨基酸酯类	多菌灵、噻菌灵、甲基硫菌灵
	B5 膜收缩类蛋白不定位作用	苯乙酰胺类	氟吡菌胺
C 呼吸作用	C2 复合体Ⅱ:琥珀酸脱氢酶	琥珀酸脱氢酶抑制剂	萎锈灵、啶酰菌
	C3 复合体Ⅲ:细胞色素 bc1Qo 位泛醌醇氧化酶	QoⅠ类(苯醌外部抑制剂)	嘧菌酯、啶氧菌酯、吡唑醚菌酯、醚菌酯
	C4 复合体Ⅲ:细胞色素 bc1Qi 位质体醌还原酶	QiⅠ类(苯醌内部抑制剂)	氰霜唑
	C5 氧化磷酸化解偶联剂		氟啶胺
D 氨基酸和蛋白质合成抑制剂	D1 甲硫氨酸生物合成(建议)	苯胺基嘧啶类	嘧霉胺
E 信号转导	E2 蛋白激酶/组氨酸激酶(渗透信号传递)(os-2,HOG1)	苯基吡咯类	咯菌腈
	E3 蛋白激酶/组氨酸激酶(渗透信号传递) (os-2,Daf1)	二羧酸亚胺类	异菌脲、腐霉利
F 脂质合成与膜完整性	F3 类脂过氧化作用(建议)	芳烃类	甲基立枯磷
	F4 细胞膜渗透性脂肪酸(建议)	氨基甲酸酯	霜霉威盐酸盐
	F6 微生物致病原菌细胞膜破坏	芽孢杆菌	
	F7 细胞膜破坏(建议)	植物提取物	
G 膜的甾醇合成	G1 c-14 脱甲基酶	脱甲基抑制剂 DMⅠ(SBI)Ⅰ类	抑霉唑、氟菌唑、氟环唑、腈苯唑、粉唑醇、腈菌唑、丙环唑、戊唑醇、三唑酮、三唑醇

续表 5-1-5

作用机理编码	作用靶标位点及编码	化学类型名称	通用名称
H 细胞壁生物合成	H5 纤维素合成酶	羧酰胺类	烯酰吗啉、双炔酰菌胺
U 作用机理未知或不确定	未知	氰基乙酰胺肟类	霜脲氰
		磷酸盐	三乙膦酸铝
M 多作用位点	多作用位点活性	二硫代氨基甲酸酯类	代森锰锌、代森联、代森锌
		邻苯二甲酰亚胺类	克菌丹

表 5-1-6　杀虫剂作用机理分类对应表

主要组	主要作用位点	化学机构亚组和代表性有效成分	农药举例
1	乙酰胆碱酯酶抑制剂	1A 氨基甲酸酯类	抗蚜威、四聚乙醛、威百亩
		1B 有机磷类	毒死蜱、辛硫磷、丙溴磷
3	钠离子通道调节剂	3A 拟除虫菊酯类天然除虫菊酯	氯氰菊酯、高效氯氰菊酯、甲氰菊酯、氯氟氰菊酯、联苯菊酯、s-氰戊菊酯、氯菊酯
4	烟碱乙酰胆碱受体促进剂	4A 新烟碱类	啶虫脒、吡虫啉、噻虫嗪、噻虫啉
6	氯离子通道激活剂	阿维菌素类	甲氨基阿维菌素苯甲酸盐
7	模拟保幼激素生长调节剂	7C 吡丙醚	吡丙醚、氟啶虫酰胺
9	同翅目选择性取食阻滞剂	9B 吡蚜酮	吡蚜酮
10	螨类生长抑制剂	10A 四嗪类	四螨嗪、噻螨酮
12	氧化磷酸化抑制剂(线粒体ATP合成酶抑制剂)	12B 有机锡类	苯丁锡
15	几丁质生物合成抑制剂,0类型,鳞翅目昆虫	几丁质合成抑制	氟铃脲、灭幼脲、除虫脲、氟虫脲
16	几丁质生物合成抑制剂,Ⅰ类型,同翅目昆虫	噻嗪酮	噻嗪酮
17	蜕皮干扰剂,双翅目昆虫	灭蝇胺	灭蝇胺

续表 5-1-6

主要组	主要作用位点	化学机构亚组和代表性有效成分	农药举例
21	线粒体复合物Ⅰ电子传递抑制剂	21A METI	唑螨酯、喹螨醚
		21B 鱼藤酮	鱼藤酮
22	电压依赖钠离子通道阻滞剂	22A 茚虫威	茚虫威
28	鱼尼丁受体调节剂	脂肪酰胺类	氯虫苯甲酰胺
29	-UN-作用机理未知或不确定的化合物	印楝素	印楝素
		苦参碱	苦参碱
		联苯肼酯	联苯肼酯、乙螨唑

[知识链接]

1 肥料使用技术

作物高产、优质与肥料的施用关系密切，随着农业生产技术的提高，对土壤养分的消耗量一直居高不下，因此，肥料施用是现代农业生产技术不可缺少的一环。肥料施用正确，可以使作物高产和优质，如果施用不当，容易造成肥害或起不到增产效果。同时，施用一些劣质肥料还容易引进其他有害元素，对环境造成污染。因此，要想进行绿色食品生产一定要掌握正确的肥料施用技术，了解各种肥料的特性，同时了解植物的需求，在恰当的时间，使用恰当的施用方法，施用恰当的肥料数量，达到使作物优质高产的目标。下面我们分别学习各种肥料元素在作物生长过程中发挥的作用、各种肥料的特点及制作施用过程中的注意事项。

1.1 作物对养分的需求及吸收

1.1.1 作物对养分的需求

作物生长需要大量的营养元素构成自身的结构和其他物质，进行新陈代谢活动，但并不是元素周期表中的所有化学元素都是植物生长所必需的。植物生长的必需元素必须具备以下三个特性：①植物结构和新陈代谢中的固有成分；②缺乏这种元素时，可在植物生长发育或繁殖中引起严重的畸形；③可以阻止植物完成一个完整的生命循环。根据科学家研究，植物必需营养元素主要包括碳、氢、氧、氮、磷、钾、钙、镁、硫、硅、钠、锰、硼、铁、铜、锌、钼、氯、镍等。其中碳、氢、氧来源于大气和水，而其他元素主要来源于土壤，各营养元素在植物生长过程中发挥的作用见表 5-1-7。

表 5-1-7 各营养元素在植物生长发育过程中发挥的作用

矿质营养	功能
组 1	**营养元素是碳化合物的一部分**
氮	构成氨基酸、酰胺、蛋白质、核酸、核苷酸、辅酶、己糖胺等的成分
硫	构成半胱氨酸、胱氨酸、甲硫氨酸的成分。构成硫辛酸、辅酶 A、硫胺素、谷胱甘肽、生物素、5′-腺苷酰硫酸和 3′-磷酸腺苷的成分
组 2	**对于能量存储和维持完整结构非常重要的营养元素**
磷	构成磷酸糖类、核酸、核苷酸、辅酶、磷脂质、植酸等的成分。在含有 ATP 的反应中发挥关键作用
硅	在细胞壁中储藏无定形氧化硅。对细胞壁机械特性有贡献,包括刚度和弹性
硼	甘露醇、甘露聚糖、褐藻酸和其他细胞壁成分构成复合物。涉及细胞伸长生长和核酸代谢
组 3	**离子形式存在的营养元素**
钾	40 种酶的辅因子。构建细胞膨压和维系细胞电中性的主要阳离子
钙	构成细胞壁的中间层的成分。作为参与 ATP 和磷质脂水解作用的酶的辅因子而被需要。作为代谢调节的第二信使
镁	被参与磷酸盐转移的许多酶所需求。叶绿素分子的构成成分
氯	被光合作用涉及的氧气的进化所需求
锌	乙醇脱氢酶,谷氨酸脱氢酶,碳酸酐酶等的成分
钠	参与 C4 和 CAM 植物中磷酸烯醇丙酮酸的再生。在某些功能中替代钾
组 4	**参与氧化还原反应的营养元素**
铁	参与光合作用、氮气固定和呼吸作用的细胞色素和非血红素铁蛋白质的组分
锰	某些脱氢酶、脱羧酶、激酶、氧化酶和过氧化物酶的活性需要。参与其他阳离子活化酶和光合作用中氧气的进化
铜	抗坏血酸氧化酶,酪氨酸酶,单胺氧化酶,尿酸氧化酶,细胞色素氧化酶,酚酶,漆酶和质体蓝素的组分
镍	脲酶的成分。在固氮细菌中是氢化酶的成分
钼	固氮酶、硝酸还原酶和黄嘌呤脱氢酶的组成成分

1.1.2 营养元素在土壤中存在的形式

植物所需的各种养分在土壤中存在形态各异,通常按各种养分对作物的有效程度划分其类型如下。

1.2.2.1 水溶态养分

这种养分溶于水,存在于土壤溶液中。水溶态养分对作物是高度有效的,极易被吸收,包括大部分无机盐类的离子和小部分分子量小、结构简单的有机化合物。如 NH_4^+、NO_3^-、$H_2PO_4^-$、PO_4^{3-}、K^+、Ca^{2+}、Mg^{2+}、SO_4^{2-}、Fe^{2+}、Mn^{2+}、Cu^{2+}、Zn^{2+}、MoO_4^{2-}、Cl^-,以及简单的氨基酸、尿素、葡萄糖、磷酸酯等。

1.2.2.2　交换态养分

土壤溶液中水溶态养分与土壤胶粒上原来吸附的离子可进行当量交换，并达到一定的平衡。被吸附于土壤胶粒表面的交换性离子，就是交换态养分，通常是阳离子。如NH_4^+、K^+、Ca^{2+}、Mg^{2+}等。有时候土壤胶粒也可能带正电荷，一些阴离子如$H_2PO_4^-$、HPO_4^{2-}、SO_4^{2-}均可被吸附在带正电荷的胶粒上。传统上水溶态和交换态养分的总量称为速效养分(或有效养分)。

1.2.2.3　缓效态养分

这类养分不溶于水，作物不能直接吸收利用。要用1 mol/L HNO_3溶液处理才能释放，这类养分对于当季作物有效性差，只能作为速效养分的补给来源。

1.2.2.4　难溶性养分

这部分养分存在于土壤矿物中，不易释放，植物根分泌的弱酸，也不能将这部分氧分迅速溶解。这类养分植物不能直接利用，只有经过较长的风化过程才能把它们释放出来。

1.2.2.5　有机态及微生物活体中的养分

有机态养分也是难溶态的，其存在于土壤有机物质中，或以某些无机养分与有机质螯合在一起的形式存在。这类养分需经过土壤微生物作用后才能被作物吸收。

以上形式的养分中，作物主要直接利用水溶态养分。有效态养分供应量的充足与否，将直接影响作物的产量。

1.1.3　营养元素在土壤中的转化

土壤中养分的转化有无效化和有效化两个过程。

无效化是指速效态(水溶和交换态)养分除被作物直接吸收外，在土壤中受环境条件的影响，可转变为作物不易吸收或不能吸收的缓效态或迟效态养分。养分的无效化可能是微生物的作用，也可能是化学作用。如铵态氮和硝态氮被微生物吸收利用，构成微生物活体中的有机态氮，暂时不能被植物吸收利用。硝态氮素在缺氧的情况下，经反硝化细菌作用，最后变成氮气或氧化氮气体逸出土壤而损失。可溶性磷酸盐养分在土壤中可与钙、铁、铝等离子进行化学反应，形成作物不易吸收的各种磷酸盐沉淀，使磷酸养分的有效性大大降低。这些都是养分无效化的过程。

有效化则是迟效态养分转变为速效养分。如有机态养分经微生物作用释放出其所含的速效性物质。硝化细菌、硫化细菌等作用于各自的专性物质，能产生相应的硝酸和硫酸。根系呼吸产生大量的二氧化碳，溶于水后形成碳酸，发挥相应的作用，释放养分。这些都是养分的有效化过程。

在作物生长过程中，一定要考虑到作物生长环境状态，包括物理环境和生物环境，提高肥料的有效性，保证栽培措施的实施有助于作物生长。

1.1.4　作物对营养元素的吸收

植物根系以根尖部分吸收溶于土壤溶液中的各种无机离子和少量有机态分子。土壤中的养分离子必须从根系周围土壤源源不断地向根表迁移，然后被根吸收，进入细胞。离子可以通过质流、扩散和截获 3 种方式达到根系表面。一般情况下，在植物需要的养分中，NO_3^-、Ca^{2+}、Mg^{2+}、Cl^-、SO_4^{2-} 等养分离子是以质流方式向根表迁移和吸收的。在根系周围的短距离内，离子的移动主要靠扩散，阴离子比阳离子的扩散速度要快，植物所需的磷和钾养分离子有 50%以上是通过扩散抵达根表的。植物细胞与周围环境间的气体交换也是通过扩散完成的，像 CO_2、O_2 和 NH_3。植物靠截获吸收的养分是很少的。截获量的多少取决于根系阳离子代换量，根系阳离子代换量大，交换的养分离子就多。植物总的截获量只占吸收量的 0.2%～10%。通过以上 3 种迁移方式使养分离子向根表富集进而被植物吸收。同时，养分浓度不同，移动的方式可能不同。如钾在高浓度时以质流为主，低浓度时以扩散为主；硼以质流和扩散各占一半；钼含量低时以扩散为主，含量高时以质流为主。因此，在施用肥料时，我们需要注意肥料离根系的远近，以提高肥料利用效率。

1.2 肥料的种类和特点

根据肥料的化学性质及有效成分，我们通常将肥料分成化肥、有机肥和微生物肥。根据肥料是否来源于商品化生产，可以将肥料分成农家肥和商品肥料。根据肥料有效成分的多少，将肥料分成单一肥料和复合肥料等。标准 NY/T 394—2013 中根据绿色食品生产需要，对肥料种类进行了分类，主要包括农家肥料、有机肥料、微生物肥料、有机-无机复混肥料、无机肥料和土壤调理剂，其中农家肥料又包括秸秆肥、绿肥、厩肥、沤肥、饼肥等。

1.2.1 有机肥料

有机肥料是指来源于植物和动物，以提供养分和改良土壤为主要功效的含碳物料。

有机肥具有全面性、缓效性、持久性、改良农产品品质、改善土壤状况和减少病虫害发生危害的几个特性。有机肥料中含有丰富的有机物质和植物所必需的各种营养元素；促进植物生长的有机酸、维生素和生理活性物质；多种有益微生物等。由于有机物必须经过微生物作用分解成无机物后，才能被植物吸收利用，因此有机肥料的肥效较缓，并且平稳，后劲大。完全腐熟的有机肥一般不会出现烧籽、烧苗的现象。

GB/T 32741—2016《肥料和土壤调理剂分类》

1.2.2 化肥

化学肥料简称化肥。用化学和(或)物理方法制成的含有一种或几种农作物生长需要的营养元素的肥料。也称无机肥料，包括氮肥、磷肥、钾肥、微肥、复合肥料等。

它们具有以下一些共同的特点：成分单纯，养分含量高；肥效快，肥劲猛；某些肥料有酸碱反应；一般不含有机质，无改土培肥的作用。

虽然化肥肥效快，但后劲不长；且肥分单一，具有一定的酸碱性，在使用中会出现如下问题：利用效率越来越低，损失率越来越高；过量使用化肥，致使农产品质量下降、口感不适；或造成污染环境，造水体富营养化、土壤板结、有益微生物减少、有害有毒物质积累、大气污染等问题。

1.2.3　微生物肥料

微生物肥料又称为生物肥料，与有机肥料、化学肥料性质不同，它是利用微生物的生命活动及其代谢产物的作用，使农作物得到特定的肥料效应，从而促其生长茁壮和产量增加的一种肥料。

微生物肥料的种类很多，按其功效可分为两类：一类是利用其中所含微生物的生命活动，增加植物营养元素的供应量，包括土壤和生产环节中植物营养元素的供应总量，从而改善植物的营养状况，增加产量，如根瘤菌肥。另一类是通过其中所含的微生物的活动，不仅提高植物的营养元素供应水平，而且还能通过它们所产生的植物生长刺激物质对植物产生刺激作用，促进植物对营养元素的吸收作用，或者是拮抗某些病原，改善作物养分供应，向农作物提供营养元素、生长物质，调控其生长，提高土壤肥力。

1.3　肥料的施用方法

1.3.1　有机肥料的施用

我国有机肥主要包括粪尿肥、堆沤肥、秸秆肥、绿肥、土杂肥、饼肥、海肥、腐殖酸肥、废弃物和沼气肥共 10 大类。随着肥料科技和工业的发展，有机肥产业化、工厂化进程的加快，商品有机肥发展非常迅速。

在生产中，有机肥一般作为基肥进行施用，腐熟的人粪尿可以作为追肥施用。绿肥的翻压要注意在营养生长达到最大的阶段进行，如紫云英，当其盛开两盘花，开始第 3 盘花，下部开始结荚时翻沤最适宜。在施用有机肥时需要保证肥料是腐熟的，这样能减少病虫草害的发生。家畜粪尿做成的厩肥有“冷性”和“热性”之分。如牛粪、猪粪的含水量大，一般看作冷性肥料，而马粪、羊粪较干，属于热性肥料，热性肥料在分解时会消耗土壤中的水分，不能作种肥或追肥，更不能集中施用，以防烧坏种子和幼苗，而冷浸地和阴坡地可以多施用热性肥料。

绿色食品生产中使用有机肥还需要注意以下几点：

(1)选用的有机肥种类应符合《生产绿色食品肥料施用准则》中的有关要求。

(2)除秸秆还田外，其他多数有机肥应作无害化处理和腐熟后使用，以防止污染土壤和农产品，其腐熟标准按《生产绿色食品肥料施用准则》的规定执行。而秸秆还田最好还是采用过腹还田的方式进行。

(3)对于一些成分不清楚的较为复杂的城镇垃圾，要慎用。用前应按《生产绿色食品肥料施用准则》中城镇垃圾农用控制标准进行监测评价，不合格者禁止用在绿色食品生产田中。为保证肥料的质量，应指定专业部门对使用的肥料进行经常性营养成分检测，同时对一些重金属含量进行检测，以保证在绿色食品生产中使用高效、无污染的优质有机肥。

(4)A 级绿色食品生产中有机肥可与化肥配合施用，有机氮与无机氮之比以 1∶1为宜，

(5)生产绿色食品的有机肥，原则上就地积造，就地生产，就地使用。对外来有机肥应在确认符合标准后才能应用；商品肥料及新型肥料必须通过国家有关部门的登记认证及生产许可，确认达到绿色食品肥料要求后才能使用。

1.3.2 化肥施用技术

化学肥料见效快，一般生产时农民都要在田里投入大量的化肥。但在绿色食品生产中要求限制甚至是不使用化肥。表 5-1-8 介绍一些在绿色食品生产中常用的化肥施用技术。

表 5-1-8 化学肥料种类及施用方法

肥料种类	具体肥料名称	施用方法	注意事项
氮肥	碳酸氢铵、氨水、氯化铵、硫酸铵等	(1)基肥深施。在旱地可结合耕地将肥料均匀撒施于地面，随即翻耕耙地。水田结合耕整田施用，采取排水→施肥→翻耕→灌水方式进行。 (2)种肥底施。旱地作物在墒情较好的情况下，播种前开沟施肥、覆土，然后播种，将肥料施入种子下部，或施在种子的侧下方。 (3)追肥埋施。旱地追肥时，可在作物根旁 6～10 cm 处开沟施肥或挖穴施肥，沟、穴深度 6～10 cm，并立即覆土。在水田追肥时，先排水晒田，再撒施肥料，结合中耕除草使土肥混匀，适量灌水，以水带肥达到深施的目的。 (4)根外施肥，也称叶面肥，以低浓度溶液喷洒在生长中的作物叶上。 (5)与其他肥料配合施用。	(1)基肥深施以铵态氮肥和尿素适宜，氯化铵还可适当早施，有利于氯离子的迁移，减少其危害。硝态氮肥一般不宜作基肥，以避免氮的流失。 (2)种肥底施在氮肥中以硫酸铵作种肥效果最好，碳酸氢铵氨水、氯化铵、含缩二脲较高的尿素不适宜作种肥，这些肥料由于氨的挥发或铵根离子、缩二脲的存在，不利于种子萌发和根系生长。 (3)在氮肥中以尿素肥料最适宜作根外施肥，根据不同作物及其生育时期，应注意肥液浓度，一般控制在 0.2%～1.0%，可以单喷或与其他营养元素制成混合液喷施。
磷肥	在绿色食品生产中经常用到两种磷肥： (1)水溶性磷肥：主要有普通过磷酸钙、重过磷酸钙和磷酸铵(磷酸一铵、磷酸二铵)； (2)枸溶性磷肥：钙镁磷肥、磷酸氢钙、沉淀磷肥。	(1)重视早施苗期磷肥：农作物的苗期吸收磷的速度最快，一般要占生育期总需磷量的一半。如果苗期缺磷，即使后期大量补充，也很难挽回苗期缺磷所造成的损失。 (2)分散施肥：集中施磷肥易被铁、铝、钙等固定而失效。所以宜穴施、条施，使磷肥在农作物种子和根系周围，利于农作物根系的吸收利用。 (3)细施：常用的磷肥过磷酸钙在储存时易吸潮结块。因此在施用时一定要打碎过筛后再施用。	(1)水溶性磷肥适合于各种土壤、各种作物，但最好用于中性和石灰性土壤。 (2)枸溶性磷肥不溶于水，但在土壤中被弱酸溶解，被作物吸收利用。而在石灰性碱性土壤中，与土壤中的钙结合，向难溶性磷酸方向转化，降低磷的有效性，因此，适用于在酸性土壤中施用。

续表 5-1-8

肥料种类	具体肥料名称	施用方法	注意事项
磷肥		(4)分层施。磷肥在土壤中移动性很小,因此采用分层施肥。施用时浅层施用 1/3,深层施用 2/3,以满足作物需要。	
钾肥	主要品种有氯化钾、硫酸钾等。	(1)择需施用:一般土壤速效钾低于 80 mg/kg 时,钾肥效果明显,要增施钾肥;土壤速效钾在 80～120 mg/kg 时,暂不施钾。 (2)深施、集中施:钾在土壤中易被黏土矿物特别是 2:1型黏土矿物固定,将肥深施可减少因表层土壤干湿交替频繁所引起的这种晶格固定,提高钾肥的利用率。钾也是一种在土壤中移动性小的元素,因此将钾肥集中施用可缩小钾与土壤的接触面积而减少固定,提高钾的扩散速率,有利于作物对钾的吸收。	(1)烟草、糖类作物、果树应选用硫酸钾为好。 (2)纤维作物,氯化钾则比较适宜。 (3)马铃薯、甘薯、茄子、芹菜、甜菜、菠菜等蔬菜,石榴、草莓、杧果、柑橘、西瓜、苹果、枇杷等水果是忌氯作物,不宜施用氯化钾。
复混肥料	含有两种肥料"三要素"(氮、磷、钾)的二元复混肥料和含有氮磷钾 3 种元素的三元复混肥料。	作基肥施用,基肥可以深施,有利于中后期作物根系对养分的吸收,且可以克服中后期追施磷钾肥的操作困难。	一般粮食作物宜选用氮、磷含量高的复混肥料;豆科作物宜选用磷、钾含量高的复混肥料;对于某些经济作物应选择与土壤、作物相适应的三元复混肥料。

绿色食品生产中化肥施用需要注意的事项:

在绿色食品生产中,逐步减少化肥的施用量,科学合理地使用化肥,严格控制化肥对环境的影响和对农产品的污染是非常重要的,生产绿色食品需要使用化肥的时候,需要注意以下几点:

(1)选用的肥料品种必须达到产品标准及绿色食品生产对肥料规定的卫生标准,使用技术也应严格按照准则执行。

(2)科学施用化肥。在施肥时必须结合土壤状况、作物生长规律及天气状况等综合考虑,利用多种方法结合,达到科学施用化肥的目的。科学施肥方法很多,如有机肥与化肥配合施用、化肥与农家肥混合堆沤、平衡施肥、氮肥深施、测土施肥等。

1.3.3 微生物肥施用技术

微生物肥料的功效主要有提高土壤肥力,减少化肥用量;固定大气氮素供作物利用;提高农作物吸收营养的能力;分泌生长刺激素,刺激和调节作物生长,使植物生长健壮,营养状况改善;增加植物抗病和抗旱能力等几个方面。

如果按微生物肥料制品中特定的微生物种类可分为细菌肥料（如根瘤菌肥、固氮菌肥）、放线菌肥、真菌类肥料等；按其作用机理分为根瘤菌肥料、固氮菌类肥料、解磷菌类肥料、解钾菌类肥料等；按其制品内含成分则可分为单纯的微生物肥料和复合（或复混）微生物肥料等。下面按作用机理分类，对微生物肥料的施用技术进行介绍。

表 5-1-9　微生物肥料种类及施用方法

肥料种类	具体肥料名称	施用方法	注意事项
固氮菌肥料	以根瘤菌肥为代表，包括大豆根瘤菌、华癸根瘤菌、苜蓿中华根瘤菌、豌豆根瘤菌、菜豆根瘤菌等。	常用的剂型主要有粉剂（草炭、蛭石或其他载体）、液剂和种衣剂3种剂型及少数冻干剂。 根瘤菌剂主要用于拌种：先将菌剂（用量1 500～3 750 g/hm^2）用水3 750～7 500 g/hm^2调成糊状物，然后将供试作物种子拌入、拌匀，并立即播种，随即覆土。为了提高根瘤菌剂的固氮效果，可用含0.1%稀土化合物吸附根瘤菌，它能增强根瘤菌的存活率和对寄主作物的侵染结瘤能力，其增产效果高于一般根瘤菌剂。	(1)在拌种和播种过程中，勿与农药接触，不要在阳光下晒。 (2)如果土壤pH小于4.5，则根瘤菌难以在土壤中存活。对于酸性土壤，在作物种子和根瘤菌剂拌和后，再与泥浆、钙镁磷肥或者石灰等物质拌和，形成丸衣，以利于根瘤菌在土壤中的存活。
解磷菌肥料	常见的解磷细菌有芽孢杆菌、假单胞菌、固氮菌、洋葱伯克霍尔德菌、根瘤菌、慢生根瘤菌。常见的解磷真菌有曲霉属和青霉。常见的解磷放线菌有链霉菌、小单孢菌。同时有的蓝细菌也具有解磷功能，如繁育拟惠氏蓝细菌和鱼腥藻等。	在农业生产上主要应用的是磷细菌肥料，它可用于各种作物，可作种肥、基肥或追肥，一般用量为7.5～22.5 kg/m^2。在实际应用中，宜用在缺磷而有机质较丰富的土壤中，若与磷矿粉混合施用，效果更显著。如果能结合堆肥使用，即在堆肥中先接入解磷微生物，发挥其分解作用，然后再将堆肥翻入土壤，效果更好。	(1)在施用解磷微生物之前，对被施用土壤中微生物的种类、数量以及土壤的理化性质等进行调研，根据调研结果，施用最适合当地土壤的解磷微生物菌剂。 (2)根据不同的微生物菌剂，有针对性地利用合适的载体，如采用堆肥、无土基质甚至是纳米材料作为解磷微生物的载体从而延长其有效期。
解钾菌肥料	解钾菌有时也被称为硅酸盐细菌，已知芽孢杆菌属的一些种如胶质芽孢杆菌和环状芽孢杆菌等，具有分解正长石和磷灰石，并释放磷和钾矿物中磷和钾元素的作用。	钾细菌肥料可作基肥、种肥和追肥，也可用来蘸根，其中以作基肥施用的效果为好。作基肥沟施和条施用量为45～60 kg/hm^2，施用后覆土。若与有机肥混施，效果更好。	(1)不能与过酸、过碱的肥料混合施用，以免发生抑制作用。 (2)当土壤中速效钾含量在26 mg/kg以下时，不利于硅酸盐细菌的生长与解钾功能的发挥。当土壤中速效钾含量在50～75 mg/kg时，硅酸盐细菌的解钾能力达到高峰。当土壤pH小于6时，硅酸盐细菌的活性受到抑制。因此，在施用前施用生石灰调节土壤酸度。

续表 5-1-9

肥料种类	具体肥料名称	施用方法	注意事项
抗生菌肥料	包含活的抗生菌及其分泌物质抗生素和刺激素等。目前我国作为肥料推广的只有5406抗生菌肥料。	5406抗生菌肥料可用来浸种或拌种作基肥或追肥。 (1)在绿肥翻压时,每亩绿肥用量拌25 kg,同时配合施用石灰。用拖拉机耙匀切碎,几天后,5406菌即大量繁殖,可大大提高菌肥效果。 (2)水稻田使用5406菌肥的方法最好是先拌种催芽后作追肥施用。一般每50 kg湿稻种拌0.5～1 kg拌种剂。稻种要充分浸透,而且要淋稍多点水,不然会因缺水而发育不良。追肥以第二次中耕时施入。 (3)旱地作物最好的使用方法是通过浸种后再做基肥使用。一般每亩种子用菌肥2.5～5 kg,菌肥先加3～4倍清水搅拌2～3 h,再将种子倒入,拌匀,待种子把水分吸干后,凉至爽手时即可播种。 (4)5406菌肥[1∶(3～4)]浸出液可以浸种、浸根和喷施等。可与多种激素、化肥、农药混用。	施用量不要过大,否则作物徒长影响产量。 与厩肥混用,特别对土质不利于5406繁殖而生育期又较长的作物应用较好。

微生物肥料施用的注意事项:

(1)微生物肥料产品应该有生产许可证号和产品质量检验证,符合国家或行业的标准,包装和标签应完整,使用说明要清楚、明确。

(2)微生物肥料施用时要注意是否与作物种类、环境条件等相适应。

(3)要在其产品有效期内使用,超过有效期后杂菌数量大大增加,特定微生物数量下降,不能保证其有效菌数。

(4)储存温度要合适。通常微生物肥料产品的储存温度以不超过20℃为宜,4～10℃最好,开袋后应在短时期内尽快用完。

(5)应严格按照使用说明书的要求使用。尽量避免阳光直射,拌种后也不宜存放较长时间。

(6)微生物肥料的使用一般应注意避免与造成其特定微生物死亡或降低作用的物质合用,应随拌随用。例如,一些杀虫剂、杀菌剂要通过试验,证明它们对微生物肥料的微生物无杀灭作用才可合用或混用。不能合用、混用的应分开使用。

(7)微生物肥料在中低肥力水平的地区使用效果较好,在高肥力地区使用效果较差。另外应考虑土壤的pH和作物的种类,推广使用某一微生物肥料品种前先进行广泛的试验,切不可盲目引进、盲目推广。

2 病虫草害综合防治技术

在绿色食品生产中，并不是绝对不能用农药防治病虫草害，而是在病虫害综合防治技术中提倡以农业防治技术为基础，以生物防治为主导，优先施用生物源农药，必要时才合理使用一些高效、低毒、低残留的化学农药。

2.1 农业防治

农业防治是指综合运用栽培、耕作、施肥、品种等农业手段，对农田生态环境进行管理来控制病虫草害的危害。

2.1.1 改进种植制度

(1)合理布局。根据不同的目的对农作物进行合理布局，如南方稻区，若连片种植同一成熟期的水稻，螟害一般较轻；早熟、中熟和晚混合种植，则螟害较重。而旱作区，大面积连年种植相同品种的作物，则会增大病害流行的危险。此时可适当种植产量或品质有差异的不同品种，预防病害的大发生。

(2)合理轮作。轮作对单食性或寡食性害虫可起恶化营养条件的作用。例如，东北实行禾本科作物与大豆轮作，可抑制大豆食心虫的发生。同时也可改善作物生长的分泌物不利于后代生长的状况，如豆科作物的重、迎茬现象。不少地区实行稻麦轮作可抑制地下害虫、小麦吸浆虫的发生危害。轮作对于土传病害及传播能力有限的土栖害虫防治尤为有效。但要注意轮作的作物不能有共同的主要病虫害。轮作时间长短取决于病虫在无食状况下的耐久力，一般需 2～3 年。水旱轮作是最好、最常用的方法。

(3)间作套种。间作套种可以改善作物生长环境，增加作物的产量，有时还可以防治病虫害的发生。有些地区实行棉麦间作套种、棉蒜间作可大大减轻棉蚜危害。但间作不当有时也会加剧害虫危害，如棉花与大豆类作物间作、棉花与芝麻间作易造成叶蝉的大发生，应予以避免。

2.1.2 深翻改土

深翻改土防治害虫，主要是改变土壤的生态条件，抑制害虫生存和繁殖。将原来藏在土壤深层的害虫翻至地表，破坏其潜伏场所，通过鸟食、日光暴晒或冷冻致其死亡；有些原来在土壤表层的害虫被翻入深层不能出土而致死。地下害虫在冬、夏潜伏深层，通过深耕将这些害虫翻至土表晒死或冻死。土壤翻耕将杂草深埋入土，是防除杂草的有效手段。

2.1.3 合理利用土地

合理利用土地，掌握土地的理化特性，因地制宜，选择对作物生长有利，而对病虫草害不利的田块种植作物，并且控制作物密度，使土地资源得到最合理的利用，发挥其最大优势为作物生产服务。选择地块要考虑病虫草害的潜在危险。合理密植、控制植被覆盖率可以防治病虫害。如东亚飞蝗大多在覆盖率为 50%以下地面繁殖，因此宜垦蝗区植树种草，可以达到良好的效果。许多病害在高密度种植田，因田间湿度大、不通风透气而发生严重。松树合理密植以迅速形成林冠可有效地降低欧洲松鞘蛾的危害。水稻过度密植时，稻飞虱、叶蝉发生量加大，稻纹枯病发生加重；小麦过密种植时对黏虫、麦蚜发育有利；棉铃虫也喜在过密的棉田产卵为害。

2.1.4 选择抗病虫品种

同种作物的不同品种对病虫的受害程度差异不同，表现出作物的抗病虫性。目前作物抗性育种的特点是对各种主要病虫害的单项抗性研究向综合抗性发展，单项抗性研究所育成的品种，只能抵抗某一种病虫害的少数生理型，这种抗性易受地域或环境变化影响，不太稳定。而综合抗性研究所育成的品种，能抵抗多种病虫或某一病害的多种生理型，受地域或环境的变化影响小。世界各国在抗病虫育种方面已取得一定的成效。例如在水稻方面，国际水稻研究所每年都能育出新的丰产抗性品种，如抗黑尾叶蝉的"1R1524、R1480"等，抗稻飞虱、螟虫、黑尾叶蝉的"IR133"等。我国在抗性育种方面也取得了些成绩，例如已选育出多个抗螟玉米自交系品种，经田间试验验证，抗螟效果显著。许多重要病害(如多种作物的白粉病和锈病、棉花枯萎病、水稻白叶枯病、稻瘟病等)都能利用抗病品种防治。

2.1.5 水肥管理

水肥是作物生长的必需资源，田间病虫害的发生有很大一部分是由于水肥不均造成的。作物吸收到的水肥数量与生长发育需求不匹配时，除了影响自身的产量品质外，最直接的会影响作物的免疫力，导致作物抵抗病虫害的能力降低。而适宜的水肥管理措施会使作物生长发育正常，具有较高的免疫力，增强对病虫害的抵抗能力。如大水漫灌，会增加土壤板结度，且帮助喜水病害的传播，而滴灌可减少土壤湿润面积以减少作物疾病发生；灌水过勤也会使作物贪青生长，病虫发生较重。旱田改水田可抑制地下害虫的生存。因此在田间用水方面一定要积累经验，把握好灌溉的时间、用水量与次数，尽量减少病虫害的发生。

施肥种类与水平对病虫害有很大影响。过量施用氮肥往往导致植株疯长，作物吸收的其他营养元素不足以跟上作物生长的速度，导致出现一些缺素症状，如果实的缺钙裂果。或者植株贪青，田间密闭，通风透光不良，抗性下降，病虫发生加剧，尤其有利于蚜虫、叶蝉、飞虱、蚧壳虫等刺吸式口器害虫的发生。施肥方法不当，肥料与种子接触，造成烧苗现象，影响作物生长。绿色食品生产强调施用有机肥，但必须在施用前充分腐熟。豆科绿肥富含营养物质，翻埋后可使土壤生物变得相当活跃，可抑制病原物并可溶解病菌细胞。例如，在马铃薯地里施用绿肥，可大大减轻疮痂病的发生。大量事实证明，豆科覆盖物对小麦全蚀病具有抑制作用。

2.1.6 清洁田园

清洁田园，清除病株残茬，保证田园卫生，可以破坏病虫害越冬场所和压低种群密度。例如及时收捡田间落蕾、落花、落铃，收花后摘除枯铃，可大大压低棉花红铃虫的基数。在病害发生时及时摘去发病中心的病叶病果，清除残枝败叶都可大大减少病原物。在秋冬季剪除病虫枝叶，促进茶园、果园通风透气，有利于天敌发生，减少病虫越冬基数。消灭病虫的转主寄主和农田杂草，也就消灭了病虫越冬场所，如梨锈病的转主寄主是桧柏，在梨园附近清除桧柏，可显著减轻病害的发生。很多害虫的越冬寄主是农田及其周围的其他植物，及时地清除这些植物，有利于减少来年的害虫发生基数。

2.2 物理机械防治

利用各种物理因子、机械设备以及多种现代化工具防治病虫杂草，称为物理及机械防治技术。涉及光学、电学、声学、力学、放射性、航空、人造卫星的利用等，主要有以下几个方面。

2.2.1 阻隔法

根据病虫发生规律，人为地在作物与病虫之间设置适当的障碍物，切断病虫害的侵害途径，阻止病虫危害或直接杀死病虫，也可阻止气传病菌的侵入。

(1)挖障碍沟。对于无迁飞能力只能爬行的害虫，为阻止其为害和转移，可在未受害植株周围挖沟；对于一些根部病害，也可以在受害植株周围挖沟，阻隔病原菌的蔓延，以达到防治病虫害传播蔓延的目的。

(2)设障碍物。可用于防治无迁飞能力的害虫。如枣尺蠖的雌成虫无翅，交尾产卵时只能爬到树上，可在上树前在树干基部设置障碍物阻止其上树产卵。

(3)覆盖薄膜。覆盖薄膜能升温保水除草，同时也能达到预防病虫害的目的。许多叶部病害的病原物是在病残体上越冬的，覆膜时薄膜对病原物的传播起了机械阻隔作用，覆膜后土壤温度、湿度提高，加速病残体的腐烂，减少了侵染来源。

2.2.2 汰选法

汰选法主要是去除作物种子中夹带的杂草种子、病种及种子表面的病菌。常用的方法为机械法，如小麦粒线虫病虫瘿汰除机，利用虫瘿和健康小麦种子相对密度不同的原理进行清除。此外，可利用不同浓度的盐水或泥水将病种、杂草种子、瘪籽除掉，如大豆菟丝子种子就可用盐水漂浮从大豆中消除。

2.2.3 温度处理

利用蒸汽、热水、太阳能、烟火等对土壤、种子、植物材料进行处理，可以防治病虫害。如常用的50～55℃的温汤浸种，可以杀灭部分病菌；阳光暴晒可以杀死粮食中的害虫；利用低温可以冻死害虫；利用太阳能和地膜覆盖自然加温，夏日地温可升至50℃，可以有选择地杀死土壤中的病菌和害虫。

2.2.4 人工捕杀

根据害虫的栖息地、活动习性等，利用人工器械进行捕杀。例如根据金龟子的假死性进行振落捕杀、组织人工摘除袋蛾的越冬虫囊、摘除卵块、清晨到田间捕捉地老虎。也利用器械捕杀害虫，如防治稻苞虫的竹梳和拍板、捕杀黏虫的黏虫兜、捕杀小麦吸浆虫的拉网、捕杀黄条跳甲的胶箱等。在稻田和一些茶园中可用扫虫网或机动吸虫机捕杀叶蝉、飞虱。

2.2.5 诱杀

可利用害虫某种趋性(如趋光性、趋化性)进行诱杀。利用潜藏、产卵选择性、越冬对环境的特定要求等有关特性，可以采用适当方法或器械加以诱杀。

(1)灯光诱杀。大部分夜间活动的昆虫都有趋光性，如多数蛾类、部分金龟子、蝼蛄、叶蝉、飞虱等。不同害虫对光色和光度有一定的要求。黑光灯是一种能辐射出 360nm 紫外线的低气压汞气灯，而大多数害虫的视觉神经对波长 330～400 nm 的紫外线特别敏感，具有较强的趋性，它能诱集 700 多种昆虫，其中重要农业害虫近 50 多种。还常用黄板诱杀蚜虫，用蓝板诱杀蓟马。

(2)潜所诱杀。梨小食心虫、苹果小食心虫等有裂缝中潜藏越冬的习性，因此若越冬前束草或围麻布诱集害虫进入，可以聚集歼灭。

(3)食物诱杀。如蝼蛄趋马粪，小地老虎和黏虫趋糖醋酒，在这些害虫活动的田间设置诱捕器或诱捕场所，可以集中消灭害虫。又如马铃薯瓢虫能为害茄子和马铃薯，但特别喜欢取食马铃薯，因此可以在茄子地附近种少量马铃薯来诱集这些害虫。棉田周围种少量玉米，诱集棉铃虫、玉米螟，可有效减轻棉花受害程度。

2.2.6　利用放射能

放射能防治害虫，主要有两种作用：一是直接杀死害虫病菌，二是利用放射能对害虫造成雄性不育。用 0.03～0.05 kGy 剂量照射谷类包装袋，可以杀死所有发育阶段的害虫；用 1 kGy 以下剂量照射稻米和豆子，能有效地除去害虫，而不影响营养价值、物理性质和感观品质。0.3～0.5 kGy 剂量的辐射不能防止害虫对亚热带水果如香蕉、杧果等的侵害，但可以杀死昆虫产在这些果实内的卵，以抑制储藏期间昆虫的发育，减少微生物数目，延长水果保质期，同时也能达到除虫的目的。

用较低剂量的射线照射机体，引起生殖细胞变化，导致机体不育，称为射线不育。雄虫的照射是在精子成熟时进行，照射后使其与未交配过的雌虫交配，使虫卵不能正常受精，雌虫产出的卵不能孵化，达到灭绝后代的目的。

2.3　生物防治

生物防治是利用有害生物的天敌和动植物产品或代谢物对有害生物进行调节、控制的技术方法。生物防治分为狭义的生物防治和广义的生物防治。狭义的生物防治仅指直接利用天敌来控制病虫草害；广义的生物防治，还包括利用生物有机体或其天然(无毒)产物来控制病虫草害。

2.3.1　作物虫害的生物防治

2.3.1.1　*以虫治虫*

以虫治虫是有害生物防治中最早使用的技术。它主要是根据生态学原理，利用害虫的天敌昆虫通过寄生或捕食的方法进行害虫防治。其防治的主要途径有保护和利用本地自然天敌昆虫、人工繁殖和释放天敌昆虫、引进外来天敌等。

保护和利用本地自然天敌昆虫，如将农田采得的害虫卵块放于寄生蜂保护器内，保护害虫卵块中的寄生蜂卵、令其羽化再飞回田间，可提高害虫卵的寄生率。又如对捕食蚜虫的七星瓢虫实行室内保护，降低其越冬死亡率，翌年再释放到田间。在果园行间铺盖稻草，以保护天敌越冬越夏。并选择对天敌杀伤力弱的生物制剂，避免对天敌的杀伤作用。

初步调查显示我国水稻害虫的天敌有1 000多种，玉米害虫天敌960种，棉花害虫天敌840种。按天敌种类归纳，我国姬蜂科寄生蜂达900多种、捕食性瓢虫380多种、寄生蝇400多种、农田蜘蛛150多种。

通过大量繁殖与释放天敌昆虫，可以增加天敌的数量，特别是在害虫发生危害的前期，天敌的数量往往较少，不足以控制害虫的发展趋势，这时补充天敌的数量，常可收到较显著的防治效果。

引进天敌，要隔离饲养若干世代，避免引入重寄生及其他有害种类，同时获得足够的数量以供释放。关键技术是选择适宜的转换寄主、合适的释放时间、适宜的释放方法和释放量、释放前的保存方法以及防止生活力退化等。早在20世纪50年代，广东从苏联引进澳洲瓢虫和孟氏隐唇瓢虫，对为害木麻黄林带的吹绵蚧起到了显著的抑制作用。1986—1989年广东省林业厅从害虫原产地日本引进松突圆蚧的寄生蜂——花角蚜小蜂防治松突圆蚧取得良好效果。中国热带农业科学院于2004年3月从越南引进椰心叶甲幼虫寄生蜂——椰甲截脉姬小蜂，控制椰心叶甲的蔓延与为害，效果显著。

2.3.1.2 微生物治虫

引起昆虫致病的微生物有细菌、真菌、病毒、立克次体、原生动物、线虫等。目前国内外使用最广的是细菌、真菌和病毒，线虫的研究使用也越来越多。

(1)细菌杀虫剂。从昆虫体内分离出来并能使昆虫发病的细菌有90多个种或变种。利用昆虫病原细菌防治害虫是微生物治虫的重要方面，其中应用最多、效果最好的为苏云金芽孢杆菌。苏云金芽孢杆菌菌体或芽孢被昆虫吞噬后在中肠内繁殖，芽孢在肠道中经16～24 h萌发成营养体，24 h后形成芽孢，并放出毒素。苏云金芽孢杆菌可产生两种毒素：伴孢晶体毒素和苏云金素。昆虫中毒后先停止取食，然后肠道被破坏乃至穿孔，芽孢进入血液繁殖，最后昆虫因饥饿、衰竭和败血症而死亡。哺乳动物和鸟类胃中的酸性胃蛋白酶能迅速分解苏云金芽孢杆菌的两种毒素，因此当人畜和禽鸟误食苏云金芽孢杆菌不会中毒，更不会死亡。近几十年来，世界各国从鳞翅目幼虫中分离与苏云金芽孢杆菌相类似的各个变种和新种。到目前为止，已发现16个血清型，26个变种。

(2)病毒杀虫剂。目前已知能用于防治昆虫和螨类的病毒有700多种，分属7科，主要寄主是鳞翅目害虫，有500余种。世界上现生产有30多种昆虫病毒制剂。昆虫病毒有较强的传播感染力，可以造成昆虫流行病。在生产上应用的主要是核形多角体病毒(NPV)、质型多角体病毒(CPV)和颗粒体病毒(GV)。核型多角体病毒寄主范围较广，主要寄生鳞翅目昆虫。经口服或伤口感染进入体内的病毒被胃液消化，游离出杆状病毒粒子，经过中肠上皮细胞进入体腔，侵入体细胞并在细胞核内大量繁殖，而后再侵入健康细胞，直至昆虫死亡。病虫粪便和死虫中的病毒再侵染其他昆虫，使病毒病在害虫种群中流行，从而控制害虫为害。核型多角体病毒也可通过卵传给昆虫子代，且专化性很强，一种病毒只能寄生一种昆虫或邻近种群。核型多角体病毒只能在活的寄主细胞内增殖，比较稳定，在无阳光直射的自然条件下可保存数年不失活。迄今为止未见害虫对核型多角体病毒产生抗药性。核型多角体病毒对人、畜、鸟类、鱼类、益虫等安全。核型多角体病毒不耐高温，易被紫外线杀灭，阳光照射会使其失活，也能被消毒剂杀灭，因此核型多角体病毒对生态环境十分安全。我国已有10多种昆虫病毒制剂投入生产。

(3)真菌杀虫剂。昆虫病原真菌简称虫生真菌，目前有700多种，研究应用较多的有白僵菌、绿僵菌、轮枝霉、座壳孢等。它们经表皮感染，在合适的温度条件下，附着在虫体表面的孢子萌发产生芽管而穿入寄主表皮，在血腔中以昆虫体液为营养生长繁殖，随着血淋巴充满整个血腔而使寄主死亡。也有一些寄主未待真菌在血腔中生长旺盛，就已被真菌产生的毒素杀死。此类虫生真菌的特点是容易生产，使用后可在自然界中再次侵染，形成害虫流行病。但在使用时，对环境的温度、湿度要求较严格，感染时间较长，防治见效较慢。

白僵菌用于防治的害虫有30多种，已被世界各国广泛应用。美国多用于防治森林害虫，苏联用于防治马铃薯象甲。我国北方用于大面积防治玉米螟、大豆食心虫，南方用于防治松毛虫，均取得显著防治效果。主要使用方法是常规喷雾、喷粉，或用飞机超低量喷雾防治大面积农林害虫，也有制成颗粒剂用于防治玉米螟等，此外还可用放粉炮、挂菌粉袋等方法放白僵菌。

绿僵菌杀虫谱广，可寄生200余种昆虫、螨类和线虫，现已有一些国家工业化生产。我国福建应用挂枝法接种座壳孢菌可以有效地防治柑橘粉虱，其平均寄生率为75.46%，流行高峰期寄生率可达96%。挂枝一次，该菌就能定居在柑橘园。北京市用于防治温室白粉虱也取得较好的控制效果。我国北方用蚧生轮枝菌防治温室中的白粉虱和蚜虫取得了明显的效果。中国茶叶研究所用韦伯虫孢菌防治黑刺粉虱，取得了良好的防治效果。

(4)线虫治虫。昆虫病原线虫分布广泛，是昆虫的专化性寄生天敌，包括斯氏线虫科和异小杆线虫科2个科。1980—2010年，斯氏线虫科确定种共有63个，包括斯氏线虫属62种，新斯氏线虫属1个种。异小杆线虫属目前已描述的有12个品系，在北京、云南、广东等地采集到隶属斯氏线虫科和异小杆线虫科的线虫共计40多个品系，200多种。病原线虫防治害虫是线虫与共生菌共同作用的结果。共生菌不能单独在土壤中存活，而是以共生的方式存在于3龄侵染期线虫的肠道内，线虫作为载体携带共生菌进入靶标昆虫体内，保护共生菌免受外界不良环境的影响，同时将共生菌释放到寄主昆虫血腔中。线虫可以保护共生菌免受寄主免疫反应的识别，共生菌在昆虫血腔内大量繁殖，产生抑菌物质和毒素，两天内使昆虫患败血症而亡；而共生菌分泌的多种胞外酶，如蛋白酶、酯酶、磷酸酯酶合酶，发挥水解消化作用，将昆虫血腔中的大分子营养物质转化为能被线虫所吸收利用的小分子营养物，提供线虫生长发育繁殖的营养来源，分泌抗菌素防抑制其他杂菌生长，为线虫的生长发育创造良好的环境；经过3代繁殖后(也有仅繁殖一代)，侵染期线虫重新携带着共生菌形成新的线虫—共生菌复合体，以游离态从寄主昆虫尸体内钻出，再次寻找新的寄主。

2.3.1.3 植物治虫

自然界的杀虫植物资源十分丰富。据不完全统计，全世界已报道过2 400多种具有杀虫活性的植物,其中具有杀虫活性的1 005种,杀螨活性、杀线虫活性、灭鼠活性、杀软体动物的分别为39、108、109、8种;对昆虫具有拒食活性、忌避活性、引诱活性的分别为384、279、28种,引起昆虫不育和调节昆虫发育变态为4种和31种;抗细菌和真菌的分别为11种和94种,抗病毒的17种。其中,我国经研究具有杀虫活性的杀虫植物就有400多种。在许多具有杀虫活性的植物中,不同植物的毒性差异比较大,并且特定的植物对特定的害虫具有特异的作用效果。植物源杀虫剂的杀虫活性成分的差异很大,主要分为以下几类:

(1)生物碱:如烟碱、苦参碱、小檗碱、喜树碱、雷公藤碱等,其杀灭害虫的方式也有很多种,如毒杀、忌避、触杀、拒食和抑制生长发育等。

(2)萜烯类:如单萜类、二萜类等,此类化合物的作用方式有拒食、忌避、抑制生长发育,并兼有触杀和胃毒作用。

(3)精油类:此类杀虫剂的杀虫方式不仅兼具生物碱的作用方式,还具有对害虫性外激素的引诱作用,如薄荷油等。

(4)光活化毒物:此类化学物质在光照下杀灭害虫的能力显著的提升,其广泛存在于植物中,如醌类的金丝桃素、香豆素类的小檗碱、除虫菊酯等。

(5)黄酮类:主要是皂苷或皂苷元、双糖苷或三糖苷的化合物,主要有鱼藤酮、毛鱼藤酮等。

(6)其他类:糖苷类化合物、有机酸类化合物、有毒蛋白类、皂苷类、酚类、甾醇类等。

植物治虫就是以植物或其代谢产物治虫。这些植物除了以上直接杀灭或抑制、拒避害虫,减少害虫的取食量之外(一般被称为杀虫植物、抗性作物、诱集植物和拒避植物),还可以通过影响有益生物来提高害虫控制作用,如直接或间接地为有益生物繁殖提供有利条件,从而增加有益生物的种群数量,进而提高生物防治效果(包括载体植物、特定显花植物或特定杂草)。例如美国佛罗里达大学开发的木瓜载体植物系统等;或者是不参与农田中害虫直接控制作用,但间接与害虫防治发生关系,如养虫植物。在现代农作物生态生产中,利用以上原理,组装成综合防治应用技术是未来的重点研究方向。

2.3.1.4 其他动物治虫

鸟类是害虫的一大类天敌。如一只灰椋鸟每天能捕食180~200 g蝗虫;大山雀每昼夜吃的害虫量约等于自身的质量;一只燕子一天能消灭上千头毛虫;啄木鸟能啄食树干中的各种蛀心虫。常见的鸟类捕虫能手还有灰喜鹊、白头翁、黄鹂、杜鹃等。因此保护森林,种植防护林、行道树,可以招引鸟类来捕食害虫。

我国稻田蜘蛛资源十分丰富,有120多种,它们分布在稻株上中下3层,有布网的,有不结网过游猎生活的,捕食飞虱、叶蝉、螟虫、纵卷叶螟、稻苞虫等。数量较多的是分布在稻株中下层的环纹狼蛛、拟水狼蛛、草间小黑蛛、八斑球腹蛛等,占蜘蛛总量的80%左右,是控制飞虱、叶蝉的重要天敌。棉田蜘蛛130余种,常见的有25种以上,常年以草间小黑蛛、T纹豹蛛和三突花蛛最多,是控制棉田害虫的优势种群。

此外,利用鸭子捕食稻田害虫,利用鸡啄食果园、茶园的害虫,保护青蛙、猫头鹰、蛇等,都能有效地防治各种害虫。

2.3.2　作物病害的生物防治

病害生物防治技术就是把自然状态下与病原微生物存在拮抗作用或竞争关系的极少量微生物，通过人工筛选培养、繁殖后，再用到作物上，增大拮抗菌的种群数量，或是将拮抗菌中起作用的有效成分分离出来，以工业化大批量生产，作为农药使用，达到防治病害的目的。前者称为微生物农药，后者称为农用抗生素。病害生物防治主要用于防治土传病害，也用于防治叶部病害和收获后病害的防治。

2.3.2.1　植物病害拮抗微生物

防治植物病害的微生物主要有细菌、真菌、放线菌、病毒等。

(1)细菌。已发现有20多属细菌具有与病原微生物的拮抗作用。应用细菌防治病害最成功的是澳大利亚用土壤中分离的放射土壤杆菌K84菌株防治桃树等果树及林木冠瘿病，其防治效果达90%以上。现在推广的主要种类包括土壤杆菌、假单胞菌、芽孢杆菌等。目前研究较多的是枯草芽孢杆菌，其次是蜡质芽孢杆菌。

(2)真菌。现筛选出的真菌，主要有重寄生真菌、低毒力真菌等。应用较多的为木霉菌，从水稻叶面分离得到哈茨木霉，对白绢病菌、立枯丝核菌、瓜果腐霉、刺腐霉和尖孢镰刀菌有较强的拮抗作用。康氏木霉与麦麸等原料混合制成菌剂，可使棉苗立枯病情指数减轻63.4%。另外，还有食线虫的真菌，包括捕食线虫真菌、内寄生真菌、产毒素杀线虫真菌和定殖于固着性线虫、卵、雌虫、胞囊的机会病原真菌4大类。目前全世界报道的食线虫真菌类400多种，我国报道的种类有163种。

(3)放线菌。近10年来，科学家对放线菌的研究一直保持极大的热情。我国20世纪50年代从苜蓿根系中获得的5406放线菌，用于防治水稻、小麦烂种等多种病害取得显著效果。2019年多篇论文显示了放线菌对黄瓜棒孢叶斑病、油菜菌核病、茄子黄萎病的病原有良好的抑制作用。农用链霉素是放线菌的代谢物，杀菌谱广，防治多种细菌性病害效果明显，已广泛应用于农业生产。

(4)病毒。利用病毒防治病害的原理是利用交叉保护防治病毒及用真菌传带病毒防治真菌。比较典型的例子是在巴西用高压枪将弱毒的柑橘速衰病毒接种在柑橘苗上，使其本身产生抗体，从而有效地保护近亿株的柑橘苗免遭柑橘速衰病毒的危害。我国也曾用该方法，用番茄花叶病毒弱毒株N11、N14大面积防治花叶病毒。目前应用成功的例子多限于一些经济价值高的作物上，农田应用的较少。

2.3.2.2　农用抗生素

抗生素是微生物、植物、动物在其生命活动过程中所产生的次级代谢物，能在低浓度下有选择地抑制或影响其他生物机能。能产生农用抗生素的微生物种类很多，其中以放线菌产生的农用抗生素最为常见，如链霉素、井冈霉素、土霉素等都是由从链霉菌属中分离得到的放线菌所产生的。当前，农用抗生素不仅用作杀菌剂，也有用作杀虫剂、除草剂和植物生长调节剂等，用在病害防治的主要包括：用于细菌病害防治的杀菌类抗生素有农用链霉素、中生菌素、水合霉素和灭孢素等；用于真菌病害的抗生素种类更多，主要有春雷霉素、井冈霉素、多抗霉素、灭瘟素S和放线菌酮等。

2.3.3 作物草害的生物防治

目前，世界范围外来杂草问题日益突出，生物防草已受到世界很多国家的重视，并在一些国家取得了巨大的成功。杂草生防投资少、收益大、不污染环境。对于除草剂有抗性或很难用除草剂防治的杂草、发生在特殊环境中（如水域）的杂草、外来杂草、多年生杂草和有毒杂草，生物防治往往是最理想的方法。

2.3.3.1 以虫治草

1795年，印度从巴西将胭脂虫引入印度北部，成功地抑制霸王树仙人掌，由此解开了杂草生物防治的历史，距今已经210多年。国外在大面积应用昆虫防除杂草方面已取得了成功的经验，美国和澳大利亚引入源出于欧洲的金丝桃甲，防治对牲畜有毒的金丝桃，从墨西哥引进马缨丹网蝽防治马缨丹。防治的主要原理是在该种杂草的原产地，筛选以该种杂草为食的一些昆虫，而这些昆虫食性单一，昆虫本身的特性与该种杂草的生长环境相适应，易于人工培养。引入后通过隔离试验，认为确实有效，且对生态环境及对作物和人类无副作用的才在生产上使用。我国已成功地利用广聚萤叶甲防治豚草，正在研究蓼蓝齿胫叶甲防治麦田中萹蓄、水蓼等。

2.3.3.2 微生物治草

这种方法是利用寄生在杂草上的病原微生物，选择高度专一寄生的种类进行分离培养，再应用到该种杂草的防治上。目前已知的杂草病原微生物主要有真菌、病毒等40多种。应用微生物除草剂也被人称为以菌治草。微生物治草有经典式和淹没式两种。

经典式的以菌治草主要针对外来恶性杂草，从杂草原产地引入的菌物是与杂草协同进化的高度专化的植物病原物，该方式的应用已获得巨大成功。如利用黑粉菌防治泽假藿香蓟，锈菌防治金合欢，桉叶藤不眠单孢锈菌防治桉叶藤，以及澳大利亚利用锈菌防治麦田杂草灯芯草、粉苞菊等。

淹没式以菌治草策略就是菌物除草剂的开发与利用。一般使用本地产的多主寄生的死体营养植病菌或专性寄生菌采用淹没式施放策略去除本地杂草，有时也用于外来杂草防治。近年该领域在杂草生物防治中最为活跃。例如，1981年美国注册了DeVineR和CollegoTM两种菌物农药，前者是土生于佛罗里达州棕榈疫霉致病菌株的厚垣孢子悬浮剂，用于防治橘园杂草莫伦藤，后者是合萌盘长孢刺盘孢的干孢子可湿性粉剂，用于防治稻、豆田中的弗吉尼亚萌草。1963年山东省农科院研究的用炭疽菌"鲁保1号"防治大豆菟丝子，是我国首次成功的以菌治草项目，它是从大豆菟丝子上分离到一种无毛炭疽病菌，能专一寄生大豆菟丝子，致使菟丝子发病死亡，而对大豆、花生、高粱、玉米、烟草等作物不产生致病性。这种病菌曾工厂化生产，商品名为鲁保1号，在山东、安徽、陕西、宁夏等地推广，防治效果稳定在85%

以上，挽回大豆损失30%～50%。但因后期该病菌孢子发生变异，生产工艺难以解决，致使防治效果下降而逐渐停止使用。我国又在哈密瓜田恶性杂草列当病株上分离到一种镰刀菌，培养生产出F9生物防治剂，该菌的专一性强，可使列当发病变色、萎蔫枯死，防治效果在95%以上。

2.4　化学防治

我国农药使用准则国家标准中对农药的品种(有效成分)、剂型、常用药量、最高药量施药方法、最多使用次数、最后一次施药与收获的间隔天数(安全间隔期)实施说明和最高残留限量都做了具体规定。要针对病虫草害发生的种类和情况，选用合适的农药品种、剂型和有效成分。要根据规定适量用药，不能随意加大用药量。施药次数多少关系到作物产品和对环境的公害影响，不能随意增加施药次数。生产绿色食品应尽可能减少农药使用的次数。遵守农药使用的安全间隔期，是保证产品中农药残留量低于最大允许残留量的重要措施，应严格遵守。作物产品的采收期，一定要严格遵守农药安全间隔期的规定，切记在作物，尤其是瓜果、蔬菜采收前不可任意施药。

在绿色食品生产中AA级绿色食品和有机食品要禁止使用任何有机化学合成农药，A级绿色食品要严格按照绿色食品农药使用准则的要求使用。

2.4.1　绿色食品生产中农药使用注意事项

2.4.1.1　AA级绿色食品农药使用注意事项

(1)允许使用植物源杀虫剂、杀菌剂、拒避剂、增效剂，如除虫菊素、鱼藤酮、大蒜素、川楝素、印楝素、芝麻素等。

(2)允许释放寄生性、捕食性天敌昆虫，如赤眼蜂、瓢虫、捕食螨、各类天敌蜘蛛、昆虫、病原线虫等。

(3)允许在捕捉害虫设施条件下使用昆虫外激素(如信息素)或其他动物源引诱剂。

(4)允许使用矿物油乳剂、植物油乳剂、矿物源农药中的硫制剂和铜制剂。

(5)允许有限量地使用活体微生物农药，如真菌制剂、细菌制剂、病毒制剂、放线菌、抗菌剂、昆虫病原线虫等。

(6)允许有限量地使用农业抗生素(如春雷霉素、多抗霉素、井冈霉素、农抗120等)对真菌病害进行防治。

(7)禁止使用有机合成化学杀虫剂、杀菌剂、杀螨剂、除草剂和植物生长调节剂。禁止生物源农药中混配有机合成化学农药的各种制剂。

2.4.1.2　A级绿色食品农药使用注意事项

(1)允许使用植物源、动物源和微生物源农药。在矿物源农药中，允许使用硫制剂和铜制剂。严格禁止使用剧毒、高毒、高残留和致癌、致畸、致突变的农药。

(2)各类除草剂和有机合成植物生长调节剂,虽未列出禁用原因,但却不能用于绿色食品蔬菜生产。若绿色食品蔬菜生产中的确需要,可在生产基地有限度地使用部分有机合成化学农药,但必须严格按照规定的方法使用。若选用新研制生产的化学农药,应报经中国绿色食品发展中心审批。在绿色食品生产中还要严格控制各种遗传工程微生物制剂的使用。

2.4.2 安全合理用药

绿色食品生产强调的是安全性,农药的使用是考虑农产品安全性的一个大的方面。要保证生产出来的农产品安全、优质,需要从人和植物两个方面进行考虑。由于人类对农药的滥施滥用,导致的"3R"(病虫害抗性提高、农药残留量加大、病虫害再猖獗)问题日益严重,所以在绿色食品生产中更需要注意这些问题。保证在使用农药时对症下药、适时施药、控制施药次数和剂量,选择适宜的施药方法进行施药,争取以最小的药量起到最大的防效。

任务二 绿色食品畜禽养殖生产过程控制

畜禽养殖生产是绿色食品的重要组成部分,是人类脂肪、蛋白质等营养物质的主要来源,是人们生活的必需品。随着饲料工业和养殖业规模经营的高速发展,养殖业产品在满足了人们需要的同时,也带来了一些无法回避的现实问题,人们对肉食品的安全、卫生十分关注。许多国家正在积极致力于开发和推广绿色畜产品,带动畜牧业向高层次发展,为了保证能在国际市场上具有竞争优势,要严格按照畜禽生理学和绿色食品生产操作的国家标准进行生产和管理。

【任务要求】

通过本次任务的学习,能够编写绿色食品畜禽生产操作规程。

【任务实施】

(1)对绿色食品畜禽饲养场进行选择和建设;

(2)对绿色食品畜禽养殖饲料进行选择和生产;

(3)正确使用绿色食品养殖饲料的添加剂及兽药;

(4)制定一套完整的绿色食品畜禽养殖方案。

【任务评价】

表 5-2-1 学生课堂表现评价表

企业(班级): 部门: 姓名:

项目名称	评价标准	师傅	徒弟	部门	平均分	备注
方案	优(100～90 分):方案科学合理 良(89～80 分):方案较科学合理 中(79～70 分):方案基本科学合理 及格(69～60 分):方案部分科学合理 不及格(<60 分):方案缺乏科学合理性					
部门合作	优(100～90 分):按分工,积极参与 良(89～80 分):按分工,较积极参与 中(79～70 分):按分工,基本参与 及格(69～60 分):按分工,能部分参与 不及格(<60 分):不参与					
职业素质	优(100～90 分):沟通表达,发现解决问题,团队合作与组织协调,严谨的工作,文献检索、信息收集和较强的文字处理等职业素质高 良(89～80 分):职业素质良好 中(79～70 分):职业素质一般 及格(69～60 分):职业素质较差 不及格(<60 分):职业素质差					
总分						
平均分						

[师徒共研]

如何收集当地适宜生产绿色食品畜禽养殖的条件?

提示:绿色食品畜禽养殖生产过程中的关键及其依据。

畜禽饲养环境质量如何是决定绿色食品养殖业能否发展的关键环节之一。饲养环境包括养殖场的外部环境,如放牧地等,还包括养殖场的内部环境,如圈舍等。按照中国绿色食品发展中心的要求,评价和衡量绿色食品饲养场的环境质量有空气、土壤、水质。生产绿色食品畜禽产品的产地应符合《绿色食品 产地环境质量》(NY/T 391—2013);符合国家畜牧行政主管部门制定的良种繁育体系规划的布局要求;符合当地土地利用发展规划和村镇建设发展规划;符合当地农业产业化发展和结构调整要求。

[知识链接]

1 绿色食品畜禽饲养场的选择与建设

1.1 绿色食品畜禽生产的原则

(1)保护环境,减少污染,使生物量适度,保持畜禽良好的健康状况。

(2)尽可能使物质和资源达到最大限度的循环利用。

(3)精心管理,促进畜禽健康和满足畜禽行为需要。

绿色食品动物卫生准则

1.2 绿色畜禽饲养场的选择和建设

1.2.1 场址选择

畜禽饲养场(舍)的建设要根据饲养动物的生理特点以及当地环境、地形、地势等选择适宜的位置,合理规划整个饲养场(舍)。要求能为畜禽创造一个舒适的生活环境,便于饲养管理和卫生防疫,保证整个畜禽群体能健康生长,提高其生产能力。

1.2.2 建设要求

在设计建造畜禽场(舍)时,应尽量考虑避免外界不良环境对畜禽健康品质及生长发育的影响,又能使饲养效率充分发挥,取得最大的经济效益。场区布局与畜禽舍建筑要充分考虑畜禽生长发育和繁殖生产的环境要求,给予其舒适的外部环境,让其享受充足的阳光和空气,尽可能为畜禽提供它们固有的生活习性所需的条件。

养殖场内和周围应禁止使用滞留性强的农药、灭鼠药、驱蚊药等,防止通过空气或地面的流动污染物影响畜禽的健康。地面养殖畜禽以及规划的畜禽运动场还应对土壤样品进行检测,土壤中农药、化肥、兽药以及重金属盐等有害物质含量不可超标。建场前要通过环保部门的环境监测,无"三废"污染,大气质量应符合《环境空气质量标准》GB 3095 的要求;建筑应符合兽医卫生要求,养殖场环境卫生应符合《畜禽场环境质量标准》NY/T 388 的要求。除严格按设计图施工外,还要求必须精心细致;建筑材料如木材、涂料、油漆等以及生产设备应对畜禽和人类的健康无害,包括潜在的危害都不能存在;内墙表面应光滑平整,墙面不易脱落;具有良好的防鼠、防虫和防鸟设施;动物饲养场和畜产品加工厂的污水、污物处理应符合国家《畜禽养殖污染防治管理办法》的要求,要求排污沟进行硬化处理,绝对禁止在场内或场外随意堆放和排放畜禽粪便和污水,防止对周围环境造成污染。除此之外,还要做好场区绿化,改善局部小气候,采取切实有效的生态环境净化措施,从源头上把好质量安全关。

2 绿色食品畜禽养殖饲料和饲料添加剂

2.1 基本要求

(1)饲料原料的产地环境应符合 NY/T391 的要求,植物源性饲料原料种植过程中肥料和农药的使用应符合 NY/T394 和 NY/T393 的要求。

(2)饲料和饲料添加剂的选择和使用应符合中华人民共和国国务院令的规定；对于不在目录之内的原料和添加剂应是农业部批准使用的品种，或是允许进口的饲料和饲料添加剂品种，且使用范围和用量应符合相关标准的规定。

(3)使用的饲料原料、饲料添加剂、配合饲料、浓缩饲料和添加剂预混合饲料应符合其产品质量标准的规定。

(4)应根据养殖动物不同生理阶段和营养需求配制饲料，原料组成宜多样化，营养全面，各营养素间相互平衡，饲料的配制应当符合健康、节约、环保的理念。

(5)应保证草食动物每天都能得到满足其营养需要的粗饲料。在其日粮中，粗饲料、鲜草、青干草或青贮饲料等所占的比例不应低于 60%(以干物质计)；对于育肥期肉用畜和泌乳期的前 3 个月的乳用畜，此比例可降低为 50%(以干物质计)。

(6)购买的商品饲料，其原料来源和生产过程应符合本标准的规定。

(7)应做好饲料原料和添加剂的相关记录，确保所有原料和添加剂的可追溯性。

饲料和饲料添加剂的卫生指标应符合 GB13078 的规定。

2.2　使用规定

2.2.1　饲料原料

(1)植物源性饲料原料应是已通过认定的绿色食品及其副产品；或来源于绿色食品原料标准化生产基地的产品及其副产品；或按照绿色食品生产方式生产、并经绿色食品工作机构认定基地生产的产品及其副产品。

(2)动物源性饲料原料只应使用乳及乳制品、鱼粉，其他动物源性饲料不应使用；鱼粉应来自经国家饲料管理部门认定的产地或加工厂。

(3)进口饲料原料应来自经过绿色食品工作机构认定的产地或加工厂。

(4)宜使用药食同源天然植物。

(5)不应使用转基因品种(产品)为原料生产的饲料、动物粪便、畜禽屠宰场副产品、非蛋白氮等；鱼粉不应饲喂给反刍动物。

2.2.2　饲料添加剂

(1)饲料添加剂和添加剂预混合饲料应选自取得生产许可证的厂家，并具有产品标准及其产品批准文号。进口饲料添加剂应具有进口产品许可证及配套的质量检验手段，经进出口检验检疫部门鉴定合格的产品。

(2)饲料添加剂的使用应根据养殖动物的营养需求，按照中华人民共和国农业部公告第 1224 号的推荐量合理添加和使用，尽量减少对环境的污染。

(3)不应使用药物饲料添加剂(包括抗生素、抗寄生虫药、激素等)，及制药工业副产品、含有转基因成分的品种(产品)、来源于动物蹄角及毛发生产的氨基酸等。

(5)矿物质饲料添加剂中应有不少于 60%的种类来源于天然矿物质饲料或有机微量元素产品。

3 动物养殖中药物残留与控制

由于兽药使用不合理，动物饲料中长期添加各种药物添加剂，动物性产品遭受兽药和各种添加剂的污染等原因，使动物产品中的药物残留问题日趋突出。针对这些情况，绿色畜产品生产要在严格执行兽医综合性防治措施和生物安全措施基础上，通过监测和控制兽药、农药、饲料添加剂等有害物质的残留，全面改善饲养管理与环境控制措施，生产出无公害、无污染的绿色安全动物性产品。

3.1 药物残留的危害

药物残留不仅可直接对人体产生急性、慢性毒性作用，而且促使细菌产生耐药性，造成严重的公共卫生安全问题，同时残留的药物还通过污染环境和食物链间接对人体健康造成潜在危害。

3.1.1 过敏反应

长时间应用某些抗生素，如青霉素、磺胺类等，其在动物体内会残留一定时间，而人食用后就会出现过敏反应。国内外都有饮用含抗生素乳而引起过敏性皮炎的报道。引起人过敏反应发生的残留药物主要有：青霉素类、四环素类、磺胺类和某些氨基糖苷类药物，其中以青霉素类引起的过敏反应最为常见。过敏反应的症状多种多样，轻者引起皮肤瘙痒和荨麻疹，重者引起急性水肿和休克，最严重的过敏病人甚至会死亡。

3.1.2 产生抗药性

由于动物和人类普遍应用抗生素，动物在反复接触某种抗菌药物情况下，动物体内的耐药菌株可通过人的食入而传播给人，给人感染性疾病的治疗造成困难。

3.1.3 急性、慢性毒性作用

如果一次摄入动物性食品中残留药物的量过大就会出现急性中毒反应，如“瘦肉精”中毒。一般药物残留浓度很低，加上人们的食用数量有限，大多数药物并不能由于残留而引起急性中毒作用，但许多添加剂都有一定的毒性，如果长期食用含有这些药物的动物性食品就有可能产生慢性中毒作用。

3.1.4 对人类肠道微生物的影响

人体肠道内寄生着大量的有益菌群，如果长期与动物性食品中低剂量的抗菌药物残留接触，就会抑制或杀灭敏感菌。耐药菌或条件性致病菌大量繁殖，菌群平衡遭到破坏，使机体易发感染性疾病。

3.1.5 “三致”作用

现已证明，许多兽药或抗生素都有一定的毒性，有的还具有致畸、致癌、致突变(称“三致”)的作用。如砷制剂、硝基呋喃类、雌激素等都具有致癌作用；氯霉素引起再生障碍性贫血；氨基糖苷类有较强的肾毒；盐酸克伦特罗引起人心慌、心悸；磺胺类破坏人的造血系统；苯丙咪唑类药引起人体细胞染色体突变和致畸；大量的磺胺二甲嘧啶引起大白鼠甲状腺癌

和肝癌；己烯雌酚类引起女性早熟和男性女性化等。

3.1.6　破坏生态环境

随着我国养殖业的发展，特别是大型集约化养殖的发展，大量使用抗菌剂、杀虫剂、消毒剂和各种促生长剂、微量元素等，这些药物和代谢产物在环境中能维持长时间的活性，对土壤微生物、水生生物和部分动植物产生不同程度影响，从而破坏生态环境平衡。按美国FDA使用砷制剂标准，1个万头猪场使用砷添加剂，经5～8年，可向周边排放1 t砷。

3.2　控制药物残留的措施

(1)建立科学、合理的管理和药物残留监控、监测体系。加强动物及其产品安全体系的标准化管理体制建设的同时，还应加强对动物及其产品安全体系的法制化管理。通过立法，赋予管理部门职能和法律地位。建立依法行政、强化监督、职责清晰、运作科学的一体化管理体系。

(2)引导养殖者在使用药物和添加剂时，按药物的清除规律，规范用药，严禁使用违禁药品，谨慎使用抗生素等兽药及药物添加剂。在养殖业中使用的对人体影响较大的兽药及药物添加剂主要有抗生素类(青霉素类、四环素类、大环内酯类、氯霉素类等)，合成抗生素类(呋喃唑酮、喹乙醇、恩诺沙星等)，激素类(己烯雌酚、雌二醇、丙酸睾酮等)，肾上腺皮质激素，β-兴奋剂，安定类，杀虫剂类等。中国绿色食品发展中心制定的《绿色食品兽药使用准则》明确规定了绿色动物性食品允许使用的兽药种类、剂型、使用对象、停药期及禁止使用的兽药种类。应严格按照《饲料和饲料添加剂管理条例》及《绿色食品兽药使用准则》，规范用药，发展绿色、环保、生态型畜牧业，确保人民身体健康和环境质量。

绿色食品水产品养殖疾病防治用药应严格按照《生产绿色食品的水产养殖用药使用准则》，禁止使用对人体和环境有害的化学物质、激素、抗生素，如孔雀石绿、砷制剂、汞制剂、有机磷杀虫剂、有机氯杀虫剂、氯霉素、青霉素、四环素等。提倡使用中草药及其制剂、矿物源渔药、动物源药物及其提取物、疫苗及活体微生物制剂。

加强消毒管理，减少内外环境中的病原数量，消灭环境和中介环境中疫病的传染源。

(3)制定科学的免疫程序。树立“防重于治”的思想，控制畜禽养殖动物疫病的发生，从而有效地减少各种药物的使用。

(4)大力开发无公害、无污染、无残留的非抗生素类药物及其添加剂。非抗生素类药物目前很多，例如微生物制剂、中草药和无公害的化学药物，都可达到治疗、防病的目的。尤其以中草药添加剂和微生物制剂的生产前景最好。中草药制剂是从动物本身免疫功能上起作用，只有提高了自身免疫功能，才能提高机体对外界致病菌的抵抗力。这样的药物有微生态制剂，如腐殖酸、螺旋藻及中草药方剂等，都能有效替代各种抗菌类药物。

3.3　《绿色食品　兽药使用准则》(NY/T 472—2013)

3.3.1　可使用的兽药种类

(1)优先使用生产AA级绿色食品所规定的兽药。

(2)优先使用农业部公告第 235 号中无最高残留限量(MRLs)要求或农业部公告第 278 号中无休药期要求的兽药。

(3)可使用国务院兽医行政管理部门批准的微生态制剂、中药制剂和生物制品。

(4)可使用高效、低毒和对环境污染低的消毒剂。

(5)可使用附录 A 以外且国家许可的抗菌药、抗寄生虫药及其他兽药。

3.3.2 不应使用药物种类

(1)不应使用表 5-2-3 中的药物以及国家规定的其他禁止在畜禽养殖过程中使用的药物;产蛋期和泌乳期还不应使用附录 B 中的兽药。

(2)不应使用药物饲料添加剂。

(3)不应使用酚类消毒剂,产蛋期不应使用酚类和醛类消毒剂。

(4)不应为了促进畜禽生长而使用抗菌药物、抗寄生虫药、激素或其他生长促进剂。

(5)不应使用基因工程方法生产的兽药。

3.3.3 兽药使用记录

(1)应符合《畜禽标识和养殖档案管理办法》规定的记录要求。

(2)应建立兽药入库、出库记录,记录内容包括药物的商品名称、通用名称、主要成分、生产单位、批号、有效期、贮存条件等。

(3)应建立兽药使用记录,包括消毒记录、动物免疫记录和患病动物诊疗记录等。其中,消毒记录内容包括消毒剂名称、剂量、消毒方式、消毒时间等;动物免疫记录内容包括疫苗名称、剂量、使用方法、使用时间等;患病动物诊疗记录内容包括发病时间、症状、诊断结论以及所用的药物名称、剂量、使用方法、使用时间等。

(4)所有记录资料应在畜禽及其产品上市后保存两年以上。

附录 A (规范性附录)

生产 A 级绿色食品不应使用的药物(表 5-2-3)

表 5-2-3 生产绿色食品不应使用的药物目录

序号	种类	药物名称	用途
1	β-受体激动剂类	克仑特罗(clenbuterol)、沙丁胺醇(salbutamol)、莱克多巴胺(ractopamine)、西马特罗(cimaterol)、特布他林(terbutaline)、多巴胺(dopamine)、班布特罗(bambuterol)、齐帕特罗(zilpaterol)、氯丙那林(clorprenaline)、马布特罗(mabuterol)、西布特罗(cimbuterol)、溴布特罗(brombuterol)、阿福特罗(arformoterol)、福莫特罗(formoterol)、苯乙醇胺 A(phenylethanolamine A)及其盐、酯及制剂	所有用途

续表 5-2-3

序号	种类		药物名称	用途
2	激素类	性激素类	己烯雌酚(diethylstilbestrol)、己烷雌酚(hexestrol)及其盐、酯及制剂	所有用途
			甲基睾酮(methyltestosterone)、丙酸睾酮(testosterone propionate)、苯丙酸诺龙(nandrolone phenylpropionate)、雌二醇(estradiol)、戊酸雌二醇(estradiolValcrate)、苯甲酸雌二醇(estradiol Benzoate)及其盐、酯及制剂	促生长
		具雌激素样作用的物质	玉米赤霉醇类药物(zeranol)、去甲雄三烯醇酮(trenbolone)、甲羟孕酮(mengestrol acetate)及制剂	所有用途
3	催眠、镇静类		甲喹酮(methaqualone)及制剂	所有用途
			氯丙嗪(chlorpromazine)、地西泮(安定,diazepam)及其盐、酯及制剂	促生长
4	抗菌药类	氨苯砜	氨苯砜(dapsone)及制剂	所有用途
		酰胺醇类	氯霉素(chloramphenicol)及其盐、酯[包括:琥珀氯霉素(chloramphenicol succinate)]及制剂	所有用途
		硝基呋喃类	呋喃唑酮(furazolidone)、呋喃西林(furacillin)、呋喃妥因(nitrofurantoin)、呋喃他酮(furaltadone)、呋喃苯烯酸钠(nifurstyrenate sodium)及制剂	所有用途
		硝基化合物	硝基酚钠(sodium nitrophenolate)、硝呋烯腙(nitrovin)及制剂	所有用途
		磺胺类及其增效剂	磺胺噻唑(sulfathiazole)、磺胺嘧啶(sulfadiazine)、磺胺二甲嘧啶(sulfadimidine)、磺胺甲噁唑(sulfamethoxazolc)、磺胺对甲氧嘧啶(sulfamethoxydiazine)、磺胺间甲氧嘧啶(sulfamonomethoxine)、磺胺地索辛(sulfadimethoxine)、磺胺喹恶啉(sulfaquinoxaline)、甲氧苄啶(trimethoprim)及其盐和制剂	所有用途
		喹诺酮类	诺氟沙星(norfloxacin)、氧氟沙星(ofloxacin)、培氟沙星(pefloxacin)、洛美沙星(lomefloxacin)及其盐和制剂	所有用途
		喹恶啉类	卡巴氧(carbadox)、喹乙醇(olaquindox)、喹烯酮(quinocetone)、乙酰甲喹(mequindox)及其盐、酯及制剂	所有用途
		抗生素滤渣	抗生素滤渣	所有用途
5	抗寄生虫类	苯并咪唑类	噻苯达唑(thiabendazole)、阿苯咪唑(albendazole)、甲苯达唑(mebendazole)、硫苯咪唑(fenbendazole)、磺苯咪唑(oxfendazole)、丁苯咪唑(parbendazole)、奥苯达唑(oxibendazole)、丙噻苯达唑(CBZ)及制剂	所有用途
		抗球虫类	二氯二甲吡啶酚(clopidol)、氨丙啉(amprolini)、氯苯胍(robenidine)及其盐和制剂	所有用途
		硝基咪唑类	甲硝唑(metronidazole)、地美硝唑(dimetronidazole)、替硝唑(tinidazole)及其盐、酯及制剂等	促生长

续表 5-2-3

序号	种类		药物名称	用途
5	抗寄生虫类	氨基甲酸酯类	甲奈威(carbaryl)、呋喃丹(克百威,carbofuran)及制剂	杀虫剂
		有机氯杀虫剂	六六六(BHC)、滴滴涕(DDT)、林丹(丙体六六六,lindane)、毒杀芬(氯化烯,camahechlor)及制剂	杀虫剂
		有机磷杀虫剂	敌百虫(trichlorfon)、敌敌畏(dichlorvos)、皮蝇磷(fenchlorphos)、氧硫磷(oxinothiophos)、二嗪农(diazinon)、倍硫磷(fenthion)、毒死蜱(chlorpyrifos)、蝇毒磷(coumaphos)、马拉硫磷(malathion)及制剂	杀虫剂
		其他杀虫剂	杀虫脒(克死螨,chlordimeform)、双甲脒(amitraz)、酒石酸锑钾(antimony potassium tartrate)、锥虫胂胺(tryparsamide)、孔雀石绿(malachite green)、五氯酚酸钠(pentachlorophenol sodium)、氯化亚汞(甘汞,calomel)、硝酸亚汞(mercurous nitrate)、醋酸汞(mercurous acetate)、吡啶基醋酸汞(pyridyl mercurous acetate)	杀虫剂
6	抗病毒类药物		金刚烷胺(amantadine)、金刚乙胺(rimantadine)、阿昔洛韦(aciclovir)、吗啉(双)胍(病毒灵)(moroxydine)、利巴韦林(ribavirin)等及其盐、酯及单、复方制剂	抗病毒
7	有机砷制剂		洛克沙胂(roxarsone)、氨苯胂酸(阿散酸,arsanilic acid)	所有用途

附录 B (规范性附录)

产蛋期和泌乳期不应使用的兽药(表 5-2-4)

表 5-2-4 产蛋期和泌乳期不应使用的兽药目录

生长阶段	种类		兽药名称
产蛋期	抗菌药类	四环素类	四环素(tetracycline)、多西环素(doxycycline)
		青霉素类	阿莫西林(amoxycillin)、氨苄西林(ampicillin)
		氨基糖苷类	新霉素(neomycin)、安普霉素(apramycin)、越霉素 A(destomycin A)、大观霉素(spectinomycin)
		磺胺类	磺胺氯哒嗪(sulfachlorpyridazine)、磺胺氯吡嗪钠(sulfachlorpyridazine sodium)
		酰胺醇类	氟苯尼考(florfenicol)
		林可胺类	林可霉素(lincomycin)
		大环内酯类	红霉素(erythromycin)、泰乐菌素(tylosin)、吉他霉素(kitasamycin)、替米考星(tilmicosin)、泰万菌素(tylvalosin)
		喹诺酮类	达氟沙星(danofloxacin)、恩诺沙星(enrofloxacin)、沙拉沙星(sarafloxacin)、环丙沙星(ciprofloxacin)、二氟沙星(difloxacin)、氟甲喹(flumequine)

续表 5-2-4

生长阶段	种类		兽药名称
产蛋期	抗菌药类	多肽类	那西肽(nosiheptide)、黏霉素(colimycin)、恩拉霉素(enramycin)、维吉尼霉素(virginiamycin)
		聚醚类	海南霉素钠(hainan fosfomycin sodium)
	抗寄生虫类		二硝托胺(dinitolmide)、马杜霉素(madubamycin)、地克珠利(diclazuril)、氯羟吡啶(clopidol)、氯苯胍(robenidine)、盐霉素钠(salinomycin sodium)
泌乳期	抗菌药类	四环素类	四环素(tetracycline)、多西环素(doxycycline)
		青霉素类	苄星氯唑西林(benzathine cloxacillin)
		大环内酯类	替米考星(tilmicosin)、泰拉霉素(tulathromycin)
	抗寄生虫类		双甲脒(amitraz)、伊维菌素(ivermectin)、阿维菌素(avermectin)、左旋咪唑(levamisole)、奥芬达唑(oxfendazole)、碘醚柳胺(rafoxanide)

任务三 绿色食品水产养殖生产过程控制

【任务要求】

通过本次任务的学习,能够编写绿色食品水产养殖生产操作规程。

【任务实施】

(1)对绿色食品水产品养殖场进行设计;

(2)规范绿色食品水产品生产技术;

(3)制订一套完整的绿色食品水产品养殖方案。

【任务评价】

表 5-3-1　学生课堂表现评价表

企业(班级):　　　　　　部门:　　　　　　姓名:

项目名称	评价标准	师傅	徒弟	部门	平均分	备注
方案	优(100～90 分):方案科学合理 良(89～80 分):方案较科学合理 中(79～70 分):方案基本科学合理 及格(69～60 分):方案部分科学合理 不及格(<60 分):方案缺乏科学合理性					
部门合作	优(100～90 分):按分工,积极参与 良(89～80 分):按分工,较积极参与 中(79～70 分):按分工,基本参与 及格(69～60 分):按分工,能部分参与 不及格(<60 分):不参与					
职业素质	优(100～90 分):沟通表达,发现解决问题,团队合作与组织协调,严谨的工作,文献检索、信息收集和较强的文字处理等职业素质高 良(89～80 分):职业素质良好 中(79～70 分):职业素质一般 及格(69～60 分):职业素质较差 不及格(<60 分):职业素质差					
总分						
平均分						

[师徒共研]

绿色食品水产品养殖的关键因素有哪些?

(1)水产养殖用水必须符合绿色食品要求的水质标准。

(2)选择适合当地生长条件的抗逆性强的优良品种。

(3)饲料的原料应来自安全的生产区域。

(4)饲料添加剂和《生产绿色食品的饲料添加剂使用准则》的规定相符。

(5)使用的药品必须符合《生产绿色食品的水产养殖用药使用准则》。

[知识链接]

1　绿色水产品食品的生产原则

绿色水产品食品必须采用绿色渔业的生产方式得以实现。绿色水产品生产总的原则包括三个方面：一是渔业产出物安全、营养和健康的原则，即能满足人类食品消费对数量和质量的要求标准；二是渔业投入品安全有效的原则，即物质和能量的投入产出效率高，浪费少，有毒有害物低于标准；三是渔业生产与养殖环境协调的原则，既有利于渔业发展，又有利于生态环境的良性循环。

2　水产养殖结构设计

水产养殖结构包括养殖品种结构及养殖方式的构成。当前我国的养殖品种及养殖方式多种多样，随着水产科技的进步，新的养殖品种、新的养殖方式不断涌现，为我们调整优化养殖结构提供了极大便利。现以池塘养鱼为例做一简要设计。

2.1　养殖品种的组合设计

2.1.1　养殖品种的选养原则

具备以下条件的养殖品种可作为养殖对象，参与养殖结构的优化调整。

(1)市场适销，价位较高，能取得明显经济效益。

(2)具有良好的苗种来源，品质纯正，性状优良，适应当地生长条件，抗逆性强。

(3)具备养殖所选品种所需的特定条件，包括气候条件、水源条件、池塘条件、配套设施等。

(4)能够解决饵料问题，特别是名贵特优的新品种，要有稳定的饵料供应体系，能够因地制宜地选用优质廉价饵料。

(5)能够解决养殖生产中的技术问题，掌握所选品种的生物学特性，科学解决苗种放养，驯化投饵、水质调控、防病治病、拉捕运输等系列技术问题。

2.1.2　养殖方式的组合设计

养殖方式按照不同的增效手段，可分为多种不同的类型。各种有效养殖方式合理组合，发挥多元化养殖品种优势，利用各种有利条件及措施，是实现较高经济效益的重要保证。现介绍几类高效养殖方式及其特点。

2.1.2.1　*充分利用时间的养殖方式*

(1)多茬养殖方式。即一年内在同一池塘多次放养、多次全塘收获的养殖方式。通常采用两茬养殖方式，即将一年的养殖时间分为前后两个阶段，分别用于养殖成鱼、培育鱼种或养殖不同的水产品种。这种方式有利于水产品选择出塘的形式，提高池塘利用效率。

(2)多级轮养方式。即在同一池塘内将养殖对象以不同的规格混养，待大规格鱼种长成后，捕大留小，轮捕轮放的养殖方式。其优点是能够始终保持池塘足够的成鱼量，实现均衡上市，获得高产、高效。这种方式多以鲢鱼等易于拉网捕获的鱼类为养殖对象。

(3)反季节养殖方式。即在冬春季节创造条件养殖上市，常指热带鱼的冬春设施化养殖。因淡季市场供应量少，价位高，有利于获得高效益。温水性鱼类的提前养成也是取得淡季效益的良好措施。

2.1.2.2　充分利用大池塘水面的养殖方式

(1)池塘网栏养殖方式。池塘设置拦网，将池塘人为分隔成多个较小水面，可以分别放养不同品种、不同规格的养殖对象。这种方式使有限的池塘数量能够实施多种放养模式，特别适合许多名特优养殖对象的试验养殖，在管理上带来了方便，是优化养殖结构，实现高效益的重要措施。

(2)池塘网箱养殖方式。基于自然水域网箱养鱼原理，可在大池塘设置网箱养殖名优特水产品种。例如，池塘内设置网箱用于养殖黄鳝、沟鲶，在国内有许多成功的例子。这种养殖方式具有占地面积小、管理方便、成本低、经济效益显著等特点。

2.1.2.3　充分利用水资源的养殖方式

不同的水源条件蕴含着不同的生产潜力，可采取不同的高效养殖方式。如工厂余热水、温泉地热水、温井水源可用于热带鱼养殖或越冬；水库底层水、山溪水、水温较低的深水可用于养殖虹鳟等冷水性高档名贵鱼；常温洁净的自然流水可用于草鱼、鳑鲏和鳊鱼等名优草食性鱼类的集约化养殖；富含野杂鱼的江河、湖泊、水库等天然水源可用于名优肉食性鱼类如乌鳢、鳜鱼、加州鲈鱼的套养。

2.1.2.4　高效混养模式

(1)80∶20池塘养鱼模式。这是种新型的高效养鱼模式，是以能摄食颗粒饲料的优质鱼为主养对象，其放养及出塘数量占池鱼总量的80%。其余为服务性鱼类，占池鱼总量的20%。服务性鱼类中，能净化水质的滤食性鱼类占池鱼总量的15%，能控制野杂鱼的肉食性鱼类占池鱼总量的5%，又称80∶15∶5养鱼模式。可采用这一模式进行池塘主养的鱼类有彭泽鲫、异育银鲫、湘云鲫、淡水白鲳、沟鲶等优质鱼类。滤食性鱼类主要是鲢、鳙。肉食性鱼类以鳜鱼、加州鲈、乌鳢、黄颡鱼为佳。这一养殖模式不仅能取得高产，而且中高档鱼类占绝对优势，是提高质量效益的理想养殖方式。

(2)特种水产品与鱼类的混养方式。特种水生动物作为套养种类与鱼类的混养，也是一类理想的生态养殖方式，常见的有鱼鳖混养、鱼虾混养、鱼蟹混养等，都能取得理想的效果。

3　绿色水产品的食品生产技术规范

3.1　绿色水产品的食品产地生态环境质量要求

绿色食品水产品产地环境的优化选择技术是绿色水产品食品生产的前提。产地环境质量要求包括绿色水产品渔业用水质量、大气环境质量及渔业水域土壤环境质量等要求。淡水渔业水源水质要求包括水质的感官标准：色、嗅、味（不得使鱼、虾、贝、藻类带有异色、异臭、异味）；卫生指标应符合水产行业标准的规定；海水水质的各项指标应符合绿色食品的行业规定。

3.2　绿色水产品的食品生产技术规范

绿色水产品的食品生产技术规范包括渔药、饲料、农药、肥料的使用，加工过程质量控制及包装技术等。在绿色水产品的食品生产过程中渔药、农药、饲料使用是水产品质量控制的关键环节之一，不合理使用渔药、饲料、农药、肥料，不仅会造成环境污染，而且会使水产品中药物残留量超标。

3.2.1　渔药使用准则

绿色水生动物养殖过程中对病、虫，敌、害生物的防治，坚持“全面预防，积极治疗”的方针，强调“防重于治，防治结合”的原则，提倡生态综合防治和使用生物制剂、中草药对病虫害进行防治；推广健康养殖技术，改善养殖水体生态环境，科学合理混养和密养，使用高效、低毒、低残留渔药；渔药的使用必须严格按照国务院、农业部有关规定，严禁使用未取得生产许可证、批准文号、产品执行标准的渔药；禁止使用硝酸亚汞、孔雀石绿、五氯酚钠和氯霉素。外用泼洒药及内服药具体用法及用量应符合水产行业标准的规定。

水生动物不仅面对水环境变化的应激，还受多种常见疾病的困扰，常规的疾病防治措施有限，而以低剂量酵母细胞壁添加于水产饲料中，可增强鱼、虾、鳖、蟹等对各种主要疾病和环境变化的抵抗力，提高存活率。健康鱼、虾饲喂酵母细胞壁可提高幼苗存活率20%～40%，提高生长期存活率10%～20%。因此，使用酵母细胞壁特制饲料，被认为是加强水产动物抵抗疾病、促进生长的有效手段。

3.2.2　饲料使用准则

饲料中使用的促生长剂、维生素、氨基酸、脱壳素、矿物质、抗氧化剂或防腐剂等添加剂种类及用量应符合国家有关法规和标准规定；饲料中不得添加国家禁止的药物（如己烯雌酚、喹乙醇）作为防治疾病或促进生长的目的。不得在饲料中添加未经农业农村部批准的用于饲料添加剂的兽药。

3.2.3　农药使用准则

稻田养殖绿色水产品过程中对病、虫、草、鼠等有害生物的防治，坚持预防为主、综合防治的原则，严格控制使用化学农药。应选用高效、低毒、低残留农药，主要有扑虱灵、甲胺磷、叶枯灵、多菌灵、井冈霉素，禁止使用除草剂及高毒、高残留、三致（致畸、致癌、致突变）农药。稻田养殖使用农前应提高稻田水位，采取分片、隔日喷雾的施药方法，尽量减少药液（粉）落入水中，如出现养殖对象中毒征兆，应及时换水抢救。

思政花园

渔歌子

唐·张志和

西塞山前白鹭飞，桃花流水鳜鱼肥。青箬笠，绿蓑衣，斜风细雨不须归。

3.2.4 肥料使用准则

养殖水产品时施用肥料是补充水体无机营养盐类、提高水体生产力的重要技术手段。但施用过量又可造成养殖水体的水质恶化并污染环境，造成天然水体的富营养化。施肥主要用于池塘养殖，针对的养殖对象主要是鲢、鳙、鲤、鲫、罗非鱼等。肥料的种类包括有机肥和无机肥。允许使用的有机肥有：堆肥、沤肥、厩肥、绿肥、沼气、发酵粪等；允许使用的无机肥有：尿素、硫酸铵、碳酸氢铵、氯化铵、重过磷酸钙、过碳酸钙、磷酸二铵、磷酸一铵、石灰、碳酸钙和一些复合无机肥料。

3.2.5 养殖水体水质的要求

绿色水产品对于养殖用水处理提出了更高要求。水污染对于水生生态系统中的各种生物类群有着直接和间接的影响。水污染使水体的初级生产力降低，并通过食物链危害不同营养级的各种生物。目前，对养殖水体的净化被认为是绿色水产品生产的关键。净化水质主要有换水、充气、离子交换、吸附、过滤等机械方法和络合、氧化还原、离子交换等化学方法，及人为地在一种水体中培育有益生物（微生物、藻类）及水生植物的生物方法。

3.2.6 加工过程质量控制准则

绿色食品水产品加工原料应来自绿色水产品基地，品质新鲜，各项理化、卫生指标应符合相应绿色水产品的品质要求；原料在运输过程中应采取保鳞、保活措施；运输工具、存放容器、储藏场地必须清洁卫生。绿色食品水产品加工工厂、冷库、仓库的环境卫生，加工流程卫生，包装卫生，储运安全卫生和卫生检验管理等应符合国家的有关规定。

任务四 绿色食品加工生产过程控制

【任务要求】

通过本次任务的学习，掌握绿色食品生产过程控制的主要内容。包括绿色食品加工厂厂址选择原则，绿色食品厂总体设计与环境设计的要求，绿色食品加工厂环境卫生要求，绿色食品添加剂使用准则，并能撰写绿色食品加工厂厂址选择原则和加工厂总体设计的实地调查报告。

【任务实施】

1　工厂厂址选择和加工厂总体设计的实地调查

班级同学分成4组，每组5～8人，派2组联系本地区绿色食品公司，进行工厂厂址选择和加工厂总体设计的实地调查。

2　添加剂使用情况调查

派1组同学调查本地区食品公司食品添加剂的使用情况。

3　工厂环境卫生情况调查

派1组同学调查本地区绿色食品加工厂环境卫生现状。

【任务评价】

表5-4-1　学生课堂表现评价表

企业(班级)：　　　　　　　　部门：　　　　　　　　姓名：

项目名称	评价标准	师傅	徒弟	部门	平均分	备注
调查报告	优(100～90分)：完成质量高 良(89～80分)：完成质量较高 中(79～70分)：基本完成 及格(69～60分)：能部分完成 不及格(<60分)：不能完成					
部门合作	优(100～90分)：按分工，积极参与 良(89～80分)：按分工，较积极参与 中(79～70分)：按分工，基本参与 及格(69～60分)：按分工，能部分参与 不及格(<60分)：不参与					
职业素质	优(100～90分)：沟通表达，发现解决问题，团队合作与组织协调，严谨的工作，文献检索、信息收集和较强的文字处理等职业素质高 良(89～80分)：职业素质良好 中(79～70分)：职业素质一般 及格(69～60分)：职业素质较差 不及格(<60分)：职业素质差					
总分						
平均分						

[师徒共研]

绿色食品加工厂厂址一般选择在哪?

绿色食品加工厂一般选在原料产地附近的大中城市郊区,为有利于销售个别产品亦可设在市区。厂区的标高应高于当地历史最高洪水位,厂区有合适的自然排水坡度。建筑冷库的地方,地下水位不能过高。所选厂址附近应有良好的卫生环境,没有有害气体、放射性源、粉尘和其他扩散性的污染源(包括污水、传染病医院等),特别是在上风向地区的工矿企业,更要注意它们对食品厂生产有无危害。厂址不应选在受污染河流的下游,应尽量避免在古坟、文物、风景区和机场附近建厂,避免高压线、国际专用线穿越厂区。所选厂址面积的大小,应能尽量满足生产要求,留有发展余地和适当的空余场地。

[知识链接]

绿色食品加工生产过程控制主要包括绿色食品加工厂厂址选择原则和加工厂总体设计的内容、原则及不同使用功能的建筑物、构筑物在总体设计中的布局关系,绿色食品厂总体设计与环境设计的要求;绿色食品加工的基本原则、工艺设计和主要工艺技术要求;绿色食品加工厂环境卫生要求及加工车间、设施与加工工艺卫生要求;主要食品添加剂的作用及使用方法和绿色食品添加剂使用准则。

1 绿色食品加工厂厂址选择

绿色食品加工厂的厂址选择,与当地建设布局、资源、交通运输、农业发展和地区的长远规划都有密切关系。绿色食品加工厂的厂址选择是否得当,将直接影响工农关系、城乡关系,有时甚至还影响投资费用及建成投产后的生产条件和经济效果。同时,绿色食品加工厂的厂址选择与产品质量、卫生条件、劳动环境等都有密切的关系。

绿色食品加工厂厂址选择工作应当经过当地主管部门、建筑部门、城市规划部门和区乡(镇)等有关单位充分讨论和比较,择优选择,特别是规模较大的工厂,设计单位也应参加。

1.1 绿色食品加工厂厂址选择的原则

绿色食品加工厂厂址选择时,应根据国家方针政策、生产条件、经济效果等方面综合考虑。

1.1.1 符合国家的方针政策

绿色食品加工厂的厂址应设在当地的规划区内、以适应当地远近期规划的统一布局,并尽量不占或少占良田,做到节约用地。所需土地可按基建要求分期分批征用。

1.1.2 考虑生产与卫生条件

根据我国具体情况，绿色食品加工厂一般选在原料产地附近的大中城市郊区，为有利于销售个别产品亦可设在市区。

厂区的标高应高于当地历史最高洪水位，特别是主厂房及仓库的标高更应高出当地历史最高洪水位。厂区有合适的自然排水坡度。所选厂址要有可靠的地质条件，应避免将工厂设在流沙、淤泥、土崩断裂层上。对特殊地质（如溶洞、湿陷性黄土、孔性土等）应尽量避免。在山坡上建厂要避免滑坡、塌方等。在矿藏地表处不应建厂。厂址应有一定的地质耐力。建筑冷库的地方，地下水位不能过高。

所选厂址附近应有良好的卫生环境，没有有害气体、放射性源、粉尘和其他扩散性的污染源（包括污水、传染病医院等）。厂址不应选在受污染河流的下游，应尽量避免在古坟、文物、风景区和机场附近建厂，避免高压线、国际专用线穿越厂区。所选厂址面积的大小，要注意留有发展余地和适当的空余场地。

绿色食品加工厂卫生要求

1.1.3 考虑投资和经济效果

所选绿色食品加工厂厂址要有较方便的运输条件（公路、铁路及水路）。若需要新建公路或专用铁路时，应选最短距离，减少投资。要有一定的供电条件，以满足生产需要，在供电距离和容量上应得到供电部门的保证，所选厂址水源充足，水质较好，符合绿色食品饮用水质标准。若采用江、河、湖水，则需处理。水源水质是绿色食品加工厂选择厂址的重要条件，特别是饮料厂和酿造厂，对水质要求更高。

1.2 绿色食品加工厂厂址选择报告

在选择绿色食品加工厂厂址时，应尽量多选几个点，根据上述方面进行分析比较，从中选出最适宜者作为定点，而后向上级部门呈报厂址选择报告。绿色食品加工厂厂址选择报告的基本内容：

(1)厂址的坐落地点，四周环境情况。

(2)地质及有关自然环境条件。

(3)厂区范围、征地面积、发展计划、施工时有关的土方工程及拆迁情况，并绘制1/1 000的地形图。

(4)原料供应情况。

(5)电、燃料、交通运输及职工福利设施的供应和处理方式。

(6)废水排放情况。

(7)经济分析，对厂区一次性投资估算及生产中经济成本等综合分析。

(8)选择意见，通过选择比较和经济分析，最终确定哪一个厂址是符合条件的。

2 绿色食品加工厂总体设计

2.1 绿色食品加工厂总体设计的内容

绿色食品加工总体设计是将全厂不同功能的建筑物、构筑物按整个生产工艺流程，结合用地条件进行合理的布置设计，使建筑群组成一个有机整体，既便于组织生产，又便于企业管理，保证产品的质量和品质。

厂址选定之后，必须合理、经济地进行厂区总体设计。根据全厂建筑物、构筑物的组成和使用功能、用地条件和有关技术要求，综合研究它们之间的相互关系，正确处理建筑物布置、交通运输、管线综合和绿化方面的问题。充分利用地形，节约用地，使建筑群的组成内容和各项设施成为统一的有机体，并与周围的环境相协调。

绿色食品加工厂总体设计内容包括：平面布置设计和竖向布置设计两部分。

2.1.1 平面布置设计

平面布置设计就是合理地布置建筑物、构筑物及其他工程设施水平方向相互间的位置关系。平面布置中的工程设施包括下述几个方面。

运输设计：运输设计即合理进行用地范围内的交通运输线路的布置，使人流和物流分开，避免交叉污染。

管线综合设计：工程管线网（即厂内外的给排水管道、电线、电话线及蒸汽管道等）的设计必须布置得合理整齐。

绿化和环保布置设计：绿色食品加工厂的四周，特别是在靠马路的一侧，应尽量有一定的树木组成防护林带，以阻挡风沙、净化空气、降低噪声。绿化设计时，种植树木花草要严格选择，不栽产生花絮、散发种子和特殊异味的树木花草，以免影响产品质量。一般选用常绿树。

2.1.2 竖向布置设计

竖向布置设计就是与平面设计垂直方向的设计，即厂区各部分地形标高的设计。其任务是把地形组成一定形态，既平坦又便于排水。需要注意的是在地形比较平坦的情况下，一般都不进行竖向设计。

2.2 绿色食品加工厂总体设计的原则

绿色食品加工厂总体设计布置必须紧凑合理，做到节约用地分期建设的工程应一次布置，分期建设，还必须为远期发展留有余地。

总体设计必须符合绿色食品加工厂生产工艺的要求主车间、仓库等应按生产流程布置，尽量缩短距离，避免物料往返运输。全厂的物流、人流、原料、管道等的运输应有各自路线，避免交叉，合理组织安排。动力设施应接近负荷中心。例如，变电所应靠近高压线网输入的地方，又靠近耗电量大的车间，如制冷机房应接近变电所，紧靠冷库。绿色罐头食品加工厂的肉类车间的解冻间应接近冷库，而杀菌工段、番茄酱车间等蒸汽用量大的工段应靠近锅炉房。

绿色食品加工厂总体设计必须满足绿色卫生质量要求：

(1)生产区(各种车间和仓库等)和生活区(宿舍、托儿所、食堂、浴室、商店、学校等)、厂前区(传达室、医务室、化验室、办公室、俱乐部、汽车房等)和生产区分开。为使绿色食品加工厂的主车间有较好的卫生条件，厂区内尽量不建饲养场和屠宰场。如需建，应远离主车间。

(2)生产车间应注意朝向，一般采用南北向，保证阳光充足，通风良好。

(3)生产车间与周边公路有一定的防护区，一般为30～50 m，中间最好有绿化地带，阻挡尘埃，防止其污染食品。

(4)根据生产性质不同，动力供应、货运周转、卫生防火等应分区布置。同时，主车间应与对食品卫生有影响的综合车间、废品仓库、煤堆及有大量烟尘或有害气体排出的车间间隔一定距离。主车间应设在锅炉房的上风向。

(5)总平面中要有一定的绿化面积，但又不宜过大。

(6)公用厕所与主车间、食品原料仓库或堆场及成品库保持一定距离，并采用水冲式厕所，以保持厕所的清洁卫生。

厂区道路应采用水泥或沥青路面，保持清洁运输货物道路应与车间间隔，特别是运煤和煤渣，容易产生污染。道路一般为环形道路，以免在倒车时造成堵塞现象。

厂区建筑物间距应按有关规范设计从防火、卫生、防震、防尘、噪声、日照、通风等方面来考虑，在符合有关绿色食品设计标准的前提下，使建筑物间的距离最小。考虑建筑间距与日照的关系以及建筑间距与通风的关系。

厂区各建筑物布置设计也应符合规划要求，同时合理利用地质、地形和水文等自然条件。合理确定建筑物、道路的标高，既保证不受洪水的影响，使排水畅通，又节约土方工程。在坡地、山地建设绿色食品加工厂，可采用不同标高安排道路及建筑物，即进行合理的竖向设置，但必须注意防洪设计。

注意车间之间的相互关系，相互有影响的车间尽量不要放在同一建筑物里，但相似车间应尽量放在一起，以提高场地的利用率。

2.3 绿色食品加工厂建筑物和构筑物的类型

根据功能划分，绿色食品加工厂的主要建筑物和构筑物可分为下述几类。

生产车间：如实罐车间、空罐车间、糖果车间、饼干车间、面包车间、奶粉车间、炼乳车间、消毒奶车间、麦乳精车间、综合利用车间等。

辅助车间：如机修车间、中心试验室、化验室等。

仓库：如原料库、冷库、包装材料库、保温库、成品库、危险品库、五金库、各种堆场、废品库、车库等。

动力设施：如发电间、变电所、锅炉房、冷机房、空气压缩机和真空泵房等。

供水设施：如水泵房、水处理设施、水井、水塔、水池等。

排水系统：如废水处理设施。

全厂性设施：如办公室、食堂、医务室、浴室、厕所、传达室、汽车房、自行车棚、围墙、厂大门、工人俱乐部、图书馆、工人宿舍等。

3　绿色食品加工工艺设计与技术要求

3.1　绿色食品加工的基本原则

绿色食品生产要求生产的产品安全、优质、营养、无污染。生产加工方式必须遵循有机生产方式，做到节约能源、持续发展、清洁生产。因此绿色食品加工必须尽量节约能源，使物质循环利用；保持食物本身营养；在加工中保证食品不受到任何污染；不对环境和人产生任何污染与危害。

(1)绿色食品加工应遵循可持续发展原则，节约能源、综合利用原料绿色食品加工本着节约能源和物质再循环利用的原则，注意产品加工的综合利用。

苹果的加工利用

(2)绿色食品加工应能保存食品的天然营养特性。食品天然的色、香、味一般能引起人们的食欲，故绿色食品加工中也应尽量保持。例如，加工果汁时将其香味物质回收并加入果汁中以保持原风味。有实验表明，当食品引起人的食欲时，其对食物消化率可高达 90%以上，而人对食物没有食欲，不太想吃时，消化率低于 40%。因此必须采取一系列特殊加工工艺，尽量减少加工中营养物质的流失、氧化、降解，最大限度地保留其营养价值。

(3)绿色食品加工过程中严格控制可能的污染源，食品加工过程中，原料的污染、不良的卫生状况、有害的洗涤液、使用添加剂、机械设备以及材料污染、生产人员操作不当等都可能造成产品的污染。因此对于绿色食品加工的每一环节都必须严格控制，防止食品的二次污染。

(4)绿色食品加工中不会对环境造成污染与危害，绿色食品加工企业在生产中必须考虑对环境的影响，避免对环境造成污染。畜禽加工厂要远离居民区，并有“三废”净化处理装置。

绿色食品加工企业产生的废水、废气、废液等都必须经过无害化处理，以免污染环境。绿色食品加工也要体现出绿色食品生产的特征。绿色食品加工过程中进行全程质量控制，既对生产产品负责，也对外界环境负责任。

3.2　绿色食品加工厂工艺设计内容

绿色食品加工厂工艺设计是以生产产品的生产车间为主，其余车间和辅助部门均围绕生产车间进行设计。不论绿色食品加工厂的总体设计还是车间设计，都是由工艺设计和非工艺设计(包括土建、采暖通风、给排水、供电、供气等)组成的。工艺设计的好坏直技影响产品的质量和全厂生产与技术的合理性，并与建厂的费用、产品成本、劳动强度等都密切相关。

3.2.1 工艺设计主要设计内容

绿色食品加工厂工艺设计在整个设计中占有重要的地位。必须根据设计任务书上规定的生产规模、产品要求和原料情况，结合建厂条件进行设计。主要包括下列内容：

(1)产品方案、产品规格及班产量的确定。

(2)主要产品和综合利用产品的工艺流程的确定及操作说明。

(3)物料计算。

(4)生产车间设备的生产能力的计算、选型及配套。

(5)生产车间平面布置。

(6)劳动力平衡及劳动组织。

(7)生产车间水、电、汽、冷用量的估算。

(8)生产车间管路计算及设计。

3.2.2 对非工艺设计等的要求

工艺设计除上述内容外，还必须向非工艺设计和有关方面提出下列要求：

(1)工艺流程、车间布置对总平面布置相对位置的要求。

(2)工艺对土建、采光、通风、采暖、卫生设施等方面的要求。

(3)生产车间水、电、汽、冷耗用量的计算及负荷要求。

(4)对给水水质的要求。

(5)对排水性质、流量及废水处理的要求。

(6)各类仓库面积的计算及其温度、湿度等特殊要求。

3.3 绿色食品加工技术要求

3.3.1 绿色食品加工原料来源

绿色食品加工一般都要求采用新鲜的原料，新鲜才具有营养价值，特别是水果和蔬菜，只有新鲜才能有较高的维生素含量。

绿色食品加工原料应有明确的原产地。固定的、良好的原料基地能够为企业提供质量、数量都有保证的原料。因此一些企业开始投资农业，建立自己的原料基地，这种反哺农业的集团发展趋势十分适合绿色食品加工业的发展。

绿色食品加工的原料成分应是已经认证的绿色食品。辅料(如盐)应有固定供应来源，并应出具按绿色食品标准检验的权威的检验报告。

水作为加工中常见的原料，因其特殊性，不必经过认证，但加工水必须符合我国饮用水卫生标准，也需要经过检测，出具合法检验报告。

非主要原料若尚无已认证的产品，则可以使用经中国绿色食品发展中心批准，有固定来源并已经检验的原料。

3.3.2 绿色食品加工原料的质量与技术要求

绿色食品加工原料首先必须具备适合人食用的食品级质量，不能危害人的健康。其次，绿色食品加工工艺的要求以及最终产品的不同，各类食品对原料的具体质量、技术指标要求也不同，但都应以生产出的食品具有最好的品质为原则。果汁质量的决定性因素是原料品种和成熟度、新鲜度等，倘若使用已腐败的水果原料制汁，霉菌（扩张青霉）则可能使水果原汁产生棒曲霉毒素，具有致癌、致畸等作用。所以只有选择适合加工的品质的原料，才能保证绿色食品加工产品的质量。

绿色食品严禁用辐射、微波等方法使不适食用的原料转化成可食的食物作为加工原料。对于非农业、牧业来源的原料（盐及其他调味品等）必须严格管理，在符合世界卫生组织标准及国家标准的情况下尽量少用（水符合饮用水标准，用量可按加工要求量使用）。

3.3.3 绿色食品加工产品原料成分的标准及命名

绿色食品加工要求食品原料或食品成品标签中必须明确标明该混合物中各成分确切含量，并按成分不同而采用以下命名方式。

加工品（混合成分）中最高标准的成分占50％以上时，可命名为由不同标准认证的成分混合成的混合物。

(1)命名为含A、B两级标准的混合成分，则只能含A、B两级标准的成分，且A级标准的成分必须占50％以上。

(2)含A、B、C级标准的混合成分，必须有50％以上A级成分。

(3)含B、C级成分的混合物，必须含50％以上B级成分。

若该混合物成分中最高级成分含量不足50％。则该混合物不能称为混合成分，而要按含量高的低级标准成分命名。例如，含B、C级标准混合物，B级占40％，C级成分占60％，则该混合物被称为C级标准成分。

绿色食品对此目前尚无规定，而以上的标注方法比较科学，可以借鉴。

3.4 绿色食品加工工艺要求

(1)绿色食品加工工艺要求绿色食品加工应采用先进工艺，避免食品在加工中受到二次污染。但先进工艺必须符合绿色食品的加工原则，较先进的辐照保鲜工艺就是绿色食品加工所禁止的。

(2)绿色食品加工还应注意食品色、香、味的保持，尽量避免破坏固有营养的风味。例如，果汁浓缩时对其香气成分的回收工艺，不必再添加香精，只采用其本身香精就可以再次将浓缩汁恢复为果汁。

(3)一些食品加工工艺中与绿色食品加工原则相抵触的环节必须进行改进。例如腌制鱼制品时，不用硝酸盐和亚硝酸盐，采用一些天然香辛料（丁香、豆蔻等）来代替抑菌剂；采用干泡法，并不断除去腌制过程产生的水分，保持低温以减少微生物繁殖的机会。必要时可用醋酸或抗坏血酸加以处理，有效抑制亚硝胺的合成；将腌制品在紫外线或强烈阳光下暴晒，亚硝胺即发生分解反应。采用这些措施可抑制亚硝胺的产生，从而使咸鱼达到绿色食品标准。该原则也适合于所有肉制品的加工。

3.5 绿色食品加工新技术

绿色食品加工必须针对自身特点，采用适合的新技术、新工艺。提高产品品质及加工率。绿色食品加工工艺中可采用的先进技术主要有下述几种。

3.5.1 生物技术

生物技术主要包括基因工程、细胞工程、酶工程和发酵工程，因为绿色食品对基因工程采取摒弃的态度，不能采用，故只有酶工程及发酵工程可以采用。

酶工程是利用生物手段合成、降解或转化某些物质，从而使廉价原料转化成附加值高的食品，如酶法生产糊精、麦芽糖等，或者用酶法修饰植物蛋白，改良其营养价值和风味，还可用于果汁生产中分解果胶提高出汁率等。

发酵工程是利用微生物进行工业生产的技术，除传统食品外，还取得了许多新成就，如美国 Kelco 公司用微生物发酵法生产黄原胶等。

3.5.2 膜分离技术

膜分离技术主要包括反渗透、超滤和电渗析。反渗透是借助半渗透膜，在压力作用下进行水和溶于水中物质(无机盐、胶体物质)的分隔。可用于牛奶、豆浆、酱油、果蔬汁等的冷浓缩。超滤利用人工合成膜在一定压力下对物质进行分离的技术，如植物蛋白的分离提取。电渗析是在外电场作用下，利用一种对离子具有不同的选择透过性的膜(离子交换膜)而使溶液中的阴离子、阳离子和溶液分离，可用于海水淡化、水的纯化处理等。

膜分离技术可广泛用于水处理及饮料工艺中，可提高饮料和水的质量。

3.5.3 工程食品

工程食品即用现代科学技术从农产品中提取有效成分，然后以此为原料，根据人体营养需要重新组合、加工配制而成新的食品。其特点是可以扩大食物资源，提高营养价值。

3.5.4 冷冻干燥

冷冻干燥又称为冷冻升华干燥，即湿物料先冻结至冰点以下，使水分变成固态冰，然后在较高的真空度上，将冰直接转化为蒸汽使物料得到干燥。如加工得当，多数可以长期保藏，且原有物理性质、化学性质、生物学性质及感观性质不变，需要时加水，可恢复到原有形状和结构。

3.5.5 超临界提取技术

超临界技术即利用某些溶剂的临界温度和临界压力去分离多组分的混合物。例如二氧化碳超临界萃取沙棘油，其工艺过程中无任何有害物质加入，完全符合绿色食品加工原则。

3.5.6 其他

挤压膨化、无菌包装、低温浓缩等技术也可以利用到绿色食品生产中。

对于加工工艺中各项参数指标、加工的操作规程必须严格执行，以保证产品质量的稳定性。

4 绿色食品添加剂使用技术

4.1 主要食品添加剂

4.1.1 防腐剂

防腐剂是指能防止由微生物所引起的食品腐败变质，延长食品保质期的食品添加剂。

4.1.2 抗氧化剂

抗氧化剂是指能防止或延缓食品氧化,提高食品的稳定性和延长储存期的食品添加剂。防止食品发生氧化变质的方法有物理法、化学法等。

4.1.3 乳化剂

食品乳化剂是通过吸附作用使食品胶体的表面张力急剧下降,从而促使其体系稳定的食品添加剂。

4.1.4 增稠剂

增稠剂是指增加食品黏稠度,使其均匀分布的物质,俗称糊料。增稠剂都属亲水性高分子化合物,其分子结构中含有许多亲水基团(如羟基、羧基、氨基等),能与水分子发生水化作用,其分子质点水化后以分子状态高度分散于水中,形成高黏度的单相均匀分散体系的大分子溶液。

4.1.5 调味剂

良好的风味是食品质量的重要因素之一。风味一般包括味感和嗅感,味感是食品中的成分刺激味觉感受器所引起的感觉,又称为食品的滋味。世界各国对味感的分类各不相同,我国习惯上有甜味、酸味、咸味、苦味、鲜味、涩味及辣味之分。虽然各种食物都有其独特的味道,但因人们的偏爱和口味有所不同,常在食品中添加一些物质来调和成适当的口味,以满足人们的不同习惯,促进人们的食欲,这些添加物质就称为调味剂。

4.1.6 酶制剂

从生物(动物、植物、微生物)中提取的具有生物催化能力的物质,辅以其他成分,用于加速食品加工过程和提高食品质量的制品,称为用于加工食品酶制剂。

4.2 绿色食品添加剂使用准则

为了确保绿色食品的质量,合理使用和严格控制生产绿色食品的食品添加剂,由农业部绿色食品管理办公室和中国绿色食品发展中心提出,农业部制定了《绿色食品食品添加剂使用准则》(NY/T 392—2013),本标准是生产绿色食品的生产资料使用系列准则之一。

4.2.1 范围

本标准规定了绿色食品食品添加剂的术语和定义、食品添加剂使用原则和使用规定。本标准适用于绿色食品生产。

4.2.2 规范性引用文件

下列文件对于本文件的应用是必不可少的。凡是注日期的引用文件,仅注日期的版本适用于本文件。凡是不注日期的引用文件,其最新版本(包括所有的修改单)适用于本文件。

GB 2760 食品安全国家标准　食品添加剂使用标准

GB 26687 食品安全国家标准　复配食品添加剂通则

NY/T 391 绿色食品　产地环境质量

4.2.3 术语和定义

GB 2760 界定的以及下列术语和定义适用于本文件。

(1)AA 级绿色食品。产地环境质量符合 NY/T 391 的要求,遵照绿色食品生产标准生产,生产过程中遵循自然规律和生态学原理,协调种植业和养殖业的平衡,不使用化学合成的肥料、农药、兽药、渔药、添加剂等物质,产品质量符合绿色食品产品标准,经专门机构许可使用绿色食品标志的产品。

(2)A 级绿色食品。产地环境质量符合 NY/T 391 的要求,遵照绿色食品生产标准生产,生产过程中遵循自然规律和生态学原理,协调种植业和养殖业的平衡,限量使用限定的化学合成生产资料,产品质量符合绿色食品产品标准,经专门机构许可使用绿色食品标志的产品。

(3)天然食品添加剂。以物理方法、微生物法或酶法从天然物中分离出来,不采用基因工程获得的产物,经过毒理学评价确认其食用安全的食品添加剂。

(4)化学合成食品添加剂。由人工合成的,经毒理学评价确认其食用安全的食品添加剂。

4.2.4 食品添加剂使用原则

(1)食品添加剂使用时应符合以下基本要求:

①不应对人体产生任何健康危害。

②不应掩盖食品腐败变质。

③不应掩盖食品本身或加工过程中的质量缺陷或以掺杂、掺假、伪造为目的而使用食品添加剂。

④不应降低食品本身的营养价值。

⑤在达到预期的效果下尽可能降低在食品中的使用量。

⑥不采用基因工程获得的产物。

(2)在下列情况下可使用食品添加剂:

①保持或提高食品本身的营养价值。

②作为某些特殊膳食用食品的必要配料或成分。

③提高食品的质量和稳定性,改进其感官特性。

④便于食品的生产、加工、包装、运输或者储藏。

(3)所用食品添加剂的产品质量应符合相应的国家标准。

(4)在以下情况下,食品添加剂可通过食品配料(含食品添加剂)带入食品中:

①根据本标准,食品配料中允许使用该食品添加剂。

②食品配料中该添加剂的用量不应超过允许的最大使用量。

③应在正常生产工艺条件下使用这些配料,并且食品中该添加剂的含量不应超过由配料带入的水平。

④由配料带入食品中的该添加剂的含量应明显低于直接将其添加到该食品中通常所需

要的水平。

⑤食品分类系统应符合 GB 2760 的规定。

4.2.5 食品添加剂使用规定

(1)生产 AA 级绿色食品应使用天然食品添加剂。

(2)生产 A 级绿色食品可使用天然食品添加剂。在这类食品添加剂不能满足生产需要的情况下,可使用一些化学合成食品添加剂。使用的食品添加剂应符合 GB 2760 规定的品种及其适用食品名称,最大使用量和备注。

(3)同一功能食品添加剂(相同色泽着色剂、甜味剂、防腐剂或抗氧化剂)混合使用时,各自用量占其最大使用量的比例之和不应超过 1。

(4)复配食品添加剂的使用应符合 GB 26687 规定。

(5)在任何情况下,绿色食品不应使用下列表 5-4-2 所示食品添加剂。

表 5-4-2 生产绿色食品不应使用的食品添加剂

食品添加剂功能类别	食品添加剂名称
酸度调节剂	富马酸一钠
抗结剂	亚铁氰化钾、亚铁氰化钠
抗氧化剂	硫代二丙酸二月桂酯、4-己雷锁辛
漂白剂	硫黄
膨松剂	硫酸铝钾、硫酸铝铵
着色剂	新红及其铝色淀、二氧化钛、赤藓红及其铝色淀、焦糖色(加氨生产)焦糖色(亚硫酸铵法)
护色剂	硝酸钠、亚硝酸钠、硝酸钾、亚硝酸钾
乳化剂	山梨醇酐单月桂酸酯、山梨醇酐单棕榈酸酯、山梨醇酐单油酸酯 聚氧乙烯山梨醇酐单棕榈酸酯、聚氧乙烯山梨醇酐单油酸酯
防腐剂	苯甲酸、苯甲酸钠、乙氧基喹、仲丁胺、桂醛、噻苯达唑、乙奈酚、联苯醚、苯基苯酚钠盐、4-苯基苯酚、2,4-二氯苯氧乙酸
甜味剂	糖精钠、环己基氨基磺酸钠(甜蜜素)、环己基氨基磺酸钙、阿力甜
增稠剂	海萝胶
胶基糖果中基础剂物质	胶基糖果中基础剂物质

注:对多功能的食品添加剂,表中的功能类别为其主要功能。

项目六
绿色食品产后处理过程控制

知识目标

1. 掌握绿色食品产后采收步骤；
2. 掌握农产品分级工具、分级标准；
3. 掌握绿色食品贮藏方法；
4. 掌握绿色食品包装要求；
5. 掌握绿色食品运输要求。

技能目标

1. 能根据不同作物、不同用途，正确判断采收期；
2. 能正确采收绿色食品；
3. 能采用正确的工具对绿色食品进行分级；
4. 能选择正确的贮藏方法贮藏绿色食品；
5. 能根据运输方式等内容提出适合绿色食品的包装方式，对产品进行正确包装；
6. 能根据绿色食品的用途选择正确的运输方式。

德育目标

1. 培养学生分析问题的能力；
2. 培养学生吃苦耐劳的品格；
3. 培养学生科学严谨的工作态度；
4. 培养学生认真负责的工作精神。

任务一 绿色食品产后采收过程控制

采收是粮食、果品、蔬菜、山野菜等植物性食品生产的最后一个环节，又是其商品化处理、贮运、加工的最初环节，具有很强的季节性和技术性。采收成熟度、采收期及采收工具是否恰当，采收技术操作是否科学合理即采收质量的高低，直接影响到采后产品的品质、贮运消耗和加工制造质量以及经济效益的高低。

【任务要求】

通过本次任务的学习，掌握马铃薯采收的最佳收获期，并能在采收后对产品进行正确的处理和分级。

【任务实施】

1 确定最佳收获期

马铃薯成熟的标志是：植株大部分转黄并逐渐枯萎，匍匐茎与薯块脱离，块茎表皮形成较厚的木栓层，块茎停止增重，即可收获。

在城市郊区作为蔬菜栽培时，可以根据市场需要和品质、熟性分期收获，当达到商品成熟期——块茎达 75 g 以上即可收获。

作种用块茎应提前一星期左右收获，以减轻生长后期不利气候的影响。收获前应选择晴天，先刈割茎叶和清除田间残留的枝叶，以免病菌传播。收获时，应避免损伤薯块，以及避免块茎在烈日下暴晒，以免引起芽眼老化和形成龙葵碱毒素，降低品质。

2 采收

根据实际条件可采用机械或人工两种方式采收马铃薯。采收时需注意：提前割除秧苗，收获时避免暴晒，并减少损伤。

3 采后处理

夏季收获的马铃薯，正值高温季节，收获后应将薯块置于阴凉而通风良好的场所摊开，但薯堆不要太厚，上面应用苇草或草帘遮光。如果薯堆太厚（超过 66 cm），堆中应设有通气管，或在薯堆上部每隔数尺竖立一捆秆（高粱或玉米秆），以利通气排热。预贮的适宜温度为 10～15℃，空气相对湿度为 80％～90％，预贮时间一般为 2～3 周，使块茎表面水分蒸发，伤口愈合，薯皮木栓化。

4　分级

针对某一马铃薯品种特性调查研究，可查阅 GB/T 31784—2015 马铃薯商品薯分级与检验规程，找到鲜食马铃薯的分级标准，通过对取样马铃薯的测定对该马铃薯品种进行分级。如果是为了销售，则剔除病虫害、机械损伤、萎蔫薯块、石头及畸形薯等，要注意轻拿轻放。并对薯块进行大小分级。袋装种薯不宜太满，微型种薯每网袋不得超过 2.5 kg，食用的块茎尽量放在暗处，做好通风。

【任务评价】

表 6-1-1　学生课堂表现评价表

企业(班级)：　　　　　　部门：　　　　　　姓名：

项目名称	评价标准	师傅	徒弟	部门	平均分	备注
报告	优(100～90 分)：完成质量高 良(89～80 分)：完成质量较高 中(79～70 分)：基本完成 及格(69～60 分)：能部分完成 不及格(＜60 分)：不能完成					
部门合作	优(100～90 分)：按分工，积极参与 良(89～80 分)：按分工，较积极参与 中(79～70 分)：按分工，基本参与 及格(69～60 分)：按分工，能部分参与 不及格(＜60 分)：不参与					
职业素质	优(100～90 分)：沟通表达，发现解决问题，团队合作与组织协调，严谨的工作，文献检索、信息收集和较强的文字处理等职业素质高 良(89～80 分)：职业素质良好 中(79～70 分)：职业素质一般 及格(69～60 分)：职业素质较差 不及格(＜60 分)：职业素质差					
总分						
平均分						

[师徒共研]

如何确定作物的收获期?

决定收获期的因素主要有成熟度、作物的用途、环境条件等。

作物的成熟度主要包括3种:生理成熟度、食用成熟度和可采成熟度。一般情况下,粮食作物主要用来储藏以备长年食用,因此它们一定要在生理成熟之后采摘收获,而有些果蔬,要在当地就近销售,那么在达到食用成熟度时采收即可。一些水果要从我国的南北方进行长距离运输后销售,则要在可采成熟度时进行采收。而玉米,为了便于储藏,要等到籽粒含水量降到30%以下,甚至是14%左右进行采收最好。在收获时还要多多关注天气情况,像在辽宁地区,在某些年份,小麦、马铃薯的采收期与雨季重合,如果采收当天没有完全收获,紧接着出现了降雨,对于果实的品质和安全性都会有影响。因此,遇到这样的年份,就要在雨季来临之前抢收。从中也可以看出,农业生产是多种因素共同作用的结果,在进行作物生产过程中要考虑到作物本身、环境条件、生物影响等多种因素,才能最终得到我们想要的结果。

[知识链接]

1　绿色食品的采收

1.1　确定最佳收获期

1.1.1　谷物的最佳收获期

谷物的最佳收获期,是指在粮食作物籽粒干物质积累达到最高值时进行收获的时期。这时收获的粮食产量最高,品质最好。各种粮食作物的成熟期大都不相同,即使是同一种粮食作物也因品种、地力、气候条件不同而异。因此,不同的粮食作物,不同品种的粮食作物,不同种植条件的粮食作物,它们的最佳收获期是不相同的。如何选择最佳收获期要根据当地品种布局、土壤肥力、管理条件、气候因素等条件来确定。但由于人为的一些原因,目前各种粮食作物的传统收获时间距离最佳期收获时间都比较远。小麦一般晚于最佳收获期,玉米早于最佳收获期。

1.1.2　果蔬的最佳收获期

果蔬的采收期主要取决于其成熟度。果蔬的成熟度一般可分为可采成熟度、食用成熟度和生理成熟度3种。可采成熟度是指果蔬已经完成了生长和营养物质的积累,大

> **思政花园**
>
> 秋收
>
> 宋·刘挚
>
> 农家之富秋始见,
> 十色田利皆丰登。
> 担赢车载上场圃,
> 环舍隐积如高陵。

小已经定型，开始出现了本品种近于成熟的色泽和形状，已达到可采阶段，这时有的果蔬还不完全适于鲜食，但适于长期贮藏，如供贮藏用的苹果、香蕉、番茄都应在此时采收。食用成熟度是指果蔬已经具备本品种固有的色、香、味、形等形状特征，达到最佳食用期的成熟度状态，这时采收的果蔬适于就地销售及短途运输。生理成熟度是指果蔬种子已经充分成熟，果蔬已不适于食用，更不便于贮藏运输，一般以食用种子为目的的核桃、板栗在该阶段采收。

果蔬采收的成熟度要根据果蔬种类、品种的生物学特征与采收后的用途、市场远近、加工贮运条件等综合因素来决定。一般采用果蔬颜色、果梗脱落难易程度、果蔬硬度、主要化学物质含量、生长期和植株生长状态等指标作为判断采收成熟度的参考。具体指标内容见表 6-1-2。

表 6-1-2　果蔬成熟度参考指标

指标名称	指标内容	举例
果蔬颜色	果实成熟时表皮表现出果蔬固有的颜色变化	(1)苹果、桃的红色为花青素。 (2)葡萄的果皮中含有单宁、戊酸酐、儿茶酸及某些花青素等而显红色。 (3)番茄的红色和黄色是番茄红素和番茄黄素所形成的，长途运输的番茄应在果实由绿变白的绿熟期采收，近地销售可在破色期即果顶为粉红色或红色时采收，加工用的番茄则在全红时采收。 (4)甜椒一般在绿熟期采收，罐藏、制酱或制干的辣椒则在全红时采收。 (5)西瓜在接近地面部分由白灰变为略黄时采收。 (6)甜瓜色彩由绿到斑绿和稍黄时表示成熟。 (7)草莓采收应在着色 80%～90%时，此时采收既能得到风味较好的果实，又能减少因过熟而带来的损失。
果梗脱落的难易程度	离层的形成	某些种类的瓜果如苹果、西瓜、枣等在成熟时果柄与果枝间形成离层，一经震动就脱落。
果蔬的硬度	果肉抗压力的强弱	(1)辽宁的国光苹果采收时，硬度一般为 8.6 kg/cm^2。 (2)烟台的青香蕉苹果采收硬度一般为 8.1 kg/cm^2。 (3)有的蔬菜不用硬度而用坚实度来决定采收成熟度，如白菜、甘蓝等。有的蔬菜要求硬度不能过高，若硬度高则表示品质下降。如芹菜应在叶变坚硬之前采收。茄子、黄瓜、豌豆、四季豆、甜玉米等应在幼嫩时采收。质地变硬就意味着组织粗老，鲜食和加工品质低劣。 果蔬硬度原理

续表 6-1-2

指标名称	指标内容	举例
主要化学物质含量	果蔬中的主要化学物质有淀粉、糖、有机酸、总可溶性固形物、抗坏血酸等。在生产和科学试验中常用总可溶性固形物含量高低来判断成熟度，或以可溶性固形物与总酸之比来衡量品种的质量，要求固酸比达到一定比值时才进行采收。	(1)四川甜橙在采收时要求固酸比10:1左右，苹果的固酸比为30:1时采收，风味浓郁。 (2)淀粉和糖含量是衡量果蔬采收成熟度的重要指标，青豌豆、甜玉米、菜豆等食用幼嫩组织，要求含糖多、含淀粉少，而马铃薯、芋头等淀粉含量高则产量高、品质好、耐贮藏，用于加工制淀粉时，出粉率高。
生长期	栽种在同一地区的果蔬作物，在正常的栽培条件下，其果实、蔬菜从生长到成熟，大体都有一定的天数，因此，也可根据生长期确定适宜的采收成熟度。	(1)山东济南的金冠苹果 4 月 20 日前后开花，9 月 15 日前后成熟，生长期 145 天左右。 (2)陕西渭北秦冠苹果盛花后 180 天以上采收为宜。
植株生长状态	整个地上植株部分的表现形式。	洋葱、马铃薯、芋头、荸荠、姜等在地上部枯黄后开始采收为合适，此时产品开始进入休眠，采收后最耐贮藏。
其他	判断果蔬采收成熟度的方法还有很多，如香蕉以横断面观察果实的饱满度，其切面越圆，饱满度越高，果实成熟度就越高。苹果、梨的成熟度还可通过观察种子变褐情况决定。冬瓜在果皮茸毛消失、出现蜡质白粉时采收。莴笋在茎顶与最高叶片尖端相平时为采收适期。	

以上判断采收成熟度的方法，在实践中应根据果蔬的种类、品种特性、生长情况、气候条件、栽培情况及果蔬采后的用途等综合加以考虑，才能比较准确地决定适宜的采收期。

1.1.3 山野菜的最佳收获期

常见山野菜的种类

确定最佳采收期对山野菜保鲜贮藏尤为重要。山野菜的采收期大致在每年的 3—5 月份，但由于品种和各地气候条件的不同而有所不同。如蕨菜，辽宁地区多在每年的 5—6 月份采摘；黑龙江地区的蕨菜，多生长在高山地带，它们大都在 5 月中旬出土，在 5 月下旬或者 6 月上旬进行采摘；湖南是生产蕨菜的重要地区，该地多在每年的 5—6 月份进行采摘；贵州地区的蕨菜种类多，分布也比较广，因此采摘周期也比较长，大概在 3 月中旬到 5 月份均可采摘；内蒙古地区的蕨菜则多在 6 月份采摘。采摘时看根茎和茎尖的卷曲状态，如果蕨菜的根茎很容易掐断的话，则表示蕨菜比较鲜嫩，茎尖如果完全生长开来，就表示其比较老，口感也会变差。薇菜在叶柄出土 18 cm 以上时，采集不伸"巴掌"的嫩菜。叶柄卷钩半伸，开始老化，即停滞采集。一般每年4—6月份采集。刺嫩芽在芽长出6 cm以上时，选择长6～9 cm的嫩芽采集，并将绿色芽和紫色芽分别寄放。野黄花菜在花蕾形成而尚未凋谢时采集，时间一般为每年6—8月份盛开期。但要注意花蕾和刚开的花不能鲜食，因内含秋水仙碱，有毒，需经干制或腌渍后方可食用。

1.2　采用适当的收获方式

1.2.1　谷物收获方式

粮食谷物收获由于地区地势和经济发展因素等差异，采用的收获方式不同。谷物粮食在地块较小、地势不均，经济发展比较落后的地区主要采用人工、半机械化收获。而在人均耕地面积较大、地势均一、经济发达地区一般采用机械化收获。粮食作物采用人工收获后，要科学安排时间，精心组织劳力进行脱粒和干燥，脱粒要立足"抢"字，防止霉烂，减少损失。粮食的集中产区，要在粮食作物成熟收获之前，准备好一定面积的场院，农户轮流使用，严禁在公路上脱粒晾晒。对于小麦、谷子、高粱、大豆等粮食作物最好采用机械脱粒。机械收获脱粒后进行干燥晾晒，最好选择机械化程度高、干燥强度大、结构简单、投资较少的粮食烘干设备进行干燥。

1.2.2　果蔬收获方式

果蔬鲜嫩多汁，在采收过程中容易碰破擦伤，且果蔬破伤后愈合能力很差，极易造成腐烂。因此，果蔬采收是一项很细致的工作，必须在采前做好各项准备工作。果蔬的采收方式也分为人工采收和机械采收。

所谓人工采收，是指手摘、剪采、刀割、杆打、摇落、用锹、用锻挖等方法进行采收。如美国和日本用作鲜销的柑橘类果实，用圆头剪剪齐萼片，剪断果梗，将果实装入随身背着的特制帆布袋内，盛满后打开袋底扣子，将果实倾入大木箱（约500 kg），用吊车将大木箱装上汽车，送至包装场。苹果和梨成熟时，其果梗与果枝间产生离层，采收时以手掌将果实向上一托即可脱落。对于果梗与果枝结合牢固的果实如葡萄、柑橘、荔枝、龙眼等，一般用采果剪剪下。核桃、板栗、枣等果实多采用杆打、摇落等方法采收。萝卜、胡萝卜、马铃薯、芋头、山药、大蒜、洋葱、藕等地下根茎类蔬菜，采收时用锹或锻等工具挖，也可用犁翻，要求挖得够深，否则会伤及根部。有些蔬菜采收时用刀割，如石刁柏、甘蓝、大白菜、芹菜、西瓜、甜瓜等。

机械采收主要应用于那些在成熟时果梗与果枝间易形成离层的果实和根茎类蔬菜。果实机械采收的主要方式为强风压式和振动式。采果之前在植株上喷洒催熟剂或脱落剂，促使果梗与果枝间离层的形成。机械采果时迫使离层分离脱落，但必须在树下布满柔韧的传送带，以承接果实，并自动将果实送到分级包装机内。美国用此类机械采收樱桃、葡萄、苹果等，采收效率很高。

地下根茎类蔬菜如马铃薯、萝卜、芋头、山药等，国外常用机械采收，其采收机械是由挖掘器、收集器、运输带这几部分连接在一起的。收后运到拖车上，有的还附加分级、装袋等设备。采收机械采收的果蔬产品主要用于加工处理。

果蔬采收要尽量避免机械损伤和注意天气。阴雨天气、露水未干或浓雾时采收，因果蔬表皮细胞膨压大，容易造成机械损伤，加上表面潮湿，便于微生物侵染，高温天气的中午和午后采收，果蔬体温高，其呼吸、蒸腾旺盛，容易萎蔫，衰老加快，而且田间热不易散发，易引起腐烂变质，对贮藏、运输不利。因此，果蔬应在晴天上午露水已干时采收。采收时还要注意根据果实的成熟先后分期采收，且注意对于大多数水果来说，采果时应先采树冠下部、外围果，后采树冠内膛和上部果，以免人为碰落果实。

山野菜采收的基本原则

1.2.3 山野菜的收获方式

山野菜是否耐贮藏与其采收方法有密切的关系。采收方式和适当处理是保持山野菜品质的必要条件。不正确的采收和粗放的处理，不仅直接影响山野菜的销售、品质，而且引起损伤和变色，导致呼吸显著增加，生理病害发生，即使是轻微的表皮损伤，也会成为微生物侵入的通道而招致腐烂，缩短贮藏寿命。掌握正确的采收方法，对防止山野菜大量损耗有着重要的意义。

目前，山野菜的采收方法为人工采摘，再由加工厂集中收购，然后再进行保鲜贮藏或加工处理。

山野菜的采收需要注意：地下根茎类山野菜，如山药、大黄，应挖得深些，以免伤及根部。在挖掘前应提早割去枝叶，或挖后将块茎在地上摊晾 1～2 h。用手采摘山野菜时要特别注意轻拿轻放，避免损伤。用刀割的山野菜，收割时应留 2～3 片包叶作为衬垫保护。

2 绿色食品农产品的分级

分级是根据果蔬产品的大小、重量、形状、色泽、成熟度、新鲜度及病虫害、机械伤等商品性状，按照一定的标准进行严格挑选。分级是农产品商品化处理的基础环节，是现代化生产和商品经济的客观要求。只有按一定的标准，通过分级处理，使其达到商品标准或商品性状大体一致，这样才便于农产品的包装、运输、销售和贮藏加工。

2.1 分级标准

农产品的种类、品种很多，产品器官各异，因此分级标准不同。目前我国农产品的商品规格标准还不完善，国家只对少数主要出口果蔬产品如苹果、柑橘、梨等颁布了部颁标准，而大量的农产品尤其是内销产品还没有制订明确的规格标准，主要是按照地方标准进行分级。

农产品的分级主要体现在水果蔬菜的分级上。果品分级标准的主要项目因种类、品种不同而略有出入。我国目前一般是在果形、新鲜度、颜色、品质、病虫害和机械损伤等方面已符合要求的基础上，再按大小进行分级。

GB/T 30762—2014
主要竹笋质量分级

蔬菜由于供食用的部分不同，成熟标准不一致，所以没有一个固定的统一的规格标准，只能按各种蔬菜品质的要求制订个别的标准。蔬菜分级通常根据坚实度、清洁度、大小、重量、颜色、形状、成熟度、新鲜度，以及病虫感染和机械损伤等各个方面综合考虑。通常的级别有 3 种，即特级、一级和二级。

2.2　分级方法

2.2.1　粮食的分级(清粮)处理

清粮就是利用比较先进的工程技术，把籽粒中夹带混入的作物残体碎屑、沙、土、石、杂草种子等异物清理出去，以保持粮食仓标准容量，达到安全储运、提高加工产品质量的目的。分散粮产区，因粮食种植面积小，收获数量小，宜采用人工和半机械化的清粮方法。这需要根据粮食种植的面积和产量，建立固定的场院，结合脱粒进行人工风扬、过筛清粮，也可以联户进行半机械化清粮，集资购买清粮机械，专人管理维修。严禁在公路或公用场所进行清粮，以保证安全，减少粮食污染。集中粮产区和种粮大户要进行机械化清粮，购置配备专门的清粮机械设备，这样不仅清粮效率高，质量好，还可以达到降湿降温的目的，避免集中脱粒后，因高湿高温发生霉烂变质。粮食集中仓储单位应配备清理筛，这种清理筛可按照仓储标准来进行清粮，确保粮食入库质量。

2.2.2　果蔬产品的分级

果蔬产品的分级方法大体可分为人工分级和机械分级两种。

人工分级是根据人的视觉判断，按照果蔬分级标准，将果蔬分成若干等级。人工分级能减轻机械伤害，适用于各种果蔬，尤其是鲜嫩多汁、容易损伤的果蔬，如桃、杏、葡萄等。但工作效率低，级别标准易受人心理因素的影响。

机械分级，能消除人的主观因素的影响，美国、日本等发达的国家除对容易损伤的果实和大部分蔬菜仍采用人工分级外，其余果蔬一般采用机械分级。各种选果机械都是根据果实直径大小进行形状选果，或是根据果蔬的不同重量进行重量选果而设计制造的。我国用光电分级机，进行柑橘、番茄等果实的挑选分级。

任务二　绿色食品贮藏过程控制

绿色食品采收后，大多需要进行贮藏，等待进一步加工。农产品的贮藏环境不好，如温度过高、潮湿，仓储害虫和微生物就会滋生，农产品被病虫为害，品质变劣，人类直接食用这样的产品后就会发生食物中毒事件，甚至危及生命。深加工的企业生产的产品品质也会大打折扣，造成利润降低，甚至影响企业声誉。因此，绿色食品贮藏过程的质量控制也是不容忽视的。

【任务要求】

通过本次任务的学习，以马铃薯贮藏保鲜为例，能发现绿色食品贮藏过程中的食品安全关键点，掌握绿色食品贮藏保鲜技术，选择正确的保鲜技术进行保鲜。

【任务实施】

(1)调查马铃薯果实与环境的关系；

(2)调查绿色食品贮藏技术；

(3)选择适宜的保鲜技术；

(4)确定保鲜过程的控制点。

【任务评价】

表 6-2-1　学生课堂表现评价表

企业(班级)：　　　　　　　　　　部门：　　　　　　　　　姓名：

项目名称	评价标准	师傅	徒弟	部门	平均分	备注
报告	优(100～90 分)：完成质量高 良(89～80 分)：完成质量较高 中(79～70 分)：基本完成 及格(69～60 分)：能部分完成 不及格(<60 分)：不能完成					
部门合作	优(100～90 分)：按分工，积极参与 良(89～80 分)：按分工，较积极参与 中(79～70 分)：按分工，基本参与 及格(69～60 分)：按分工，能部分参与 不及格(<60 分)：不参与					
职业素质	优(100～90 分)：沟通表达，发现解决问题，团队合作与组织协调，严谨的工作，文献检索、信息收集和较强的文字处理等职业素质高 良(89～80 分)：职业素质良好 中(79～70 分)：职业素质一般 及格(69～60 分)：职业素质较差 不及格(<60 分)：职业素质差					
总分						
平均分						

[师徒共研]

1. NY/T 1056—2006《绿色食品　贮藏运输准则》中绿色食品生产对贮藏的要求是什么？

(1)贮藏设施的设计、建造、建筑材料。

①用于贮藏绿色食品的设施结构和质量应符合相应食品类别的贮藏设施设计规范的规定。

②对食品产生污染或潜在污染的建筑材料与物品不应使用。

③贮藏设施应具有防虫、防鼠、防鸟的功能。

(2)贮藏设施周围环境。周围环境应清洁和卫生，并远离污染源。

(3)贮藏设施管理。

①藏设施的卫生要求设施及其四周要定期打扫和消毒；贮藏设备及使用工具在使用前均应进行清理和消毒，防止污染；优先使用物理或机械的方法进行消毒。

②出入库经检验合格的绿色食品才能出入库。

③堆放按绿色食品的种类要求选择相应的贮藏设施存放，存放产品应整齐；堆放方式应保证绿色食品的质量不受影响；不应与非绿色食品混放；不应和有毒、有害、有异味、易污染物品同库存放；保证产品批次清楚，不应超期积压，并及时剔除不符合质量和卫生标准的产品。

④贮藏条件应符合相应食品的温度、湿度和通风等贮藏要求。

(4)保质处理。

①应优先采用紫外光消毒等物理与机械的方法和措施。

②在物理与机械的方法和措施不能满足需要时，允许使用药剂，但使用药剂的种类、剂量和使用方法应符合《绿色食品　兽药使用准则》的规定。

(5)管理和工作人员。

①应设专人管理，定期检查质量和卫生情况，定期清理、消毒和通风换气，保持洁净卫生。

②工作人员应保持良好的个人卫生，且应定期进行健康检查。

③应建立卫生管理制度，管理人员应遵守卫生操作规定。

(6)记录。建立贮藏设施管理记录程序。

①应保留所有搬运设备、贮藏设施和容器的使用登记表或核查表。

②应保留贮藏记录，认真记载进出库产品的地区、日期、种类、等级、批次、数量、质量、包装情况、运输方式，并保留相应的单据。

2. 山野菜有哪些保鲜贮藏方法呢？

(1)杀青贮藏。有些野菜，如蕨菜、薇菜等采回后不及时解决，鲜菜很快老化变硬，因而，必须将它们及时用开水焯一下(即杀青,注意杀青时不要用铁锅,以防产品变黑)。这样既可除去涩味,又能抑制野菜细胞的活性,避免因呼吸作用而蜕变。而后装入塑料袋中,加5%盐水,排净气后扎紧袋口,放入冷凉处保留,可随时取出加工或食用。

(2)腌渍贮藏。为保留野菜风味、品质,可采取腌渍储存法。短期储存时,只要将野菜洗净后,加2%~5%浓度的盐水浸泡(每千克野菜用盐20~25 g)即可。食用时用清水进行脱盐。储存6个月以上的,要采取两次腌渍法。第1次腌渍时,用盐量为野菜量的20%~30%,浸渍10 d;第2次用盐量为野菜量的10%~15%,并以饱和盐水(水盐比100:37)灌满缸后加盖压石,腌渍10~15 d即可。食用或加工时要注意进行脱盐处理。

(3)山野菜无盐浸渍储藏。将采收的山野菜及时清洗,尽量减少附着的微生物,随后在沸水中漂烫,杀灭耐热性差的微生物,同时也使山野菜组织内的酶系失活,然后将其浸入酸性的保鲜浸渍液中,密闭存放,依靠缺氧和低pH的酸性环境,抑制微生物繁殖,使山野菜保鲜贮存。

[知识链接]

1 绿色食品储藏与保鲜方法

1.1 绿色食品自然冷源储藏

水果、蔬菜等新鲜食物一般采用低温储藏或控制气体成分的储藏方法。

1.1.1 埋藏或沟藏

埋藏或沟藏利用气温和土温的变化特点和规律达到储藏保鲜的目的。埋藏地应选择地势较高、地下水位较低的地方。挖沟的深度要根据当地冻土层的厚度确定,应在冻土层以下储藏。将果实散放于沟内,再用土或沙覆盖。或将物品装筐后放入沟内埋藏。

1.1.2 窖窨

储藏窖窨都是根据本地的自然地理条件修建的,大都建在土层以下,利用变化缓慢的土温和简单的通风设备调节和控制温度。窖窨的种类很多,以棚窖最普遍,还有窑洞、井窖、土窖、通风储藏窖等。

1.1.3 通风库储藏

通风库是利用良好的隔热保温材料和较好的通风设备建设的永久性储藏库。通风库要选择地势高、干燥、地下水位低、通风良好、没有污染、交通方便的地方。通风库储藏原理是利用机械能通风设备,利用昼夜温差,将库外的低温空气导入室内,再将库内的热空气、二氧化碳、乙烯等不良气体排出库外。

1.1.4 气调储藏

气调储藏是一种通过调节和控制环境气体成分的储藏方法。其基本原理是在适宜的低温下，改变储藏库或包装中气体的组成，降低氧气含量，增加二氧化碳的含量，以减弱鲜活食品的呼吸强度，抑制微生物的生长繁殖和食品中化学成分的变化，从而达到延长储藏期和提高储藏效果的目的。气调储藏除了用于水果和蔬菜的储藏外，已开始用于粮食、油料、肉类肉制品、鱼类、鲜蛋等多种食品的储藏。

1.2　绿色食品低温储藏

低温储藏是指低于常温 15℃以下环境中储藏食品的方法。食品低温储藏温度，因食品种类、特性和储藏期限的不同而不同。可将低温储藏温度划分为 4 类，具体方法见表 6-2-2。

表 6-2-2　绿色食品低温储藏方法分类

方法名称	温度控制范围	适宜储藏的食品
冷却食品储藏	0～10℃	多用于水果、蔬菜的贮藏
冷冻食品储藏	8～30℃	多用于肉类、禽类、鱼类等易腐性食品
半冻结食品储藏	−2～3℃	用于短期储藏或运输食品，如肉类、鱼类等
冷凉食品储藏	−1～+1℃或 −5～+5℃	多用于肉类运输途中的储藏，也多见于水果和蔬菜的运输保藏

1.3　绿色食品干燥储藏

绿色食品干燥储藏包括干燥储藏及干制食品的储藏。从食品中除去一定数量的水分称为干燥或脱水。食品的干燥或脱水称为干制，经干制的食品称为干燥食品或干制食品，食品经干燥脱水后，不易腐败变质，可延长储藏期，而且由于体积与重量显著减少而便于运输，例如蔬菜、水果、肉类、鱼类等。

1.4　绿色食品腌渍和烟熏储藏

1.4.1　腌渍储藏

食品的腌渍储藏主要是利用食盐或食糖溶液产生的高渗透压和低水分活度，或通过微生物的正常发酵，降低环境的 pH，以抑制有害微生物的活动，增进储藏性能。如果脯、蜜饯。

1.4.2　烟熏储藏

烟熏储藏是在腌制的基础上，利用木料不完全燃烧时所产生的烟气熏制食品的方法，获得食品的特殊风味，延长储藏寿命。

1.5　绿色食品密封加热储藏

食品密封加热储藏主要用于罐头食品，这种储藏方法由于对食品密封包装，并经高温处理，既杀死食品中的微生物、破坏酶的活性，又

思政花园

赐鲜鲥鱼

明 · 于慎行

六月鲥鱼带雪寒，三千江路到长安。
尧厨未进银刀鲙，汉阙先分玉露盘。
赐比群卿恩已重，颁随元老遇犹难。
迟回退食惭无补，仙馔年年领大官。

能防止微生物的再污染，从而可达到长期储藏的目的。

1.6 绿色食品化学储藏

食品化学储藏是指在生产和储藏过程中，添加某种对人体无害的化学物质，增强食品的储藏性能和保持食品品质的方法。食品化学储藏的卫生安全是人们最为关注的问题，因此生产和选用化学储藏剂时，首先必须符合食品添加剂标准，绿色食品选用添加剂时必须符合绿色食品添加剂使用标准。

1.7 绿色食品物理储藏

物理储藏是用物理手段达到保鲜储藏食品的方法。主要有电离辐射保藏、静电处理及磁场处理等。具体方法见表 6-2-3。

表 6-2-3 绿色食品物理储藏方法分类

方法名称	具体内容	已经应用的范围
电离辐射保藏	经过辐射处理可以延缓果实成熟，并具有杀虫、杀菌、消毒及防腐作用，既不破坏外形，又能保持食品原有色、香、味及营养成分，并在常温下保存期长，且节约能源，更没有化学药剂的残留。	适用于谷物、果实、种子、蔬菜、鲜肉、酒品等食品
静电处理	静电场处理食品与水果和蔬菜不仅能起到消毒灭菌的作用，而且可保持其原色泽、原品味和不降低其维生素 C 及氨基酸等的含量。	水果和蔬菜
磁场处理	产品在一个电磁线圈内通过，控制磁场强度和产品移动的速度，或者产品静止而磁场不断改变方向，可使产品受到一定剂量的磁力线的切割作用。经过处理后，农产品的生活力提高，抵抗病变能力增强。磁场有类似于植物激素的特性，或具有活化激素的功能，从而起催熟作用，激活或促进酶系统而加强呼吸作用，形成自由基加速呼吸而促进后熟耐储藏。	水分较多的山野菜
微波保鲜技术	在微波场作用下，食品中的微生物体内的蛋白质和生理活性物质发生变异或被破坏，从而导致生物体生长发育异常，直至死亡。	(1)瑞典、德国和丹麦均使用微波进行切片面包杀菌防霉保鲜的工业化生产，其保鲜期由原来的 3～4 d 延长到 30～40 d (2)荷兰某食品公司对盒装茄汁鱼块、牛肉等 8 个品种食品做微波杀菌保鲜处理

1.8 利用天然果蔬保鲜剂储藏绿色食品

利用植物源、动物源和拮抗微生物等进行保鲜储藏。我国用于食品抑菌物质开发的植物有樟属、蒿属和九里香属。从樟属植物中提取的丁香酚甲醚、桂醛、芳樟醇等用于水果储藏；蒿属提取物对水果致病菌青霉等有抑杀作用；九里香属某些提取物对霉菌有一定抑杀功效。动物源抑菌物质保鲜剂脱乙酰甲壳质（即壳聚糖）、蜂胶等用于水果采后防腐储藏。壳聚糖能够防治灰霉等病菌引起的水果采后腐烂，并且能够延长猕猴桃、草莓、番茄、苹果、桃、梨、四季柚、柑橘等果实储藏期。现在，国内外已经从植物和土壤中分离出 30 余种对水果采后病害具有拮抗作用的细菌、小型丝状真菌和酵母菌。这些微生物可以用来帮助果蔬进行采后保鲜。

任务三　绿色食品包装过程控制

绿色食品经过包装，可以减少运输、贮藏及销售等环节中因相互摩擦、碰撞，挤压而造成的机械损伤，减少病害蔓延和水分消耗，避免果蔬散堆发热而引起的腐烂变质，使果蔬产品在较长时期内保持良好的商品状态、品质和食用价值。

【任务要求】

通过本次任务的实施，了解绿色食品包装材料的类型，及对包装材料安全性的要求，明确包装过程中对食品安全产生影响的关键点，并能控制这些关键点问题。

【任务实施】

对绿色食品小米进行真空包装。

1　选择包装材料

印有绿色食品标签的食品级塑料。

2　明确包装步骤

包装步骤见表 6-3-1。

表 6-3-1　小米真空包装步骤

序号	每步的内容
1	称量足量小米
2	将小米放入食品袋
3	将食品袋放入正空包装机中
4	启动机器进行包装

3 找出对小米进行真空包装的整个流程中的关键控制点

见表 6-3-2。

表 6-3-2 真空包装流程中易产生危害的关键点

序号	每步的内容	易产生危害的关键点
1	称量足量小米	称量设备卫生是否达标
2	将小米放入食品袋	食品袋的安全性是否达标
3	将食品袋放入真空包装设备中	是否有异物进入
4	启动机器进行包装	包装是否破损或漏气

4 明确控制办法

见表 6-3-3。

表 6-3-3 真空包装危害关键点的控制方法

序号	每步的内容	易产生危害的关键点	控制方法
1	称量足量小米	称量设备卫生是否达标	检查是否有残留，如果有，清洁设备，保证设备干净整洁、防止有害微生物及除产品之外的其他物品的进入
2	将小米放入食品袋	食品袋的安全性是否达标	在采购时进行检测
3	将食品袋放入真空包装设备中	是否有异物进入	观察，并将异物移除
4	启动机器进行包装	包装是否破损或漏气	包装后检查

【任务评价】

表 6-3-4 学生课堂表现评价表

企业(班级)： 部门： 姓名：

项目名称	评价标准	师傅	徒弟	部门	平均分	备注
实践	优(100～90 分)：完成质量高 良(89～80 分)：完成质量较高 中(79～70 分)：基本完成 及格(69～60 分)：能部分完成 不及格(<60 分)：不能完成					

续表 6-3-4

项目名称	评价标准	师傅	徒弟	部门	平均分	备注
部门合作	优(100～90 分):按分工,积极参与 良(89～80 分):按分工,较积极参与 中(79～70 分):按分工,基本参与 及格(69～60 分):按分工,能部分参与 不及格(＜60 分):不参与					
职业素质	优(100～90 分):沟通表达,发现解决问题,团队合作与组织协调,严谨的工作,文献检索、信息收集和较强的文字处理等职业素质高 良(89～80 分):职业素质良好 中(79～70 分):职业素质一般 及格(69～60 分):职业素质较差 不及格(＜60 分):职业素质差					
总分						
平均分						

[师徒共研]

1.绿色食品纸质包装材料的要求有哪些?

GB 4806.8—2016 食品安全国家标准　食品接触用纸和纸板材料及制品。

(1)纸质材质包装类型

①食品接触用纸和纸板材料及制品。在正常或可预见的食用条件下,预期与食品接触的各种纸和纸板材料及制品,包括涂蜡纸、纸浆模塑制品及食品加工烹饪用纸等。

②纸浆模塑制品。以纸浆为主要原料,按产品用途所需形状,经模塑等立体造纸技术制作成型的制品。

(2)要求

①原料要求。食品接触用纸和纸板材料及制品使用的原料不应对人体健康产生危害。纤维原料应以植物纤维为主。

②感官要求。感官要求应符合表 6-3-5 的规定。

表 6-3-5　与食品接触纸质包装材料的感官要求

项目	要求
感官	色泽正常，无异臭、霉斑或其他污物
浸泡液	迁移试验所得浸泡液不应有着色、异臭等感官性的劣变

③理化指标要求。与食品直接接触的纸和纸板材料及制品中的铅、砷残留量应符合表6-3-6的规定，其他残留物应符合表6-3-7的要求。

表 6-3-6　铅、砷指标

项目	指标	检测方法
铅(Pb)≤，mg/kg[a]	3.0	GB 31604.34—2016 第一部分，或 GB 31604.49—2016 第一部分
砷(As)≤，mg/kg[a]	1.0	GB 31604.38—2016 第一部分，或 GB 31604.49—2016 第一部分

注：[a] 以单位纸或纸板质量的物质毫克数计。

表 6-3-7　其他残留物指标

项目	指标	检测方法
甲醛≤，mg/dm^{2}[a]	1.0	按照附录 A 制备水提取试液，然后按照 GB 31604.48 测定(不进行迁移试验)
荧光性物质 波长 254 nm 和 365 nm	阴性	GB 31604.47

注：[a]以单位纸或纸板面积的物质毫克数计。

预期直接接触液态食品、表面有游离水或游离脂肪食品的纸和纸板材料及制品的迁移物应符合表 6-3-8 的规定。

表 6-3-8　迁移物指标

项目	指标	检测方法
总迁移量[a]≤，mg/dm^{2}	10	GB 31604.8
高锰酸钾消耗量≤，mg/kg 水(60℃，2 h)	40	GB 31604.2
重金属(以 Pb 计)[b]≤，mg/kg 4%乙酸(体积分数)(60℃，2 h)	1	GB 31604.9

注：[a]不适用于食品接触表面覆蜡的纸和纸板材料及制品。如果按照规定选择的视频模拟物测得的总迁移量超过 10 mg/dm^{2}时，应按照 GB 31604.8—2016 中的 5.5.2 测定三氯甲烷提取物，并以测得的三氯甲烷提取量进行结果判定。

[b]仅适用于预期接触水性食品或表面有游离水食品的成品纸和纸板材料及制品。

④微生物限量。预期与食品直接接触，且不经过消毒或清洗直接使用的纸和纸板材料及制品的微生物应符合表 6-3-9 的规定。

表 6-3-9 微生物限量指标

项目	指标	检测方法
大肠菌群，/50 cm^2	不得检出	GB 14934
沙门氏菌，/50 cm^2	不得检出	GB 14934
霉菌，CFU/g	50	GB 4789.15

2.绿色食品玻璃包装材料的要求有哪些？

玻璃类包装材料的卫生性能应符合 GB 19778《包装玻璃容器铅、镉、砷、锑溶出允许限量》的规定。

(1)各玻璃容器的定义

包装玻璃容器：用于盛装食品、药品、酒类、饮料、饮用水等直接进入人体的物料的玻璃容器和微晶玻璃容器。

扁平容器：从容器内部最低平面至口缘水平面的深度小于 25 mm 的玻璃容器。

小容器：容积小于 600 mL 的容器。

大容器：容积介于 600 mL 和 3 L 之间的容器。

贮存罐：容积大于 3 L 的容器。

耐热玻璃容器：盛装食品后再进行加热的容器，如微波炉烤盘、咖啡壶、火锅等玻璃容器。

(2)允许限量

包装玻璃容器铅、镉、砷、锑溶出允许限量见表 6-3-10。

表 6-3-10 包装玻璃容铅、镉、砷、锑溶出允许限量

包装玻璃容器类型	单位	允许限量			
		铅	镉	砷	锑
扁平容器	mg/dm^2	0.8	0.07	0.07	0.7
小容器	mg/L	1.5	0.5	0.2	1.2
大容器	mg/L	0.75	0.25	0.2	0.7
贮存罐	mg/L	0.5	0.25	0.15	0.5

3.对绿色食品塑料包装材料有哪些要求？

塑料类包装应符合以下要求：

(1)直接接触绿色食品的塑料包装材料和制品不应使用回收再用料；

(2)直接接触绿色食品的塑料包装材料和制品应使用无色的材料；

(3)酒精度含量超过 20%的酒类不应使用塑料类包装容器；

(4)不应使用聚氯乙烯塑料。

[知识链接]

1 绿色食品包装材料的类型

1.1 纸质包装材料

纸质包装材料主要分为两大类，即一般纸浆制品和新型多功能纸制品。其类型主要有涂蜡纸、涂油纸、涂塑纸(即高分子材料涂敷纸)、防潮纸、防霉纸、镀铝纸及纸/铝/塑料层合纸、普通纸板、加工纸板(涂塑纸板)、瓦楞纸板、蜂窝纸板等。主要制成盒、袋、箱和缓冲防震材料。用来包装蛋品、水果制品的纸浆膜塑、一次性饭盒、食品包装托盘以及具有防水防湿、防细菌侵入、延缓食品变质、感温、防油、抗渗透等新型功能的包装纸。

1.2 塑料包装材料

塑料包装材料的使用占包装总量的 30%，包括从石油等矿物质中提取的石油基塑料和通过天然植物纤维、生物高分子材料提取并加工的生物可降解塑料。主要制成袋、瓶、箱、盒、拉伸薄膜、热收缩薄膜、真空包装容器、气垫式缓冲包装容器、泡沫塑料容器和泡沫塑料缓冲材料等产品。

可降解塑料材料介绍

1.3 玻璃包装材料

玻璃包装材料是一种惰性材料，化学稳定性、抗耐性、安全性非常好，但易碎、重量/容积比大，常用于液体饮料、酒水的包装。

此外，还要严格禁止在食品包装玻璃材料中使用软化剂(含砷化物)、避免玻璃着色剂导致的污染。

1.4 金属包装材料

金属食品包装材料易回收、再生性强、环境污染率低，是很好的绿色环保型材料。目前，最常用的是马口铁(镀锡薄钢板)、无锡钢板、铝和铝箔等。

1.5 陶瓷、搪瓷材料

陶瓷、搪瓷制品美观大方，原材料来源广泛，使用历史悠久，可以反复使用，是较好的环保型食品包装材料。绿色化的主要措施是限制其中铅、镉的溶出量。

1.6 木、竹、布、麻材料

天然的木、竹、布、麻材料原材料丰富易得，透气性好，生产和使用过程无污染，有利于环境保护，经常被用来生产餐具或食品包装容器。

1.7 天然、合成橡胶制品

我国使用橡胶制品有天然橡胶、天然乳胶和硅橡胶制成。如橡胶奶嘴、高压锅垫圈，食品容器橡胶垫片和垫圈、铝背水壶橡胶密封垫片、吸输用食品胶管、橡胶密封件、肉质食品包装乳胶网袋等橡胶制品。

1.8　可食用性包装材料

可食性包装材料是指当包装功能实现后，即将成为“废弃物”时，使它转变为一种食用原料。它主要可以分为5大类：淀粉类、蛋白质类、多糖类、脂肪类和复合类。

1.8.1　淀粉类

淀粉类主要是以淀粉为原料加入胶黏剂按一定比例配制，充分搅拌，再通过热压等方式加工制得的。所用淀粉有玉米、甘薯、马铃薯、魔芋、小麦等，所加入的胶黏剂多为天然无毒的植物胶或动物胶，如明胶、琼脂、天然树脂胶等制造出一种可食性“米纸”，已广泛应用于食品包装行业。

1.8.2　蛋白质类

蛋白质类主要是以蛋白质为基料，利用蛋白质的胶体性质，加入其他添加剂改变胶体的亲水性而制得的包装材料，多以包装薄膜形式存在。美国克雷姆逊大学，以玉米、大豆、小麦为原料提取蛋白质加工研制的谷类薄膜，既能保持水分，又具有较好的防潮隔氧能力，还有一定的抗菌性，适用于香肠等食品的包装，使用后可供家禽食用或作肥料。

1.8.3　多糖类

多糖类主要利用多糖食物的凝胶作用，以多糖食品原料为基料而制得。日本开发出用壳类物质提炼的脱乙酸壳多糖制成可食用包装纸，这种可食用包装纸包装的快餐面调料可直接放入火锅内烹调。用羧甲基纤维素、羟丙基甲基纤维素、果胶等基料可制得纤维素薄膜；以水产贝类提取物和壳聚糖为基料可制得壳聚糖薄膜；利用甘薯、马铃薯、木薯、谷物等农产品经发酵后产生的高分子化合物茁霉多糖可制得茁霉多糖薄膜；利用谷物淀粉糊与水可制得水解淀粉薄膜。

1.8.4　脂肪类

脂肪类可食性包装材料是利用食物中脂肪组织纤维的致密性制得的包装材料，根据不同的脂肪来源可分为植物油型薄膜、动物脂肪型薄膜和蜡质型薄膜等3种脂肪类包装材料。

1.8.5　复合类

复合类可食性包装材料是利用多种基材组合，采用不同的加工工艺制得的包装材料。英国一家公司研制成了一种可食用的水果和蔬菜保鲜剂，它是由糖、淀粉、脂肪酸和聚酯物调配而成的半透明乳液，采用喷雾、涂刷或浸渍等方法覆盖于苹果、柑橘等水果蔬菜的表面，在其表面形成一层密封膜，防止氧气进入产品内部，起到保鲜作用，可使保鲜期延长至200天以上，还可以同产品一起食用。食用纸也属于复合类，主要有两种，一种是以蔬菜为主要原料，将蔬菜打浆，成型后烘干；另一种是将淀粉、糖类精化，加入其他食品添加剂制成，富含膳食纤维、多种维生素及矿物质，解决了蔬菜易腐烂、不易储藏的问题。

1.9 其他新型包装材料

除了以上的包装材料种类，近年来纳米材料在食品工业中也大放异彩。目前开发应用的新型纳米包装材料主要有3种：纳米抗菌性包装材料、纳米保鲜包装材料和新型高温阻隔性材料。新型抗菌材料是在尼龙中添加了一种特殊的纳米黏土复合材料，经改性后，不但提高了强度、韧性等物理力学性能，还对大肠杆菌、金黄色葡萄球菌具明显的杀伤效果。

3 绿色食品包装材料的基本要求

根据绿色食品产品质量标准要求的特性选择包装材料，首先要求具备安全性，包装材料本身要无毒，不会释放有毒物质，污染食品，影响人的身体健康；其次要有可降解性，包装物具备可降解性，对环境不会造成污染；第三是要可重复利用，在遵循可持续发展的原则下，要求包装材料可重复利用，既可节约资源，又可减少垃圾的产生，减轻对环境的污染。既要符合《绿色食品　包装通用准则》(NY/T 658—2015)的基本要求，具体产品的包装还要符合该类绿色食品的产品包装标准。对绿色食品包装总的要求如下：

(1)根据不同的绿色食品选择适当的包装材料、容器、形式和方法，以满足食品包装的基本要求。

(2)包装的体积和重量应限制在最低水平，包装实行减量化。

(3)在技术条件许可和商品有关规定一致的情况下，应选择可重复使用的包装；若不能重复使用，包装材料应可回收利用；若不能回收利用，则包装废弃物应可降解。

(4)纸类包装要求，一是可重复使用回收利用或可降解；二是表面不允许涂蜡、上油；三是不允许涂塑料等防潮材料；四是纸箱连接应采取黏合方式，不允许用扁丝钉钉合；五是纸箱上所做标记必须用水溶性油墨，不允许用油溶性油墨。

(5)金属类包装应可重复使用或回收利用，不应使用对人体和环境造成危害的密封材料和内涂料。

一些食物的具体包装方法

(6)玻璃制品应可重复使用或回收利用。

(7)塑料制品要求：一是使用的包装材料应可重复使用、回收利用或可降解；二是在保护内装物完好无损的前提下，尽量采用单一材质的材料；三是使用的聚氯乙烯制品，其单体含量应符合《食品接触用塑料材料及制品》(GB 4806·7—2016)要求；四是使用的聚苯乙烯树脂或成型品应符合相应国家标准要求；五是不允许使用含氟氯烃(CFS)的发泡聚苯乙烯(EPS)、聚氨酯(PUR)等产品。

(8)外包装上印刷标志的油墨或贴标签的黏着剂应无毒，且不应直接接触食品。

(9)可重复使用或回收利用的包装，其废弃物的处理和利用按《包装与环境第1部分：通则》(GB/T 16716.1—2018)的规定执行。

任务四　绿色食品运输过程控制

运输是将农产品从产地运至餐桌的整个过程中的重要环节,因此在运输过程中的每一环节都必须采取有效措施,防止绿色食品在运输过程中受到二次污染。

【任务要求】

通过本次任务的学习,掌握绿色食品运输工具种类及在过程中容易产生危害的关键控制点,能对相关控制点制定控制措施。

【任务实施】

以水果的运输保存为例。

(1)检查运输车辆卫生安全情况;

(2)将水果搬运到车上;

(3)运输途中的安全保证;

(4)卸载过程中的关键点分析;

(5)制定运输过程控制计划。

【任务评价】

表 6-4-1　学生课堂表现评价表

企业(班级):　　　　　　　　部门:　　　　　　　　姓名:

项目名称	评价标准	师傅	徒弟	部门	平均分	备注
实践操作	优(100～90 分):完成质量高 良(89～80 分):完成质量较高 中(79～70 分):基本完成 及格(69～60 分):能部分完成 不及格(<60 分):不能完成					
部门合作	优(100～90 分):按分工,积极参与 良(89～80 分):按分工,较积极参与 中(79～70 分):按分工,基本参与 及格(69～60 分):按分工,能部分参与 不及格(<60 分):不参与					

续表 6-4-1

项目名称	评价标准	师傅	徒弟	部门	平均分	备注
职业素质	优(100～90分):沟通表达,发现解决问题,团队合作与组织协调,严谨的工作,文献检索、信息收集和较强的文字处理等职业素质高 良(89～80分):职业素质良好 中(79～70分):职业素质一般 及格(69～60分):职业素质较差 不及格(＜60分):职业素质差					
总分						
平均分						

[师徒共研]

运输生鲜食品时如何做好运输组织工作?

良好的运输组织工作,对保证食品的质量十分重要。为了适应生鲜食品对运输的特殊要求,防止生鲜食品在贮存、运输过程中腐烂、变质,交通运输部门制定了相应的运输规则。如《铁路鲜活货物运输规则》确定了生鲜货物运输的基本条件,并对生鲜货物装车与卸车、车辆运行组织、冷藏车的加冰作业等做了具体详尽的规定。

承运生鲜食品时,应由车站货运员对托运食品的质量、状态进行认真检查。要求质量新鲜,包装合乎要求,热状态符合规定。对已有腐烂变质现象的食品,托运前应加以适当处理;对不符合规定质量的生鲜食品不予承运。

托运生鲜食品时,托运人须向车站提出最长的运到期限,并在托运单上注明。承运人应根据托运人的要求和承运人的可能等情况,及时安排适宜的车辆予以装运。使用的车辆和装载方法要适合货物性质,按照货物的容许运输期限及货物运送全程的季节和气候条件选择运送方法,并根据需要采取预冷、制冷、加冰、保温、加温、通风、上水、押运等措施,以保持货物的质量状态良好。

承运人应考虑鲜活货物季节性强、运量波动大、时间要求快的特点,加强运输组织工作,坚持优先安排运输计划、按运输合同约定的车种拨配适当的车辆、优先进货装车、优先取送、优先挂运,并做好途中服务。

承运人为确保鲜活货物的运输质量和快速运输,各级调度应对其运输车辆重点掌握,防止中途积压。在鲜活货物运量集中的区段,应积极组织开行快运货物列车或鲜活货物直达列车,编制快运货物列车或鲜活货物直达列车组织方案,应落实日常配空、装车、留轴挂运、中转衔接、编组等工作,并加强调度指挥与组织实施。

托运人要做到货源落实，单证齐全，备齐必要的安全防护用品。托运人、收货人要积极配合承运人及时组织装车、卸车和搬运，并采取必要的防护措施，避免装卸车过程中货物发生腐坏、冻损、污染及植物生理病害等事故。装卸作业中严禁损坏车辆。对到达的发生腐坏、污染或死亡等事故的鲜活货物应立即卸车并妥善处理，防止损失扩大。

[知识链接]

1　绿色食品运输的方式和工具

1.1　绿色食品运输的方式

1.1.1　公路运输

公路运输是我国最重要和最常用的短途运输方式。虽然存在成本高、运量小、耗能大等缺点，但其灵活性强、速度快、适应地区广。主要工具有各种大小车辆、汽车、拖拉机等。随着高速公路的建成，高速冷藏集装箱运输将逐步成为公路运输的主流。

公路运输时应注意以下几点：

(1)装载时要求排列整齐，逐件紧扣，不宜留过大的空隙，以防互相碰撞，引起机械损伤。

(2)根据当地的气候条件和温度情况，采用不同的遮盖物，以避免日晒雨淋，防热防冻。

(3)堆叠层数不宜过高，以免压坏下层产品。必要时，留出装卸工人坐立的空位。严禁在货堆上坐人或堆放重物。

(4)运送时间最好在气温条件比较适宜的时候，尽量避免在炎热的中午前后或果蔬受冻害的时候运送。

(5)崎岖路面要慢行，停车时要选择阴凉地方，卸车时要逐层依次搬下。

1.1.2　水路运输

利用各种轮船进行水路运输具有运输量大、成本低、行驶平稳等优点。尤其是海运是最便宜的运输方式。在国外，海运价格只是铁路的1/8，公路的1/40。但其受自然条件限制较大，运输的连续性差，速度慢，因此水路运输果蔬的种类受到限制。发展冷藏船运输果蔬，是我国水路运输的发展方向。水路运输食品时要注意以下几点：

(1)装载食品前，应清洗船舱，必要时还应消毒杀菌，尽量避免与其他不同性质的货物混装在同一舱房，防止各种有毒、有味物质的污染和刺激性气体的残留。

(2)一般舱底部凹凸不平，堆放时应设法使其平稳，以不致引起倒塌。

(3)没有遮盖的应准备遮盖物。散装装载的舱底应铺上一层软绵的材料。

(4)大型货轮装载采用机械装卸箱装卸运输。

(5)注意货舱内温度的调节和空气的更换，防止闷热导致食品腐败。

1.1.3 空中运输

空运的最大特点是速度快，但装载量很小，运价昂贵，适于运输特供高档果蔬，如草莓、鲜猴头菇、松蘑、高档切花等。美国草莓空运出口日本的利润很好。我国出口日本的鲜香菇、蒜薹也有采用空运的。

由于空运的时间短，在数小时的航程中常无须使用制冷装置，只要果蔬在装机前预冷至一定温度，并采取一定的保温措施即可取得满意的效果。在较长时间的飞行中，则一般用干冰作冷却剂，因干冰装置简单，重量轻，不易出故障，十分适合航空运输的要求。用于冷却果蔬的干冰制冷装置常采用间接冷却，因此，干冰升华后产生的二氧化碳不会在产品环境中积存而导致二氧化碳中毒。

1.1.4 铁路运输

铁路运输具有运输量大、速度快、运输振动小、运费较低（运费高于水运，低于陆运），连续性强等优点，适合于长途运输。其缺点是机动性能差。铁路适合运输粮食和包装食品等。

1.2 绿色食品常用的运输工具

目前果蔬短途公路运输所用的运输工具包括汽车、拖拉机、畜力车和人力拖车等。汽车有普通运货卡车、冷藏汽车、冷藏拖车和平板冷藏拖车。水路运输工具用于短途转运或销售的一般为木船、小艇、拖驳和帆船，远途运输的则用大型船舶、远洋货轮等，远途运输的轮船有普通舱和冷藏舱。铁路运输工具有普通篷车、通风隔热车、加冰冷藏车、冷冻板冷藏车。集装箱有冷藏集装箱和气调集装箱，集装箱也可在汽车上作业。

2 绿色食品对运输的要求

2.1 运输工具的选择

(1)应根据绿色食品的类型、特性、运输季节、距离以及产品保质贮藏的要求选择不同的运输工具。

(2)运输应专车专用，不应使用装载过化肥、农药、粪土及其他可能污染食品的物品而未经清污处理的运输工具运载绿色食品。

(3)运输工具在装入绿色食品之前应清理干净，必要时进行灭菌消毒，防止害虫感染。

(4)运输工具的铺垫物、遮盖物等应清洁、无毒、无害。

2.2 运输管理

2.2.1 控温

(1)运输过程中采取控温措施，定期检查车（船、箱）内温度以满足保持绿色食品品质所需的适宜温度。

(2)保鲜用冰应符合 SC/T 9001 的规定。

2.2.2 其他

(1)不同种类的绿色食品运输时应严格分开，性质相反和互相串味的食品不应混装在一个车(箱)中。不应与化肥、农药等化学物品及其他任何有害、有毒、有气味的物品一起运输。

(2)装运前应进行食品质量检查,在食品、标签与单据三者相符合的情况下才能装运。

(3)运输包装应符合 NY/T 658 的规定。

(4)运输过程中应轻装、轻卸,防止挤压和剧烈震动。

(5)运输过程应有完整的档案记录,并保留相应的单据。

项目七
绿色食品质量检测

知识目标

1. 了解绿色食品产品的质量要求；
2. 掌握绿色食品产品质量检测目的、机构、检验分类与方法；
3. 了解绿色食品产品抽样要求；
4. 熟知绿色食品产品质量检测内容及判定规则。

技能目标

1. 能对绿色食品产品进行抽样；
2. 能对绿色食品质量进行感官、理化、卫生检测。

德育目标

1. 培养学生具有良好的沟通表达能力；
2. 培养学生分析问题、解决问题的能力；
3. 培养学生较强的团队合作与组织协调能力；
4. 培养学生科学严谨、负责任的工作态度；
5. 教育学生遵纪守法。

任务一 绿色食品产品抽样

【任务要求】

通过本次任务的学习,在绿色食品产品检测工作中能对绿色食品产品进行抽样。

【任务实施】

模拟绿色食品检测机构派具有相应资质的抽样人员到某企业对其绿色食品产品进行抽样。具体步骤如下。

1 抽样前准备工作

(1)确定抽样人员;

(2)组织抽样人员携带抽样单(参见表 7-1-1)、标签(参见表 7-1-2)以及封条(参见表 7-1-3)、抽样器具到企业进行抽样;

(3)抽样前对被抽的产品进行确认。

2 抽样

(1)抽样告知;

(2)抽样;

(3)写抽样单,做好抽样记录;

(4)将样品进行分取、包装和加封;

(5)加封后的样品送(运)达检测机构;

(6)样品送(运)达检测机构后,进行登记交接。

表 7-1-1 绿色食品抽样单

No:第　　联

产品情况	产品名称		样品编号	
	商标		产品执行标准	
	证书编号		可追溯标识	
	同类多品种产品	□是 □否	型号规格	
	生产日期或批号		保质期	
	包装	□有□无	包装方式	
	保存要求	□常温 □冷冻 □冷藏		

续表 7-1-1

<table>
<tr><td rowspan="3">抽样
情况</td><td>抽样方法</td><td colspan="2"></td><td colspan="2">采样部位</td><td></td></tr>
<tr><td>抽样场所</td><td colspan="5">□生产基地 □加工厂(场) □屠宰场 □企业/成品库
□批发市场 □农贸市场 □超市 □其他</td></tr>
<tr><td>抽样数量</td><td colspan="2"></td><td colspan="2">抽样基数</td><td></td></tr>
<tr><td rowspan="4">被抽
单位
情况</td><td>名称</td><td colspan="3"></td><td>法定代表人</td><td></td></tr>
<tr><td>通信地址</td><td colspan="3"></td><td>邮编</td><td></td></tr>
<tr><td rowspan="2">联系人</td><td></td><td>电话</td><td></td><td>传真</td><td></td></tr>
<tr><td>E-mail</td><td colspan="4"></td></tr>
<tr><td rowspan="4">生产
单位
情况</td><td>□生产 □进货
单位名称</td><td colspan="3"></td><td>法定代表人</td><td></td></tr>
<tr><td>通信地址</td><td colspan="3"></td><td>邮编</td><td></td></tr>
<tr><td rowspan="2">联系人</td><td></td><td>电话</td><td></td><td>传真</td><td></td></tr>
<tr><td>E-mail</td><td colspan="4"></td></tr>
<tr><td rowspan="3">抽样
单位
情况</td><td>名称</td><td colspan="5"></td></tr>
<tr><td>通信地址</td><td colspan="3"></td><td>邮编</td><td></td></tr>
<tr><td>联系人</td><td></td><td>电话</td><td></td><td>传真</td><td></td></tr>
<tr><td>被抽
单位
签署</td><td colspan="3">本次抽样始终在本人陪同下完成,上述记录经核实无误。

被抽单位代表(签字):
被抽单位(公章):
年 月 日</td><td>抽样
单位
签署</td><td colspan="2">本次抽样已按要求执行完毕,样品经双方人员共同封样,并做记录如上。
抽样人 1:
抽样人 2:
抽样单位(公章):
年 月 日</td></tr>
<tr><td>备注</td><td colspan="6">样品封存时间: 年 月 日 时
样品送(运)达实验室的期限: 年 月 日 时</td></tr>
</table>

注 1:本单一式四联,第一联留抽样单位,第二联留被抽单位,第三联随同样本运转至检测机构,第四联交任务下达部门。

注 2:需要做选择的项目,在选中项目前的“□”中打“√”。

表 7-1-2 绿色食品抽样用样品标签样张

样品编号: 样品名称: 同类多品种产品:□是 □否 同类多品种产品的共用样品名称: □检验样 □复验样 □备用样 抽样单号: 抽样日期: 年 月 日

表 7-1-3　绿色食品抽样用封条样张

抽样人 1：	
	被抽单位代表(签字)：
抽样人 2：	
抽样单位(公章)：	被抽单位(公章)：
年　月　日	年　月　日

【任务评价】

表 7-1-4　学生课堂表现评价表

企业(班级)：　　　　部门：　　　　姓名：

项目名称	评价标准	师傅	徒弟	部门	平均分	备注
绿色食品产品抽样	优(100～90 分)：抽样程序正确 良(89～80 分)：抽样程序较正确 中(79～70 分)：抽样程序基本正确 及格(69～60 分)：抽样程序部分正确 不及格(＜60 分)：抽样程序不正确					
部门合作	优(100～90 分)：按分工，积极参与 良(89～80 分)：按分工，较积极参与 中(79～70 分)：按分工，基本参与 及格(69～60 分)：按分工，能部分参与 不及格(＜60 分)：不参与					
职业素质	优(100～90 分)：沟通表达、分析解决问题、团队合作、组织协调、严谨工作等职业素质高 良(89～80 分)：职业素质良好 中(79～70 分)：职业素质一般 及格(69～60 分)：职业素质较差 不及格(＜60 分)：职业素质差					
总分						
平均分						

[师徒共研]

1.绿色食品产品质量检测有哪些方法？

绿色食品认证机构对绿色食品产品质量检测的普遍做法大体有两种：一种是在绿色食品认证机构进行工厂体系检查前，由企业将申请认证的产品送绿色食品认证机构指定的检测机构做型式试验；另一种是在工厂现场检验通过后，由检查(审核)组对产品进行抽样，由企业送绿色食品认证机构指定的检测机构检测。

2. 遇有哪些情况，不能进行抽样？

(1)抽样人员少于2人的；

(2)抽样人员无《绿色食品检查员证书》的；

(3)提供的抽样产品与申请认证产品名称或规格不符的；

(4)产品未经被抽样单位出厂检验合格或交收检验合格的。

[知识链接]

1 绿色食品产品质量要求

1.1 产品质量与质量特性

产品质量是指产品反映实体满足明确和隐含需要的能力和特性的总和。质量特性是指产品所具有的满足用户特定需要，能体现产品使用价值的、有助于区分和识别产品的、可描述或度量的基本属性。有形产品的质量特性包括功能性、可信性、安全性、适应性，经济性和时间性，其综合水平能反映出产品的质量特性，体现其使用价值。

绿色食品与普通食品之间存在很多共性，但就同一类产品而言，绿色食品比普通食品在产品品质量上、卫生指标上、农药残留量要求上要更严一些。各绿色食品生产企业均应按照绿色食品标准检验自己所生产的产品质量。

1.2 绿色食品产品标准制定的原则及依据

1.2.1 绿色食品产品标准制定的原则

绿色食品产品标准制定的基本原则是要体现绿色食品的基本内在品质，既是一种无污染的安全、优质、营养食品，同时也希望能实现与国际农产食品标准接轨。我国的部分食品标准水平偏低，内容老化，适用度不够，而一些国际标准又由于我国的生产、检测水平现状而达不到。为此，在制定标准的时候，考虑到我国的具体国情，既没有等同采用现行的同类或同种产品的国家标准或行业标准以及地方或企业标准，也没有完全照搬国际标准。

1.2.2 绿色食品产品标准制定的依据

目前，我国绿色食品产品标准的制定，主要参照的依据有下述3方面。

1.2.2.1 现行的国家标准、行业标准以及企业标准内容

根据统计，到2010年年底，我国食品及食品相关产品的国家和行业标准已有近6 000个。绿色食品在制定产品的感官指标和主要营养品质指标方面，主要以这些标准作为基本依据。

1.2.2.2　有关的国际标准

主要是联合国食品法典委员会(CAC)、国际标准化组织 ISO 的相关标准、欧洲联关于有机农业及其有关农产品和食品条例(2092/91)和国际有机农业运动联盟(IFOAM)的标准框架和基本要求。在过去 30 多年中,联合国食品法典委员会已制定通过了 200 多个专项食品标准、30 多个卫生法规及生产规程、500 多项食品添加剂及污染物的安全指标、3 000 多项农药的最高残留限量标准。此外还充分考虑了国际地区水平(例如欧洲联盟 2029/91 有机农业条例)、国家水平上(例如美国农业部制定的有机产品生产法和日本的 JAC 有机法则)和各国认证机构水平上标准特点,使之更具体化和具有可操作性。

1.2.2.3　我国的国情

依据我国生产企业现状、生产工艺技术水平以及我国现有的分析测试能力和手段所能进行定量测试的水平。

1.3　绿色食品产品标准的基本内容及特点

绿色食品产品质量要求一般包括原料要求、感官要求、品质质量要求、卫生安全要求、试验方法等方面。无污染、安全、优质、营养特征的内容集中表现在前 4 个方面,其营养品质指标应能体现该食品的主要营养品质特征和状况,而卫生安全指标则参照有关国家标准、行业标准以及国际有关方面标准的规定项目内容具体确定。

1.3.1　绿色食品的原料要求

绿色食品的主要原料要求来自绿色食品产地,即经过环境监测部门检测符合绿色食品产地环境质量标准,按照绿色食品生产操作规程生产出来的产品。对于某些进口原料(例如果蔬脆片所用的棕榈油、生产冰激凌所用的黄油和奶粉),无法进行原料产地环境检测的,经中国绿色食品发展中心指定的食品监测中心按照绿色食品产品标准进行检验,符合标准的产品才能作为绿色食品加工原料。

1.3.2　绿色食品的感官要求

感官要求包括外形、色泽、气味、口感、质地等。感官要求是食品给予用户或消费者的第一感觉,是绿色食品优质性的最直观体现。绿色食品产品标准中感官要求有定性标准、半定量标准和定量标准。其要求严于非绿色食品,如果有等级规定者一般按最高等级(如特级、优级、一级)要求。

1.3.3　绿色食品的理化要求

理化要求是绿色食品的内涵要求,它包括应有成分指标(如蛋白质、脂肪、糖类、维生素等)。这些指标不能低于国家标准要求,如绿色食品绿茶的水溶性物质含量要≥34%(质量分数),而一般优质绿茶只要求达到≥32%(质量分数)。这部分的内容涉及的主要项目有农药类(以有机氯、有机磷、氨基甲酸酯等为主)、有害金属元素类(以汞、铅、砷、镉等重金属为主)、兽药残留类(以抗生素、磺胺类药物、硝基呋喃类药物等为主)和添加剂(以防腐剂、甜味素、抗氧化剂、护色剂和护色助剂、漂白剂、乳化剂等为主),农药残留量、兽药残留量和重金属等污染指标与国外先进标准或国际标准接轨。

1.3.4 绿色食品的微生物学要求

产品的微生物学特性必须保证(如活性酵母菌、乳酸菌等),这是产品的质量基础。而有害微生物污染指标必须严于国家标准的限定,如菌落总数、大肠菌群、黄曲霉毒素以及其致病菌等。

目前,根据我国的现状,随着我国生产工艺技术水平和检测能力的发展,我国制定的绿色食品产品标准仍在不断地修改、补充和完善,对各种初级农产品根据我国的具体生产情况和有关国际标准对农药、兽药残留指标及限量进行了调整,而对加工产品化学合成防腐剂及人工色素、香精以及其他食品添加剂等含量指标明确了种类并且规定了限量。目前,已有110项绿色食品产品标准作为农业行业标准发布实施。今后,将以制定和修订大类产品(例如绿色食品蔬菜、水产品、蜂产品等)质量标准为主的方式,加快绿色食品质量标准建设的步伐。

此外,目前虽有大量转基因食品出现,国际上关于转基因作物的研究也蓬勃发展,但是现在对转基因食品是否安全还存在很大争论。部分专家认为转基因食品在理论上至少存在潜在危险:转基因食品产生毒素,对人类致癌、致畸、致基因突变;导致人体产生过敏反应;引起食物营养结构失衡;使自然和生态环境失衡等。因此为了保证人们健康安全,在未能证实转基因食品的安全性以前,转基因食品仍禁止申报绿色食品。

2 绿色食品产品抽样要求

绿色食品认证机构对绿色食品产品质量检测的普遍做法大体有两种:一种是在绿色食品认证机构进行工厂体系检查前,由企业将申请认证的产品送绿色食品认证机构指定的检测机构做型式试验;另一种是在工厂现场检验通过后,由检查(审核)组对产品进行抽样,由企业送绿色食品认证机构指定的检测机构检测。

对产品的抽样可以在生产部门生产线、仓库抽取,也可以市场上、柜台上抽取,且是抽样人员与被抽样单位当事人共同抽取。在农业部2012年6月所公布的新的《绿色食品标志管理办法》中规定对产品的抽检率超过了30%,这个抽检比例是所有食品中比例最高的。新办法的出台对企业、产品的准入条件更加严格,对绿色食品企业和产品的监管力度更加增大,将有效维护绿色食品品牌的公信力。

为保证样品的代表性、真实性和一致性,中国绿色食品发展中心特制定了《绿色食品产品抽样准则》(NY/T 896—2015)和《绿色食品　产品抽样技术规范》,对抽样程序、方法、要求及样品的运送与管理等都做了详细的规定。生产单位自检或抽样送样和检测单位到生产企业去抽样检测都要认真按准则执行。

2.1 术语和定义

2.1.1 批

相同生产条件下生产的同一品种或种类的产品。

2.1.2　组批

交付抽样检验的一个批或其一部分，或数个批组成的产品。

2.1.3　层次抽样

从组批中的各批按比例抽样。

2.1.4　同类多品种产品

同一生产单位、主原料相同，具有不同规格、形态或风味的系列产品。主要分为以下四类：

(1)主辅原料相同，加工工艺相同，净含量、型号规格或包装不同的系列产品。包括商品名称相同，商标名称不同；商品名称相同，净含量不同；商品名称相同，规格不同(如不同酒精度的白酒、葡萄酒或啤酒，不同原果汁含量的果汁饮料等)；商品名称相同，包装不同(如饮料的软包装、罐装、瓶装等)；商品名称不同(如名称不同的大米、名称不同的红茶、名称不同的绿茶、不同部位的分割畜禽产品等)的同类产品。

(2)主原料相同，产品形态、加工工艺不同的系列产品。包括不同加工精度(如不同等级的小麦特一粉、特二粉、标准粉、饺子粉等)、不同规格(如玉米粉、玉米粒、玉米渣等)、不同形态(如白糖类的白砂糖、方糖、单晶糖、多晶糖等)的同类产品。

(3)主原料相同，加工工艺相同，营养或功能强化辅料不同(如加入不同营养强化剂的巴氏杀菌乳、灭菌乳或乳粉等)的同类产品。

(4)主原料和加工工艺相同，调味辅料不同，但调味辅料总量不超过产品成分的5%(如不同滋味的泡菜、酱腌菜、豆腐干、肉干、锅巴、冰激凌等)的同类产品。

2.2　一般要求

2.2.1　抽样单位

抽样应由绿色食品检测机构组织实施。当检测机构无法完成抽样任务时，可委托当地绿色食品工作机构进行。

2.2.2　抽样人员

抽样人员不应少于2人，应经过相关机构的培训，取得相应的资质。

2.2.3　抽样器具

抽样人员应携带抽样单以及封条等，并根据不同的产品准备相应的采样工具和包装容器。采样工具和包装容器应不会对样品造成污染或改变样品的原始性状，包装容器亦应符合有关食品卫生方面的规定。

2.2.4　抽样前确认

在抽取样品之前应对被抽的产品进行确认，所抽产品应是交收(出厂/场)检验合格或可以出厂(场)销售的产品，预包装产品应在其保质期内。

2.3　抽样程序

2.3.1　抽样告知

抽样人员应主动向被抽单位出示绿色食品抽样的相关文件或《绿色食品现场检查意见

通知书》、抽样人员本人的证件，说明抽样的依据方法等有关内容。

2.3.2 抽样

(1)抽样人员应在被抽单位代表的陪同下抽样，并共同确认样品的真实性、代表性和有效性。

(2)抽样方法

总则

①组批。a. 含一个批或其部分的组批：采取随机抽样方法，按 GB/T 10111 的规定执行。b. 含多个批的组批：采取层次抽样，每个批采取随机抽样方法，按 GB/T 10111 的规定执行，混合成样品。

②抽样量。散装产品宜不少于 3 kg，且不少于 3 个个体；预包装产品，若含有微生物检验项目，宜不少于 15 个单包装，若无微生物检验项目，宜不少于 6 个单包装。

细则

①种植产品。种植产品抽样方法按以下要求执行：

蔬菜类产品抽样按 NY/T 2103 的规定执行。水果类产品抽样按抽样地点分为以下两种情况：

a. 生产基地：随机抽取同一基地、同一品种或种类、同一组批的产品。根据生产基地的地形、地势及作物的分布情况合理布局抽样点，每批内抽样点不应少于 5 点。视实际情况按对角线法、梅花点法、棋盘式法、蛇形法等方法抽取样品，每个抽样点面积不小于 $1\ m^2$。

b. 仓储和流通领域：随机抽取同一组批产品的贮藏库、货架或堆。散装样品视情况以分层、分方向结合或只分层(上、中、下三层)或只分方向方式抽取；预包装产品在堆放空间的四角和中间布设采样点。

c. 其他类种植产品根据产品的特点，参照上述蔬菜类或水果类产品的抽样方法进行。

②畜禽产品。畜禽产品抽样方法根据不同抽样地点分别按以下规定执行。

a. 生产基地：

蛋用禽类饲养场：随机抽取同一养殖场、相同养殖条件、同一组批的产品。

屠宰场：随机抽取同一养殖场、同一品种、同一组批的产品。一般牲畜应抽取同一胴体的内脏、肉(在背部、腿部、臀尖三部位组织上分别取重量相近的肌肉，再混成一份样品)或分割肉，并作为不同的样品分开；一般禽类应取去除内脏后的整只胴体产品或同一组批不同胴体混合均匀的产品。

其他(如乳、蜂蜜等)：随机抽取同一养殖场、同一品种、同一组批的产品。若用大桶或大罐散装者，应充分混匀后再采样；若为包装产品，随机抽取。

b. 仓储和流通领域：

蛋类：随机抽取同一养殖场、相同养殖条件、同一组批的产品。

肉类：按分析项目要求，分别采取整只胴体产品、不同部位的样品或采样后混合成一份样品。

c. 其他（如乳、蜂蜜等）：同畜禽产品—仓储和流通领域—其他的要求。

③水产品。按 GB/T 30891 的规定执行。

④加工食品。加工食品抽样方法根据产品包装形式分为以下两种情况：

a. 散装产品：随机抽取同一生产单位、同一组批的产品。视情况以分层、分方向结合或只分层（上、中、下三层）或只分方向方式抽取。

b. 预包装产品：

单品种产品：随机抽取同一生产单位、同一组批的产品。

同类多品种产品：同类多品种产品抽样只适用于产品申报检验抽样。同类多品种产品的品种数量至多为 5 个，若超过 5 个，则每 1～5 个为一组同类多品种产品。同类多品种产品在抽样和检验时应明确该产品属同类多品种产品。抽样时，选取同类多品种产品中净含量最小、最低型号规格、最低包装成本、最基本的加工工艺或最基本配方的产品为全量样品，按标准进行全项目检验，其余的产品每个各抽全量样品的 1/4～1/3，作非共同项目检验。

（3）样品抽取过程中不应受雨水、灰尘等环境污染。

2.3.3　抽样记录

（1）抽样人员应现场填写抽样单，准确记录抽样的相关信息。流通领域抽取无包装标识的产品时，应溯源到生产单位。

（2）抽样单宜采用黑色钢笔或签字笔填写，填写时字迹应清晰、工整。

（3）抽样单填写完毕后，双方签字确认。

2.3.4　样品的分取、包装和加封

（1）产品抽取后，应混合均匀，按检验项目所需试样量的 3 倍进行分取（其中 1 份做检验样，1 份作复验样，1 份作备用样）。

（2）根据样品性状不同，将样品进行外包装。

（3）每个样品应在外包装容器的表面粘贴标签、封条，应防止标签及封条的脱落、模糊或者破损。

（4）对于昂贵的产品，如果被抽单位能够满足其储存条件，可将分取的备用样包装、加封后保存在被抽单位，待被抽单位收到检验报告后，根据其检验情况安排复检或销售（在不影响销售情况下）。

2.3.5　样品的运输

（1）加封后的样品应在规定的时间内送（运）达检测机构。

（2）运输工具应清洁卫生，运输过程应符合相关产品的贮存要求。

（3）样品不应与有毒有害和污染物品混装，防止运输和装卸过程中对样品可能造成的污染或破损。

2.3.6　样品的交接

样品送（运）达检测机构后，应按相关程序办理登记手续。

任务二 绿色食品产品检测

【任务要求】

通过本次任务的学习,能对绿色食品产品进行质量检测。

【任务实施】

模拟绿色食品检测机构对某企业生产的绿色食品产品进行质量检测。

【任务评价】

表 7-2-1 学生课堂表现评价表

企业(班级): 部门: 姓名:

项目名称	评价标准	师傅	徒弟	部门	平均分	备注
绿色食品产品质量检测	优(100～90 分):检测技术规范、正确 良(89～80 分):检测技术较规范、较正确 中(79～70 分):检测技术基本规范、正确 及格(69～60 分):检测技术部分规范、正确 不及格(<60 分):检测技术不规范、正确					
部门合作	优(100～90 分):按分工,积极参与 良(89～80 分):按分工,较积极参与 中(79～70 分):按分工,基本参与 及格(69～60 分):按分工,能部分参与 不及格(<60 分):不参与					
职业素质	优(100～90 分):沟通表达、分析解决问题、团队合作、组织协调、严谨工作、遵纪守法等职业素质高 良(89～80 分):职业素质良好 中(79～70 分):职业素质一般 及格(69～60 分):职业素质较差 不及格(<60 分):职业素质差					
总分						
平均分						

[师徒共研]

1.依据食品安全国家标准绿色食品稻米类产品申报检验必检项目有哪些？

表 7-2-2 依据食品安全国家标准绿色食品稻米类产品申报检验必检项目

序号	项目	限量	检测方法
1	铅，mg/kg	≤0.15	GB/T 5009.11
2	镉，mg/kg	≤0.01	GB/T 5009.17
3	吡虫啉，mg/kg	≤0.01	GB/T 5009.36
4	噻嗪酮，mg/kg	≤0.01	GB/T 5009.20
5	毒死蜱，mg/kg	≤0.01	GB/T 5009.20
6	黄曲霉毒素 B_1，g/kg	≤0.01	GB/T 5009.20
如食品安全国家标准及相关国家规定中上述项目和指标有调整，且严于本标准规定，则按最新国家标准及相关规定执行。			

2.依据食品安全国家标准绿色食品小麦产品认证检验必检项目有哪些？

表 7-2-3 绿色食品小麦产品认证检验必检项目

序号	项目	限量	检测方法
1	铅，mg/kg	≤0.2	GB/T 5009.12
2	镉，mg/kg	≤0.1	GB/T 5009.15
3	三唑酮，mg/kg	≤0.1	GB/T 5009.126
4	抗蚜威，mg/kg	≤0.05	GB/T 5009.104
5	辛硫磷，mg/kg	≤0.05	GB/T 5009.102
6	毒死蜱，mg/kg	≤0.1	GB/T 5009.145
7	吡虫啉，mg/kg	≤0.05	NY/T 1727
8	氯氰菊酯，mg/kg	≤0.2	GB/T 5009.110
9	溴氰菊酯，mg/kg	≤0.5	GB/T 5009.110
10	氰戊菊酯，mg/kg	≤2	GB/T 5009.110
11	乐果，mg/kg	≤0.05	GB/T 5009.145
12	磷化物，mg/kg	≤0.05	GB/T 5009.36
13	黄曲霉毒素 B_1，g/kg	≤5.0	GB/T 18979
14	脱氧雪腐镰刀菌烯醇，g/kg	≤1 000	GB/T 23503
15	玉米赤霉烯酮，g/kg	≤60	GB/T 5009.209
各农残检测项目除采用表中所列检测方法外，如有其他国家标准、行业标准以及部文公告的检测方法，且其检出限和定量限能满足限量值要求时，在检测时可采用。			

3.绿色食品白酒污染物限量标准是多少?

表 7-2-4　绿色食品白酒污染物限量

项目	指标	检验方法
甲醇[a],g/L	≤0.25	GB/T 5009.48
氰化物,mg/L	≤1.0	GB/T 5009.48
铅,mg/L	≤0.2	GB/T 5009.12
如食品安全国家标准及相关国家规定中上述项目和指标有调整,且严于本标准规定,则按最新国家标准及相关规定执行。		

注:[a]甲醇、氰化物指标均按 100%酒精度折算。

[知识链接]

1　绿色食品产品质量检测目的、机构

1.1　绿色食品产品质量检测的目的

食品检验是运用物理分析方法、化学分析方法和物理化学分析方法对食品进行检验的专门技术。目前,绿色食品无论在国内还是在国际上,都已得到社会公众的认可和关注。为了保证获得绿色食品标志的产品安全、营养、优质,就需依照《绿色食品标志管理办法》规定,对绿色食品进行检验。根据绿色食品特定的检测项目及判定原则,确认其安全、优质、无污染的内涵,向市场提供真正的名副其实的绿色食品。另外,终产品检验还是对绿色食品生产、加工过程是否符合要求的进一步确认,是十分必要的质量保证措施。它的重要性直接关系到绿色食品声誉的兴衰。因此为保证绿色食品健康持久地发展,建立一套科学、系统可靠的质量检测系统是十分重要的。

1.2　绿色食品产品质量检测的机构

为保证绿色食品检测数据、结果具有公正性、权威性、可比性,目前,中国绿色食品发展中心在全国范围内共委托了 57 家绿色食品产品质量监督检测机构负责对本地区或跨地区绿色食品产品质量的监督与检测。这些检测部门具备法定资格(通过国家级计量认证和部级认可),经中国绿色食品发展中心考核确认,自愿接受委托,承担绿色食品检测任务,为绿色食品事业的顺利、健康发展提供技术保障。

2　绿色食品产品质量检验分类

按照《绿色食品　产品检验规则》(NY/T 1055—2015)规定,绿色食品产品质量检验可分为以下三类。

2.1　交收(出厂)检验

每批产品交收前,都应进行交收检验。交收检验内容包括包装、标志、标签、净含量和感官等,对加工产品还应包括相应产品标准规定的部分理化项目和微生物学项目,检验合格并附合格证方可交收。如生产或加工企业对交收检验项目无法自行检验的,应委托给具备相应资质的检验机构进行检验。

2.2　型式检验

型式检验是对产品质量进行全面考核,即对产品标准规定的全部项目进行检验,以评定产品质量是否全面符合标准。同一类型加工产品每年应至少进行1次型式检验;种植(养殖)产品每个种植(养殖)生产年度应进行1次型式检验。有下列情形之一时,也应进行型式检验:

(1)新产品或者产品转厂生产的试制定型鉴定时;

(2)加工产品的原料、工艺、配方有较大变化,可能影响产品质量时;

(3)加工产品停产3个月以上以及种植(养殖)产品因人为或自然因素使生产环境发生较大变化时;

(4)前后两次抽样检验结果差异较大时;

(5)国家质量监督机构或主管部门提出进行型式检验要求时;

(6)客户提出进行型式检验的要求时。

2.3　认证检验

申报检验是绿色食品管理部门在受理企业绿色食品申请时,申报企业委托具有资质的检验机构对企业申报的产品进行的质量安全检验。申报的产品应按绿色食品产品标准规定的要求对全部项目进行检验。

2.4　监督检验

对获得绿色食品标志使用权的产品质量安全进行的跟踪检验。组织监督检验的机构应根据抽检产品生产基地环境情况、生产过程中的农业投入品及加工品中食品添加剂的使用情况、所检产品中可能存在的质量安全风险等情况确定检测项目,并应在监督抽检实施细则中予以规定。

3　绿色食品产品质量检测内容

3.1　绿色食品产品质量感官检测

食品感官检测是以人的感觉为依据,用科学试验和统计方法评价食品质量的一种检验方法。其方法简单、灵敏,使用器材简便,消费者对食品接受性的评价有些还只能通过感官检测来实现,故感官检测是绿色食品质量综合评价的主要手段之一。

3.1.1　食品感官检测的原则

(1)《中华人民共和国产品质量法》《绿色食品产品标准》《中华人民共和国食品卫生法》

及国务院有关部委和省、直辖市、自治区行政部门颁布的食品质量法规和卫生法规是检验各类食品能否食用的主要依据。

(2)食品已明显腐败变质或含有过量的有毒有害物质(如重金属含量过高或霉变)时，不得供食用。达不到该种食品的营养和风味要求以及假冒伪劣食品，不得供食用。

(3)食品由于某种原因不能直接食用，必须加工复制或在其他条件下处理的，可提出限定加工条件和限定食用及销售等方面的具体要求。

(4)食品某些指标的综合评价结果略低于卫生标准，而新鲜度、病原体、有毒有害物质含量均符合卫生标准时，可提出要求在某种条件下供人食用。

(5)在检测指标的掌握上，婴幼儿、病人食用的食品要严于成年人、健康人食用的食品。

(6)检测结论必须明确，不得含糊不清，对附条件可食的食品，应将条件写清楚。对于没有检测参考标准的食品，可参照有关同类食品恰当地检验。

(7)在进行食品质量综合性检测前，应向有关单位或个人收集该食品的有关资料，寻找可疑环节，为上述检测结论提供必要的正确判断基础。

3.1.2 食品感官检测的方法

(1)视觉检测法　这是判断食品质量的一个重要感官手段。食品的外观形态和色泽对于评价食品的新鲜程度、食品是否有不良改变以及蔬菜、水果的成熟度等有着重要意义。视觉检验应在白昼的散射光线下进行，以免灯光阴暗发生错觉。检测时应注意整体外观、大小、形态、块形的完整程度、清洁程度，表面有无光泽、颜色的深浅色调等。在检测液态食品时，要将它注入无色的玻璃器皿中，透过光线来观察；也可将瓶子颠倒过来，观察其中有无夹杂物下沉或絮状物悬浮。

(2)嗅觉检测法　食品的气味是一些具有挥发性的物质形成的，进行嗅觉检测时常需稍稍加热，但最好是在15～25℃的常温下进行，因为食品中的挥发性气味物质常随温度的高低而增减。在检测食品的异味时，液态食品可滴在清洁的手掌上摩擦，以增加气味的挥发。识别畜肉等大块食品时，可将一把尖刀稍微加热刺入深部，拔出后立即嗅闻气味。

(3)味觉检测法　感官检测中的味觉对于辨别食品品质的优劣是非常重要的一环。味觉器官不但能品尝到食品的滋味如何，而且对于食品中极轻微的变化也能敏感地察觉。例如做好的米饭存放到尚未变馊时，其味道即有相应的改变。味觉器官的敏感性与食品的温度有关，在进行食品的滋味检验时，最好使食品处在20～45℃，以免温度的变化会增强或减弱对味觉器官的刺激。几种不同味道的食品在进行感官评价时，应当按照刺激性由弱到强的顺序，最后检测味道强烈的食品。在进行大量样品检测时，中间必须休息，每检测1种食品之后必须用温水漱口。

(4)触觉检测法　凭借触觉来鉴别食品的膨、松、软、硬、弹性(稠度)，以评价食品品质的优劣，也是常用的感官检测方法之一。例如，根据鱼体肌肉的硬度和弹性，常常可以判断鱼是否新鲜或腐败；评价动物油脂的品质时，常须检验其稠度等。在感官测定食品的硬度(稠度)时要求温度应为15～20℃，因为温度的升降会导致食品状态的改变。

3.1.3　绿色食品感官检测的指标

食品的外观形态和色泽对于评价食品的新鲜程度、食品是否有不良改变，以及蔬菜、水果的成熟度等有着重要意义，因此常作为绿色食品感官要求的指标。表 7-2-5 至表 7-2-14 给出了我国一些常见绿色食品的感官要求。

表 7-2-5　绿色食品大米、胚芽米、蒸谷米、红米的感官要求(NY/T 419—2014)

项目		品种		检测方法
		籼	粳	
杂质最大限量	色泽、气味[a]	无异常色泽和气味		GB/T 5492
	加工精度[b]，等	—		GB/T 5402
	不完善粒，%	≤3.0		GB/T 5494
	总量，%	≤0.25		GB/T 5494
	糠粉，%	≤0.15		
	矿物质，%	≤0.02		
	带壳稗粒，粒/kg	≤3		
	稻谷粒，粒/kg	≤4		
碎米	总量，%	≤15.0	≤7.5	GB/T 5503
	其中小碎米，%	≤1.0	≤0.5	
水分，%		≤14.5	≤15.5	GB/T 5497
黄粒米，%		≤0.5		GB/T 5496
互混，%		≤5.0		GB/T 5493

籼、粳亚种都有籼糯、粳糯之分，大米、胚芽米、蒸谷米、红米中籼糯、粳糯米感官指标参照本表籼、粳感官要求。

蒸谷米的色泽、气味要求为色泽微黄略透明，具有蒸谷米特有的气味。
胚芽米、红米的加工精度要求为 GB 1354 的规定的三等或三等以上。
蒸谷米的黄粒米指标不做检测。

表 7-2-6　绿色食品小麦的感官要求(NY/T 421—2012)

项目		要求	检测方法
外观		粒状、籽粒饱满、无霉变	GB/T 5493
色泽		具有产品固有的色泽	GB/T 5492
气味		无异味	GB/T 5492
不完善粒，%		≤6.0	GB/T 5494
杂质	总量，%	≤1.0	GB/T 5494
	矿物质，%	≤0.5	GB/T 5494

表 7-2-7　绿色食品茄果类蔬菜的感官要求(NY/T 655—2012)

品质		检测方法
番茄	同一品种或相似品种;完好,无腐烂、变质;外观新鲜,清洁,无异物;无畸形果、裂果、空洞果;无虫及病虫导致的损伤;无冻害;无异味;外观一致,果型圆润;成熟适度、一致;色泽均匀,表皮光洁,果腔充实,果实坚实,富有弹性;无损伤、无裂口、无疤痕	品种特征、色泽、新鲜、清洁、腐烂、冻害、病虫害及机械伤等外观特征,用目测法鉴定;异味用嗅的方法鉴定;病虫害症状不明显而有怀疑者,应用刀剖开检测
辣椒	同一品种或相似品种;新鲜;果面清洁、无杂质;无虫及病虫害造成的损伤;无异味;外观一致;果梗、萼片和果实呈该品种固有的颜色,色泽一致;质地脆嫩;无冷害、冻害、灼伤及机械损伤,无腐烂	
其他茄类蔬菜	同一品种或相似品种;具有本品种固有的色泽和风味,成熟适度,果面新鲜、清洁;无腐烂、畸形、异味、冷害、冻害、病虫害及机械伤	

注:茄果类蔬菜分类参照 NY/T 1741。

表 7-2-8　绿色食品酒的感官要求(NY/T 432—2014)

项目	要求						检验方法
	浓香型	清香型	米香型	酱香型	浓酱兼香型	其他香型	
色泽和外观	无色或微黄色,清亮透明,无悬浮物,无沉淀						
香气	具有浓郁、谐调的以己酸乙酯为主体的复合香气	清香纯正,具有乙酸乙酯为主体的清雅、谐调的复合香气	米香纯正,清雅	酱香浓郁,幽雅细腻,空杯留香持久	浓酱谐调,优雅馥郁	具本品特色、纯正的香气	GB/T 10345
口味	绵甜爽净,香味谐调,余味悠长	口感柔和,绵甜爽净,谐调,饮后余味悠长	入口绵甜,落口爽净,回味怡畅	醇厚、丰满,口味悠长	细腻丰满,回味爽净	口感独特,香味谐调,回味悠长	GB/T 10345
风格	具本品突出独特风味,无异味						

表 7-2-9　绿色食品发酵乳的感官要求(NY/T 657—2012)

项目	要求		检验方法
	发酵乳	风味发酵乳	
色泽	呈均匀一致的乳白色或微黄色	具有与添加成分相符的色泽	取适量试样置于洁净的 50 mL 烧杯中,在自然光下观察色泽、组织形态和杂质。闻其气味,用温开水漱口,品尝滋味。
滋味、气味	具有发酵乳特有的滋味、气味	具有与添加成分相符的滋味和气味	
组织状态	组织细腻、均匀,允许有少量乳清析出;风味发酵乳具有添加成分特有的组织状态,无正常视力可见异物		

3.2 绿色食品产品质量理化检测

食品理化检测是运用现代科学技术和检测分析手段，监测和检验食品中与营养及卫生有关的化学物质，具体指出这些物质的种类和含量，说明是否合乎卫生标准和质量要求，是否存在危害人体健康的因素，从而决定有无食用价值及应用价值的检测方法。食品理化检测的目的在于根据测得的分析数据对被检食品的品质和质量做出正确客观的判断和评定。

食品理化检测的主要内容是各种食品的营养成分及有害成分，包括动物性食品（如肉类、乳类、蛋类、水产品、蜂产品）、植物性食品、饮料、调味品、食品添加剂、保健食品等。其目的是对食品进行卫生检验和质量监督，使之符合营养需要和卫生标准，保证食品的质量，防止食物中毒和食源性疾病，确保食品的食用安全；研究食品化学性污染的来源和途径、控制化学性污染的措施及食品的卫生标准，提高食品的卫生质量，减少食品资源的浪费。因此食品理化检测是一项极为重要的工作，它在保证人类健康和社会进步方面有着重要的意义和作用。

由于测定的目的不同与被检样品的性质各异，所用的方法也较多。常用的理化检测方法包括物理检测法、化学分析法和物理化学分析法。

表 7-2-10 绿色食品小麦的理化指标（NY/T 421—2012）

项目	指标	检测方法
容重，g/L	≥750	GB/T 5498
水分，%	≤12.5	GB/T 5497

表 7-2-11 绿色食品高度酒的理化指标（NY/T 432—2014）

项目	指标						检验方法
	浓香型	清香型	米香型	酱香型	浓酱兼香型	其他香型	
酒精度（20℃），%vol	41～68	41～68	41～68	45～58	41～68	41～68	GB/T 10345
总酸（以乙酸计），g/L	≥0.40	≥0.40	≥0.30	≥1.40	≥0.50	≥0.40	
总酯（以乙酸乙酯计），g/L	≥2.00	≥1.00	≥0.80	≥2.00	≥2.00	≥1.50	
乙酸乙酯，g/L	—	0.60～2.60	—	—	—	—	
己酸乙酯，g/L	1.20～3.50	—	—	≤0.40	0.60～2.00	—	
固形物，g/L	≤0.40	≤0.40	≤0.40	≤0.70	≤0.80	≤0.50	

注：[a]酒精度（vol）为41%～49%时，固形物≤0.5 g/L。

表 7-2-12　绿色食品液态乳的理化指标(NY/T 657—2012)

项目		指标			检测方法
		巴氏杀菌乳	灭菌乳	调制乳	
[a]脂肪,g/100 g		≥3.1		≥2.5	GB 5413.3
蛋白质,g/100 g	牛乳	≥2.9		≥2.3	GB 5009.5
	羊乳	≥2.8			
酸度,°T	牛乳	12～18		—	GB 5413.34
	羊乳	6～13			
非脂乳固体,g/100 g		≥8.1		—	GB 5413.39

注:[a]巴氏杀菌乳和灭菌乳仅适用于全脂产品。

3.3　绿色食品产品质量卫生检测

3.3.1　污染物、农药残留检测

3.3.1.1　食品中污染物、农药残留的来源

1983年,联合国粮农组织(FAO)和世界卫生组织(WHO)食品添加剂法规委员会(CCFA)第十六次会议规定:凡不是有意加入食品中,而是在生产、制造、处理、加工、填充、包装、运输和贮藏等过程中带入食品的任何物质都称为污染物,但不包括昆虫碎体、动物毛发和其他不寻常的物质;残留农药也应算是污染物。污染物可有:化肥、农药、抗生素、激素、药物和包装材料溶出物等,其中农药是农业生产中重要的生产资料之一。

农药的使用,可以有效地控制病虫害,消灭杂草,提高作物的产量和质量。而且农药用于公共卫生和疾病控制等方面,在增加动物性食品产量、减少虫媒传染病和寄生虫病的发生、控制人畜共患病、保障人体健康方面都起着十分重要的作用。然而许多农药又是有害物质,在生产和使用中带来了环境污染和食品农药残留问题,当食品中农药残留量超过最高残留限量时,就会对人体产生不良影响。目前食品中农药残留已成为全球性的共性问题和一些国际贸易纠纷的起因,也是当前我国农畜产品出口的重要限制因素之一。因此绿色食品的原料生产过程中必须防止农药的污染和残留量超标。

动植物在生长期间或食品在加工和流通中均可受到农药的污染,导致食品中农药残留,其来源主要有以下几方面。

(1)施药后直接污染。作为食品原料的农产品会因直接施用农药而被污染。农药直接喷洒于农作物的茎、叶、花、果实等表面,造成农产品污染;部分农药被吸收进入植株内部,经过生理作用运转到植物的根、茎、叶和果实,代谢后残留于农作物中;在兽医临床上广泛使用的杀菌剂、杀虫剂,如用量过大被动物吸收或舔食,在一定时间内可造成畜禽产品中农药残留。

(2)从环境中吸收。农田、草场和森林施药后,有40%～60%农药降落至土壤,5%～30%的药剂扩散于大气中,逐渐积累,通过多种途径进入生物体内,致使农产品、畜产品和水产品出现农药残留问题。

(3)通过食物链污染。农药污染环境，经食物链传递时可发生生物浓缩、生物积累和生物放大致使农药的轻微污染而造成食品中农药的高浓度残留。饲料常以农作物的皮、壳、根等部分加工而成，其农药残留量较高，饲喂畜禽或鱼贝类后，导致其产品中农药残留。蜜蜂采食有农药污染的蜜源植物后，生产的蜂蜜、花粉、蜂王浆等蜂产品都可能有农药残留。水生动物也可通过水生生物食物链，从其食物中受到农药的污染。

(4)其他途径

①加工和储运中污染：食品在加工、储藏和运输中，使用被农药污染的容器、运输工具，或者与农药混放、混装均可造成农药污染。

②意外污染：拌过农药的种子常含大量农药，不能食用。

③卫生杀虫剂污染：各种驱虫剂、灭蚊剂和杀蟑螂剂逐渐进入食品厂、医院、家庭、公共场所，使人类食品受农药污染的机会增多、范围不断扩大。

3.3.1.2　农药残留的危害

农药种类和摄入量不同，对人体健康的危害不同，可概括为以下 3 方面。

(1)急性毒性。急性中毒主要由于职业性(生产和使用)中毒、自杀或他杀以及误服农药，或者食用喷洒了高毒农药不久的蔬菜和瓜果，或者食用因农药中毒而死亡的畜禽水产品而引起。中毒后常出现神经系统功能紊乱和胃肠道症状，严重时会危及生命。引起急性中毒的农药主要是高毒类杀虫剂、杀鼠剂和杀线虫剂，尤其是高毒的有机磷和氨基甲酸酯类农药，毒性很强。

(2)慢性毒性。目前使用的绝大多数有机合成农药都是脂溶性的，易残留于食品原料中。如长期食用农药残留量较高的食品，农药则会在人体内逐渐蓄积，最终导致机体生理功能变化，引起慢性中毒。

(3)特殊毒性。目前通过动物实验已证明，有些农药具有致癌、致畸和致突变作用，或有潜在“三致”作用。

3.3.1.3　绿色食品污染物、农药残留检测

绿色食品污染物、农药残留检测主要以检测有机磷农药、拟除虫菊酯类杀虫剂为主。

(1)有机磷农药　有机磷农药是指有机磷酸酯类化合物，广泛用于农作物的杀虫剂、杀菌剂、除草剂和脱叶剂。由于具有杀虫效力高、分解快的特点，发展很快，到目前已有百余种，为我国使用量最大的一类农药。根据毒性大小划分为高毒、中毒和低毒 3 类。高毒类主要有对硫磷(1605)、内吸磷(1059)、甲拌磷(3911)、甲胺磷等，中等毒类有敌敌畏、乐果、甲基内吸磷、倍硫磷、杀螟硫磷、二嗪磷(地亚农)等。有机磷农药的化学性质不稳定，分解快，在土壤中持续时间仅数天，个别长达数月。它的生物半衰期短，不易在作物、动物和人体内蓄积。由于有机磷农药的使用量越来越大，而且反复多次

思政花园

绿色食品安全歌谣

行业应自律，食品要检验，生产经营守法纪，符合标准才通关。

地作用在农作物上，因此这类农药对食品的污染比有机氯农药更为严重，尤其是毒性较大的化合物使用后，在短期内就会引起人和动物的急性中毒。

（2）拟除虫菊酯类杀虫剂　拟除虫菊酯类杀虫剂是化学结构和生物活性类似天然除虫菊酯的仿生合成杀虫剂，目前的应用量仅次于有机磷杀虫剂。在生产上推广使用的品种有溴氰菊酯、氰戊菊酯、顺式氰戊菊酯、甲氰菊酯、氯菊酯、氯氰菊酯、顺式氯氰菊酯、高效氯氰菊酯、高效氟氯氰菊酯、联苯菊酯、氟氯氰菊酯、顺式氟氯氰菊酯、溴氟菊酯、乙氰菊酯、戊菊酯、醚菊酯、四溴氰菊酯等。虽然拟除虫菊酯杀虫剂具有高效、低毒、广谱的特点，多数品种的毒性为低毒或中等毒，但此类杀虫剂中毒患者的临床病情却比较严重，且中毒事件发生得较为频繁，应予以重视。拟除虫菊酯杀虫剂轻度中毒有头晕、头痛、恶心、呕吐、多汗、胸闷、视物模糊、无力等症状，瞳孔可能缩小，全血胆碱酯酶活性一般为50%～70%。中度中毒尚有肌束颤动、瞳孔缩小、轻度呼吸困难、流涎、腹痛、腹泻、步态蹒跚、意识清或模糊，全血胆碱酯酶活性一般为30%～50%。重度中毒者除上述症状外，尚有肺水肿、昏迷、呼吸麻痹或脑水肿，全血胆碱酯酶活性一般在30%以下。

表 7-2-13　绿色食品稻米污染物、农药残留限量标准　mg/kg

序号	项目	限量	检测方法
1	无机砷	≤0.15	GB/T 5009.11
2	总汞	≤0.01	GB/T 5009.17
3	磷化物	≤0.01	GB/T 5009.36
4	乐果	≤0.01	GB/T 5009.20
5	敌敌畏	≤0.01	GB/T 5009.20
6	马拉硫磷	≤0.01	GB/T 5009.20
7	杀螟硫磷	≤0.01	GB/T 5009.20
8	三唑磷	≤0.01	GB/T 20770
9	克百威	≤0.01	GB/T 5009.104
10	甲胺磷	≤0.01	GB/T 5009.103
11	杀虫双	≤0.01	GB/T 5009.114
12	溴氰菊酯	≤0.01	GB/T 5009.110
13	水胺硫磷	≤0.01	GB/T 20770
14	稻瘟灵	≤0.01	GB/T 5009.155
15	三环唑	≤0.01	GB/T 5009.115
16	丁草胺	≤0.01	GB/T 20770
各检测项目除采用表中所列检测方法外，如有其他国家标准、行业标准以及部文公告的检测方法，且其检出限和定量限能满足限量值要求时，在检测时可采用。			

表 7-2-14 绿色食品茄果类蔬菜农药残留限量标准 mg/kg

序号	项目	限量	检测方法
1	乙烯菌核利	≤1	NY/T 761
2	腐霉利	≤2	NY/T 761
3	氯氰菊酯	≤0.2	NY/T 761
4	百菌清	≤1	NY/T 761
5	氯氟氰菊酯	≤0.1	NY/T 761
6	多菌灵	≤0.1	NY/T 761
7	联苯菊酯	≤0.2	NY/T 761
8	乙酰甲胺磷	≤0.1	NY/T 761
9	敌敌畏	≤0.1	NY/T 761
10	甲萘威	≤1	NY/T 761
11	抗蚜威	≤0.5	NY/T 761
12	吡虫啉	≤0.5	NY/T 761
13	毒死蜱	≤0.2	NY/T 761
14	异菌脲	≤5	NY/T 761
各检测项目除采用表中所列检测方法外，如有其他国家标准、行业标准以及部文公告的检测方法，且其检出限和定量限能满足限量值要求时，在检测时可采用。			

3.3.2 兽药残留检测

兽药是用于预防、治疗和诊断畜禽等动物疾病，或有目的地调节其生理机能的物质。包括化学药品、抗生素、中药材、中成药、生化药品、血清制品、疫苗、诊断制品、微生态制剂、放射性药品、外用杀虫剂和消毒剂等。其使用必须按照《绿色食品兽药使用准则》(NY/T 472—2013)执行，其中标准规定了绿色食品生产中兽药使用的术语和定义、基本原则、生产AA级绿色食品的兽药使用原则、生产A级绿色食品的兽药使用原则及兽药使用记录。

生产AA级绿色食品的兽药使用原则按GB/T 19630.1执行。生产A级绿色食品的兽药使用种类优先使用生产AA级绿色食品所规定的兽药；优先使用农业部公告第235号中无最高残留限量(MRLs)要求或农业部公告第278号中无休药期要求的兽药；可使用国务院兽医行政管理部门批准的微生态制剂、中药制剂和生物制品；可使用高效、低毒和对环境污染低的消毒剂；可使用国家规定不允许使用的药物以外且国家许可的抗菌药、抗寄生虫药及其他兽药。常见的兽药残留检测主要包括以下两个方面：

(1)抗生素类。抗生素类多为天然发酵产物，是临床应用最多的一类抗菌药物，广泛应用于治疗人和动物的多种细菌性感染。作为临床治疗用药的抗生素类，常常在短期内使用，主要是通过注射、口服、饮水等方式进入动物体内。另外在兽医临床用药时，还常常将不同的抗生素联合起来使用(如青霉素与链霉素联合使用)更容易造成抗生素类药物在动物体内残留，导致动物性食品污染。

有些抗生素类被作为药物添加剂，长时间地给动物使用，用来预防动物细菌性疾和促进动物生长。这类抗生素主要通过添加于饲料经口进入动物体内，在动物体内要一定时间才能完全排出体外。由于长期使用，极容易在动物体内蓄积，造成动物性食品中的兽药残留。针对这些问题，农业部颁发了第 235 号公告《动物性食品中兽药的最高残留限量》标准(MRLs)，对抗生素类药品最高残留限量进行了规定。如阿莫西林、苄星青霉素在所有食品动物的肌肉、脂肪、肝、肾中最高残留限量均为 50 μg/kg，红霉素为 200 μg/kg。绿色食品生产在产蛋期和泌乳期不应使用青霉素类及红霉素等兽药。

(2)磺胺类药物。磺胺类药物是一类具有广谱抗菌活性的化学合成药物。由于其疗效好，使用方便，因而广泛应用于防治人和动物的多种细菌性疾病。临床上常用的磺胺类药物有磺胺嘧啶、磺胺二甲嘧啶等。另外，磺胺药与甲氧苄啶合用，还组成了增效磺胺，如增效磺胺嘧啶钠等。进入动物体内的各种磺胺类药物，经过机体的吸收、分布和代谢转化，在一定时间内，大部分以原形的形式随粪便、尿液等排出体外，还有一部分以原形或降解产物的形式残留于肉、蛋和奶中。短期大剂量或长期小剂量给药，很容易造成磺胺类药物在动物各组织中蓄积。当饲料或饮水被磺胺类药物污染后，也可导致动物性食品中磺胺类药物残留量严重超标。农业部公告第 235 号《动物性食品中兽药的最高残留限量》规定磺胺类总计在所有食品动物的肌肉、脂肪、肝、肾、牛奶、羊奶中最高残留限量为 50 μg/kg。绿色食品生产中不应使用磺胺类药品。

表 7-2-15　生产 A 级绿色食品不应使用的药物目录

<table>
<tr><th>序号</th><th colspan="2">种类</th><th>药物名称</th><th>用途</th></tr>
<tr><td>1</td><td colspan="2">β-受体激动剂类</td><td>克伦特罗、沙丁胺醇、莱克多巴胺、西马特罗、特布他林、多巴胺、班布特罗、齐帕特罗、氯丙那林、马布特罗、西布特罗、溴布特罗、阿福特罗、福莫特罗、苯乙醇胺及其盐、酯及制剂</td><td>所有用途</td></tr>
<tr><td rowspan="2">2</td><td rowspan="2">激素类</td><td>性激素类</td><td>己烯雌酚、己烷雌酚及其盐、酯及制剂
甲基睾酮、丙酸睾酮、苯丙酸诺龙、雌二醇、戊酸雌二醇、苯甲酸雌二醇及其盐、酯及制剂</td><td>促生长</td></tr>
<tr><td>具雌激素样作用的物质</td><td>玉米赤霉醇类药物、去甲雄三烯醇酮、甲羟孕酮及制剂</td><td>所有用途</td></tr>
<tr><td rowspan="4">3</td><td colspan="2" rowspan="2">催眠、镇静类</td><td>甲喹酮及制剂</td><td>所有用途</td></tr>
<tr><td>氯丙嗪、地西泮及其盐、酯及制剂</td><td>促生长</td></tr>
<tr><td colspan="2">氨苯砜</td><td>氨苯砜及制剂</td><td>所有用途</td></tr>
<tr><td colspan="2">酰胺醇类</td><td>氯霉素及其盐、酯(包括琥珀氯霉素)及制剂。</td><td>所有用途</td></tr>
</table>

续表 7-2-15

序号	种类		药物名称	用途
4	抗菌药类	硝基呋喃类	呋喃唑酮、呋喃西林、呋喃妥因、呋喃它酮、呋喃苯烯酸钠及制剂	所有用途
		硝基化合物	硝基酚钠、硝呋烯腙及制剂	所有用途
		磺胺类及其增效剂	磺胺噻唑、磺胺嘧啶、磺胺二甲嘧啶、磺胺甲噁唑、磺胺对甲氧嘧啶、磺胺间甲氧嘧啶、磺胺地索辛、磺胺喹噁啉、三甲氧苄啶及其盐和制剂	所有用途
		喹诺酮类	诺氟沙星、氧氟沙星、培氟沙星、洛美沙星及其盐和制剂	所有用途
		喹噁啉类	卡巴氧、喹乙醇、喹烯酮、乙酰甲喹及其盐、酯及制剂	所有用途
		抗生素滤渣	抗生素滤渣	所有用途
5	抗寄生虫类	苯并咪唑类	噻苯达唑、阿苯咪唑、甲苯达唑、硫苯咪唑、磺苯咪唑、丁苯咪唑、丙氧苯达唑、丙噻苯达唑及制剂	所有用途
		抗球虫类	二氯二甲吡啶酚、氨丙啉、氯苯胍及其盐和制剂。	所有用途
		硝基咪唑类	甲硝唑、地美硝唑、替硝唑及其盐、酯及制剂等	促生长
		氨基甲酸酯类	甲奈威、呋喃丹(克百威)及制剂	杀虫剂
		有机氯杀虫剂	六六六、滴滴涕、林丹(丙体六六六)、毒杀芬(氯化烯)及制剂	杀虫剂
		有机磷杀虫剂	敌百虫、敌敌畏、皮蝇磷、氧硫磷、二嗪农、倍硫磷、毒死蜱、蝇毒磷、马拉硫磷及制剂	杀虫剂
		其他杀虫剂	杀虫脒(克死螨)、双甲脒、酒石酸锑钾、锥虫胂胺、孔雀石绿、五氯酚酸钠、氯化亚汞(甘汞)、硝酸亚汞、醋酸汞、吡啶基醋酸汞	杀虫剂
6	抗病毒类药物		金刚烷胺、金刚乙胺、阿昔洛韦、吗啉(双)胍(病毒灵)、利巴韦林等及其盐、酯及单、复方制剂	抗病毒
7	有机砷制剂		咯克沙胂、氨苯胂酸(阿散酸)	所有用途

表 7-2-16　产蛋期和泌乳期不应使用的兽药

生长阶段	种类		兽药名
产蛋期	抗菌药类	四环素类	四环素、多西环素
		青霉素类	阿莫西林、氨苄西林
		氨基糖苷类	新霉素、安普霉素、越霉素 A、大观霉素
		磺胺类	磺胺氯哒嗪、磺胺丙氯拉嗪钠
		酰胺醇类	氟苯尼考
		林可胺类	林可霉素

续表 7-2-16

生长阶段	种类		兽药名
产蛋期	抗菌药类	大环内酯类	红霉素、泰乐菌素、吉他霉素、替米考星、泰万菌素
		喹诺酮类	达氟沙星、恩诺沙星、沙拉沙星、环丙沙星、二氟沙星、氟甲喹
		多肽类	那西肽、黏霉素、恩拉霉素、维吉尼霉素
		聚醚类	海南霉素钠
	抗生虫类		二硝托胺、马杜霉素、地克珠利、氯羟吡啶、氯苯胍、盐霉素钠
泌乳期	抗菌药类	四环素类	四环素、多西环素
		青霉素类	苄星氯唑西林
		大环内酯类	替米考星、泰拉霉素
	抗寄生虫类		双甲脒、伊维菌素、阿维菌素、左旋咪唑、奥芬达唑、碘醚柳胺

3.3.3 主要重金属检测

汞 是一种毒性较强的有色金属，常温下为银白色发光的液体，俗称水银。汞在自然界以金属汞、无机汞和有机汞形式存在。汞的化学性质较稳定，不易与氧作用，与烷基化合物和卤素可以形成挥发性的毒性很大的化合物，有机汞的毒性比无机汞大。

汞在绿色食品中的限量见下表。食品中汞的含量的测定方法主要按照国家标准《食品安全国家标准食品中总汞及有机汞的测定》(GB/T 5009.17—2013)的规定，采用冷原子吸收光谱法和原子荧光光谱分析法；进出口食品中的汞按照《进出口食品中砷、汞、铅、镉的检测方法电感耦合等离子体质谱(ICP-MS)法》(SN/T 0448—2011)标准中的电感耦合等离子体质谱法测定。

铅 是银灰色重金属元素，质软，可弯曲，当用刀切开时，表面发亮，但当暴露在湿空气中，由于表面形成一层碱性碳酸铅薄膜而立即失去光泽。铅不是以纯元素状态存在的，而是与其他元素结合成盐类。它也经常和其他金属结合，特别是锌、铁、镉和银以及和其他金属构成合金。

食品中铅的含量测定方法按照《食品安全国家标准食品中铅的测定》(GB/T 5009.12—2017)的规定，采用石墨炉原子吸收光谱法、电感耦合等离子体质谱法、火焰原子吸收光谱法及二硫腙比色法测定。

砷 广泛分布于自然环境中，几乎所有的土壤中都存在砷。最普通的两种含砷无机化合物是 As_2O_3(砒霜)和 As_2O_5。一般三价砷毒性大于五价砷。砷的毒性大小还与其存在的形态密切相关，其中无机砷毒性大于有机砷。

食品中砷的含量测定方法按照国家标准《食品中总砷及无机砷的测定》(GB/T 5009.11—2003)的规定，采用氢化物原子荧光光度法、银盐法、砷斑法、硼氢化物还原比色法。

镉 是银白色有伸展性的金属，具有相当大的密度和相当高的蒸气压。在自然界是比较少稀有的元素，在地壳中的含量估计为0.1～0.2 mg/kg。镉能生成很多无机化合物，其中有些化合物（如亚硫酸镉和氧化镉）不溶于水，有些化合物（如硫化镉和碳酸镉）在水中的溶解度很小，而其硫酸盐、硝酸盐及卤化物颇易溶于水。由于镉的有机化合物很不稳定，自然界没有有机镉化合物存在，但在哺乳动物、禽类、鱼等生物体内的镉多数是与蛋白分子结合的。食品中镉的含量测定方法按照国家标准《食品安全国家标准食品中镉的测定》（GB/T 5009.15—2014）的规定，采用石墨炉原子吸收光谱测定方法。

表 7-2-17 绿色食品中几种重金属的限量标准

种类	汞（以 Hg 计，mg/kg）	铅（以 Pb 计，mg/kg）	砷（以 As 计，mg/kg）	镉（以 Cd 计，mg/kg）
玉米	≤0.01	≤0.2	≤0.4	≤0.1
小麦粉	≤0.01	≤0.2	≤0.4	≤0.1
水果	≤0.005	≤0.2	≤0.2	≤0.01
液态乳	—	≤0.05	≤0.1	—
乳粉	—	≤0.45	≤0.9	—
豆类	≤0.02	≤0.5	≤0.5	≤0.1
瓜类蔬菜	≤0.01	≤0.1	≤0.2	≤0.5
茄果类、甘蓝类、绿叶类蔬菜	≤0.01	≤0.1	≤0.2	≤0.05

3.3.4 微生物检测

食品的微生物检测是运用微生物学的理论与方法，检验食品中微生物的种类、数量、性质及其对人的健康的影响，以判别食品是否符合质量标准的检测方法。

卫健委颁布的食品微生物指标主要有菌落总数、大肠菌群和致病菌3项。

菌落总数 《食品安全国家标准 食品微生物学检验菌落总数测定》（GB 4789.2—2016）中定义菌落总数是指食品检样经过处理，在一定条件下（如培养基、培养温度和培养时间等）培养后，所得每克（mL）检样中形成的微生物菌落总数。

大肠菌群 《食品安全国家标准 食品微生物学检验大肠菌群计数》（GB 4789.3—2016）中定义大肠菌群是指在一定培养条件下能发酵乳糖、产酸产气的需氧和兼性厌氧革兰氏阴性无芽孢杆菌，包括大肠杆菌、产气杆菌及其一些中间类型的细菌。这些细菌是寄居于人及温血动物肠道内的常居菌，可随着大便排出体外。食品中大肠菌群数越多，说明食品受粪便污染的程度越大。故以大肠菌群作为粪便污染食品的卫生指标来评价食品的质量，具有广泛的意义。大肠菌群计数有2种方法，第一法为大肠菌群 MPN 计数法，适用于大肠菌群含量较低的食品中大肠菌群的计数；第二法大肠菌群平板计数法，适用于大肠菌群含量较高的食品中大肠菌群的计数。

致病菌 食物污染后可在食品中生长繁殖并可引起人或动物疾病的细菌称为食品致病

菌。食品致病菌可通过直接或间接途径污染食品及水源，人经口摄入可导致肠道传染病、食物中毒等食源性疾病的发生。食品中主要的致病菌有沙门氏菌、金黄色葡萄球菌、副溶血性弧和致病性大肠杆菌等。对不同的食品和不同的场合，应选择一定的参考菌群进行检验。例如海产品以副溶血性弧菌作为参考菌群，蛋与蛋制品以沙门氏菌、金黄色葡萄球菌、变形杆菌等作为参考菌群，米和面类食品以蜡质芽孢杆菌、变形杆菌、霉菌等作为参考菌群，罐头食品以耐热性芽孢菌作为参考菌群等。

霉菌及其毒素 霉菌广泛分布于土壤、水、空气等自然环境中。大多数种类的霉菌都会引起食品的霉变，霉变过程中不同的生长环境导致仓储霉菌和田间霉菌的生成。其中仓储霉菌大部分为曲霉菌属，而青霉菌属和镰刀菌属在田间霉菌中处于绝大部分。

霉菌毒素作为霉菌的二级代谢产物，现已知达 300 多种。根据产生毒素的种类为曲霉菌毒素、青霉菌毒素和镰刀菌毒素。根据生长环境，这些毒素种类又可归并为田间毒素和仓储毒素。其中玉米赤霉烯酮、伏马毒素及呕吐毒等为较为常见的田间毒素，而仓储毒素中黄曲霉毒素和青霉毒素比较常见。霉菌毒素分布广泛，因此在食品污染中，霉菌毒素的污染范围很大。我国在 1997 颁布的国家标准 GB 16740—1997 中，所有的保健食品都增加了霉菌指标。各级食品卫生检测机构也都全面开展霉菌的检测工作。目前霉菌毒素的检测方法可以概括为物理化学检测方法（如平板培养法、近红外光谱法、气相色谱法、高效液相色谱法、薄层层析法）、免疫学方法（如荧光免疫法、胶体金技术、酶联免疫法）及新技术联合应用的霉菌毒素检测方法。

其他指标 微生物指标还应包括病毒，如肝炎病毒、猪瘟病毒、鸡新城疫病毒、马立克氏病毒、口蹄疫病毒、狂犬病毒、猪水泡病毒等。另外，从食品检验的角度考虑，寄生虫也应列为微生物检验的指标，如旋毛虫、囊尾蚴、猪肉孢子虫、蛔虫等。

3.3.5 食品添加剂检测

食品添加剂是指为改善食品品质、色、香、味以及为防腐和加工工艺的需要而加入食品中的人工合成物质或天然物质，其使用原则、允许使用的品种、使用范围及最大使用量或残留量的要求按照《绿色食品 食品添加剂使用准则》（NY/T 392—2013）执行。

3.3.6 包装标志

所有的绿色食品产品，其包装和标志必须符合中华人民共和国农业部令 2012 年第 6 号《绿色食品标志管理办法》和《绿色食品包装通用准则》（NY/T658—2015）。

4 绿色食品产品质量检测判定规则

4.1 结果判定

（1）按照《绿色食品产品检验规则》（NY/T 1055—2015）规定，检测结果全部合格时则判该批产品合格。包装、标志、标签、净含量等项目有 2 项（含 2 项）以上不合格时则判该批产品不合格，如有 1 项不符合要求，可重新抽样对以上项目复检，以复检结果为准。其他任何一项指标不合格则判该批产品不合格。

(2)检验机构在检验报告中对每个项目均要做出“合格”或“不合格”的单项判定;对被检产品应依据(1)的规定做出“合格”或“不合格”的综合判定。

4.2　复检

当受检方对产品检验结果发生异议时,可以自收到检验结果之日起 5 日内向绿色食品管理部门申请复检。凡属微生物学项目不合格的产品不接受复检。如不合格检测项目性质不稳定,也不接受复检。

第四部分 4

绿色食品流通篇

学习笔记

项目八
绿色食品流通渠道

知识目标

1. 了解我国绿色食品流通渠道的含义及特点；
2. 掌握绿色食品流通渠道的层级及主要构成；
3. 了解我国绿色流通渠道的主要发展趋势。

技能目标

1. 能设计我国绿色食品流通渠道；
2. 设计绿色食品产销对接模式。

德育目标

1. 培养学生具有良好的沟通表达能力；
2. 培养学生分析问题、解决问题的能力；
3. 培养学生较强的团队合作与组织协调能力；
4. 培养学生科学严谨的工作态度；
5. 培养学生创新能力。

任务一 设计绿色食品流通渠道

【任务要求】

通过本次任务的学习,能设计绿色食品流通渠道方案。

【任务实施】

针对自己公司生产或加工的绿色食品类别、特点及社会需求,按照设计流通渠道的4个步骤,设计绿色食品流通渠道方案并进行决策。

设计一个渠道系统有如下步骤:

步骤1:分析顾客需要,即了解目标顾客需要的服务产出水平;

步骤2:建立流通渠道目标,即为目标顾客的服务产出水平;

步骤3:识别主要的流通渠道选择方案;

步骤4:评价主要渠道,包括经济性、控制性及适应性评估。

【任务评价】

表8-1-1 学生课堂表现评价表

企业(班级): 部门: 姓名:

项目名称	评价标准	师傅	徒弟	部门	平均分	备注
设计流通渠道	优(100～90分):设计科学合理 良(89～80分):设计较科学合理 中(79～70分):设计基本科学合理 及格(69～60分):设计部分科学合理 不及格(<60分):设计不科学合理					
部门合作	优(100～90分):按分工,积极参与 良(89～80分):按分工,较积极参与 中(79～70分):按分工,基本参与 及格(69～60分):按分工,能部分参与 不及格(<60分):不参与					
职业素质	优(100～90分):沟通表达、分析解决问题、团队合作、组织协调、严谨工作等职业素质高 良(89～80分):职业素质良好 中(79～70分):职业素质一般 及格(69～60分):职业素质较差 不及格(<60分):职业素质差					
总分						
平均分						

[师徒共研]

1.什么是绿色流通?

从广义上说是指减少资源消耗和减少环境污染的商品流通活动,是指商品自离开生产领域直至进入消费领域之前的整个所有权转移和实体位移的过程。绿色流通的实质是以环境保护为导向,直接或间接促成污染消减的环保取向型商品流通过程及活动。

一般来说,绿色食品流通渠道是促使绿色产品顺利地被使用或消费的一整套相互依存的组织,它们组成一个产品或服务在产成以后的一系列途径,经过销售到达最终用户手中。

2.什么是绿色营销?

绿色营销是一个与绿色流通既密切联系,又相互区别的概念。从涵盖的部门领域看,绿色营销较之绿色流通更为广阔。绿色营销是贯穿于整个生产及流通领域的活动,其内容包括绿色产品的产品选样、市场定位、价格策略以及产品促销等活动;而绿色流通则只涉及发生流通领域的绿色产品营销活动。然而,从两个概念的内涵来看,绿色流通又比绿色营销更为宽泛。绿色营销是一种以市场和流通企业为本位的企业经营行为,而绿色流通则是对整个社会绿色流通活动的概括,是一个更加多层次的概念。它既包括企业的流通经营活动,又包括社会对绿色流通活动的管理、规范和调控。这使得对绿色流通的研究具有政府政策和流通企业经营战略与策略两方面的意义。

3.如何健全完善农产品流通体系?

绿色就是高效,要充分发挥农产品批发市场作为农产品市场流通主渠道的作用,大力加强农产品流通和营销,提高流通效率,降低经营成本,助力解决农产品卖难、卖不出去、卖不上好价的问题。创新短链流通模式,推进产地市场和新型经营主体与超市、社区、学校等消费端对接,发展订单农业。创建电子商务孵化平台,推进产地市场与新型农业经营主体、农产品加工企业、电商平台的对接,发展农产品网上交易,扩大网上交易规模,提高流通基础设施利用率,形成线下资源与线上需求高效对接的流通渠道,减少市场流通环节,促进产销高效对接。

4.“村级信息服务站”有哪些服务项目?

(1)买。村级信息服务站依托授权的电子商务平台为本地村民、种养大户等主体代购农业生产资料和生活用品等物资,如种子、农药、化肥、农机、农具、家电、衣物等。

(2)卖。培训和代替农村用户或种养大户等主体在电子商务平台上销售当地的大宗农产品、土特产、手工艺品等,出售休闲农业旅游预订服务,发布各类供应消息,解决当地农民渠道窄,销售难的问题。

(3)推。

①便民公益服务:利用12316、信息服务站、新农邦电商平台等,向农民精准推送农业生产经营、政策法规、村务公开、惠农补贴查询、法律咨询、就业等公益服务信息及现场咨询。

②协助政府部门开展农技推广、动植物疫病防治、农产品质量安全监管、土地流转、农业综合执法等业务。

③向农民提供农业新技术、新品种、新产品培训，提供信息技术和产品体验。帮助农民解决生产中的产前、产中、产后等技术和销售问题，促进农业、农村、农民与大市场的有效对接。

(4)缴。为村民代缴话费、水电费、电视费、保险等交费项目，使村民大事不出村、小事不出户即可办理相关业务事项。

(5)代。为农民提供各项代理业务；代理各种产品销售、婚庆、租车、旅游、飞机订票等商业服务；代办邮政、彩票等机构的中介业务等。

(6)取。村级信息服务站作为村级物流配送集散地，可代理各种物流配送站的包裹、信件等收取业务和金融部门的小额取款等业务方便村民的生活。

加强产地农产品流通
基础设施建设方式

益农信息社介绍(文字)

[知识链接]

1　中国绿色食品流通渠道概述

1.1　中国绿色食品市场流通发展现状

绿色食品事业自1990年启动到2019年，已走过了28年的历程，获得了长足发展，总量规模逐年扩大，市场影响不断增强，示范带动作用日益明显。依托品牌，绿色食品已形成了一个从基地建设、投入品推广，到产品开发、市场营销较为完整的产业体系。至2018年，全国绿色食品认证企业达到13 203家，产品达30 932个，产地环境监测面积1.57亿亩，国内年销售额达4 557亿元，出口额达32.1亿美元，部分产品已占主要农产品总量的5%～8%。

从政府推动的角度，全国50%以上的市县、80%以上的地市州设立绿色食品工作机构，体系队伍已发展到6 000多人，这是推动绿色食品发展的重要力量，为绿色食品事业发展持续提供有力的保障。1996年“全国绿色食品市场建设研讨会”首次召开，专门探讨绿色食品市场建设的方式和途径。其后，北京、天津、上海、广州等部分大中城市开始探索建立绿色食品配送中心、专柜、专营店等专业营销渠道和网点，开展各类营销活动。截至2019年，先后在北京、上海、天津、广州、昆明、福州、烟台等多个城市举办了20届中国绿色食品博览会；在北京、天津、郑州、贵州、长沙、呼和浩特、南昌、兰州等地开展绿色食品宣传月活动；在北京、上海等地开展中国国际绿色食品展览会，为企业搭建贸易合作、提高企业形象、推广品牌化市场、行业交流与合作的平台，助推企业拓展国内外市场，加快了绿色食品流通贸易，满足了消费者的需求。

近几年，随着电子商务的飞速发展，一些从事电子商务及网络营销的公司和网站也把绿色食品作为新的业务拓展领域，在绿色食品 B2B、B2C 等网上销售方面也开始开发和运营的尝试。如中国绿色消费网、北京任我电子商务有限公司等，绿色食品网上展厅也已列入金农工程，在中国农业部中国农业信息网上线。值得关注的是，绿色食品已成为商业投资企业在精品农产品及高端食品市场营销领域的首选。中国农业发展集团、中国绿色食品投资控股(香港)集团、北京首发集团农业投资公司、北京秀水投资集团等投资机构在对于绿色食品市场营销进行认真、深入的市场调研的基础上，开始投资建设绿色食品营销项目。

绿色食品推行标准化生产、品牌化引领、产业化经营的综合发展模式，有利于配置优质资源，提升农业新型经营主体素质，延长农业产业链，促进农业提质增效。目前，发展绿色食品、有机农产品的国家级和省级农业产业化龙头企业已超过 1 500 家，约占总数的 30%。同时一大批农民专业合作社示范社也加入了发展绿色食品、有机农产品的行列。据市场调查，绿色食品比普通农产品价格平均高出 10%～30%，有机农产品高出 50%以上。借助品牌的社会影响力、市场竞争力及有效的流通渠道，广大农户不同程度实现了增收。特别是在生态环境优良的贫困地区，发展绿色食品、有机农产品生产已成为农民脱贫致富的一条捷径。

目前，我国绿色食品流通渠道存在着一系列问题，阻碍了绿色食品产业的发展，如流量小，难于形成规模效益；地域范围广，物流具有困难；供求价格不均衡，价值流存在障碍。绿色食品需要制定合理流通渠道定位的战略，通过建设专业批发市场、建立零售网络、弘扬绿色文化、巩固辅助渠道等措施，加速建立绿色食品流通渠道。

1.2　绿色食品流通渠道的含义

1.2.1　绿色食品流通渠道的概念

大多数生产者并不是将其产品直接出售给最终用户，在生产者和最终用户之间有一系列的营销中介机构执行着不同的功能。这些中介机构组成了流通渠道(也称为贸易渠道或营销渠道)。一般来说，绿色食品流通渠道是促使绿色产品顺利地被使用或消费的一整套相互依存的组织，它们组成一个产品或服务在产成以后的一系列途径，经过销售到达最终用户。

1.2.2　绿色食品流通渠道的类型

绿色食品流通渠道分为商人中间商、代理中间商和辅助机构 3 种类型。

(1)商人中间商。即常说的经销商，他们买进商品，取得商品所有权，然后再出售商品。

(2)代理中间商。代理中间商寻找顾客，有时也代表生产者同顾客谈判，但不取得商品所有权，例如绿色食品经纪人。

(3)辅助机构。辅助机构既不取得商品所有权，也不参与买卖谈判，但他们对分销活动有支持作用，例如运输公司、仓储公司、银行、广告代理商等。

1.2.3 绿色食品流通渠道的含义

绿色食品流通渠道实际包含下述3层含义：

(1)绿色食品流通渠道是为顾客提供绿色食品及相应服务而设立与维持的，具有相对长期的战略特性。

(2)绿色食品流通渠道包含一系列相互联系、相互作用的组织和个人，这些组织和个人通过分工和协作形成系统化的营销渠道，使绿色食品能够有效地从生产者转移到消费者手中。

(3)关系和人员是绿色食品流通渠道的基础。渠道战略和组织的成功直接依赖于在各种不同组织中各个岗位上的人员如何有效地通力协作。

1.3 绿色食品流通渠道的作用

1.3.1 促进生产，引导消费

绿色食品只有通过市场交换，才能到达消费者手中，才能实现其价值，企业才能盈利，流通渠道的作用就是完成农产品从生产者到消费者的转移，在其中起桥梁作用，连接生产和消费，既是生产的排水渠，又是消费的引水渠。“排水渠”不通，绿色食品就不能及时销售出去，资金周转困难，农业再生产就无法顺利进行。“引水渠”不畅，绿色食品就不能及时顺利地到达消费者手中，消费需求就得不到满足。因此对于生产者来说，不仅要生产满足消费者需要的绿色食品，而且要正确地选择自己的流通渠道，做到货畅其流，发挥促进生产、引导消费的作用。

1.3.2 吞吐商品，平衡供求

绿色食品流通渠道是由一系列商业中间人联结而成的。这些商业中间人类似于大大小小的蓄水池，在绿色食品供过于求的地区或季节，将绿色食品蓄积起来，在供不应求的地区或季节销售出去，起到吞吐商品、平衡供求的作用。由于绿色食品市场具有明显的地区性和季节性供求不平衡的矛盾，流通渠道上的商业中间人可以使这种矛盾得到缓和。

1.3.3 加速商品流通，节省流通费用

一个生产企业依靠自己的力量出售自己的全部产品是不现实的。这要占用相当多的人力、物力、财力和时间，从长远观点和宏观经济分析是不合算的。选择合适的流通渠道，利用商业中间人的力量销售自己的产品，至少可以带来两方面的好处：一方面可以缩短流通时间，相应地缩短再生产周期，直接促进生产的发展；另一方面可以减少在流通领域中占压的商品和资金，加速资金周转，扩大商品流通，节省流通费用。

思政花园

有效开发农村市场，扩大电子商务进农村覆盖面，支持供销合作社、邮政快递企业等延伸乡村物流服务网络，加强村级电商服务站点建设，推动农产品进城、工业品下乡双向流通。

——2020年中央一号文件《中共中央国务院关于抓好“三农”领域重点工作确保如期实现全面小康的意见》

1.3.4 扩大销售范围,提高产品竞争能力

绿色食品企业仅仅依靠自己的力量直接向消费者出售产品,其销售范围和销售数量是非常有限的。如果选择合适的流通渠道,将产品交由商业中间人销售,则可以运输到很远的地方从而扩大产品的销售范围。同时,一些商业中间人为了自身的利益也乐于为产品做广告,这样就有可能增加销售数量,从而提高产品的市场竞争能力。

2 绿色食品流通渠道模式

2.1 绿色食品流通渠道的层级

2.1.1 食品流通渠道的长度

生产者和最终顾客是每个渠道的组成部分。可用中间机构的级数来表示渠道的长度(图 8-1-1 列举说明了 4 种不同长度的消费者市场营销渠道)。

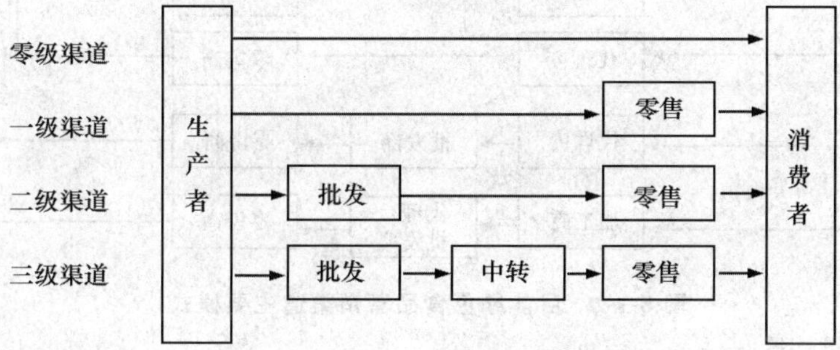

图 8-1-1 消费者市场流通渠道及层级

渠道长度,是以渠道级数为基础的,是指在生产者和消费者之间的销售中间机构的多少。

最短渠道模式为零级渠道。零级渠道也称为直接流通渠道,是由生产者直接销售给最终顾客,中间不经过任何营销中间机构。直接流通的主要方式是上门推销、邮购、电话营销、电视直销、网络销售和厂家直销。零级渠道以上是长渠道,依次是一级渠道、二级渠道、三级渠道等。长渠道一般为三级,渠道更长的分销渠道比较少见,因为从生产者的角度来看,渠道级数越高,获得最终用户信息的难度越大,同时渠道控制难度也越大。最长的渠道应该是日本的食品分销了,达到了 6 个层级。

绿色食品层级过多,要经众多中间环节到消费者,社会交易成本高,价格易被反复抬高,影响销售数量。

2.1.2 食品流通渠道的宽度

渠道宽度是指渠道的每个层次使用同种类型中间商数目的多少。以渠道宽度为基地,可分为宽渠道和窄渠道。

宽渠道:生产者使用的同类中间商多、产品在市场上的分销面广。如一般的日常用品由

多家批发商经销，它们又转卖给更多的零售商，这些零售商能够大量接触消费者，从而大批量地销售产品。

窄渠道：生产者使用的同类中间商少，分销渠道窄。这样可以使得生产者容易控制，一般适用于专业性比较强的产品，或者贵重耐用消费品。

"互联网十"农产品流通模式的发展阶段

2.2 绿色食品主要流通渠道模式

按照产品流通环节划分，当前绿色食品营销渠道（图 8-1-2）主要有 7 种。

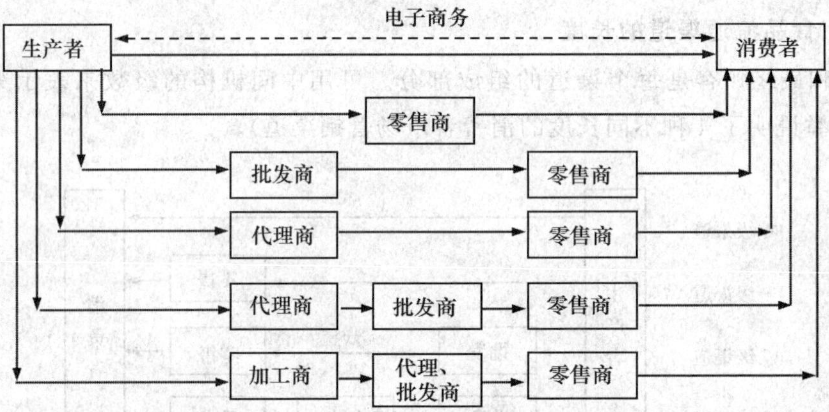

图 8-1-2 目前绿色食品营销渠道主要模式

2.2.1 生产者→消费者

这种营销渠道一般通过乡村游、农家乐展销会或城郊农场在城区开直销专卖店（前店后场）的方式来直接销售。主要优点是：销售者能够直接考察绿色食品的生产环境、体验产品品质、识别产品鲜活程度等；缺点是：规模小、品种选择少、连续性差等。较适合中小企业及鲜活农产品营销。

2.2.2 生产者→零售商→消费者

这种营销渠道是由生产企业直接将产品送到商店或超市，由商店或超市出售给消费者。目前具有一定规模和自建生产基地的绿色食品农产品生产企业的产品，特别是鱼、肉、蛋、菜等生鲜产品的营销多采取这种形式。这种渠道也是现今商品流通的主要渠道之一，因此能够较快被消费者接受。消费者在购物过程中，通过直观对比绿色食品和普通食品，很可能直接得出绿色食品更有助健康、更环保的结论，但同时，绿色食品在价格上的劣势也会第一时间反馈给消费者，这将有可能影响消费者的决策。

2.2.3 生产者→批发商→零售商→消费者

这是我国较为传统的营销渠道模式，在由计划经济时代到转入市场经济的今天有大多数的食品企业的产品销售采用这种方式，绿色食品也不例外。批发商可分为一级、二级等多个层次，也可分为农产品、副食品、饲料、烟酒等类别。农产品还可分为产地、销地，中心、分中心等，至今农产品的物流还要国家设立"绿色通道"才能有所保障。批发商不仅向商店、商场及超市供货，同时也向流动零售商贩供货，还可以现场零售。目前绿色食品当中，初级农产品、初加工农产品和副食品产品，中等企业规模、营销能力有限的企业多采取这种方式。

2.2.4　生产者→代理商→零售商→消费者

代理商制度出现在改革开放之后，是由国外引进的一种企业建立自有营销渠道的方式。企业按照市场营销战略，分区域、分产品系列委托代理商选择零售商，并向其供货销售产品。绿色食品中，具有地方特色、产量小、品种单一的产品，或者企业规模较大、产品成系列的商家在通过这种渠道进行销售。这种渠道与传统的销售方式相比，代理公司的优点是明显的。最重要的，代理商有一批十分专业的人才，可以全方位地为客户提供专业的投资策略，但是国为代理商的存在，会产生利润分流，对于产品的直接影响就是消费者端的价格提升。

2.2.5　生产者→代理商→批发商→零售商→消费者

这种营销渠道方式可以说是第3、第4种的组合，只适合于精加工、利润空间大的食品产品，大型或特大型食品企业的市场营销。

2.2.6　生产者→加工商→代理(批发)商→零售商→消费者

这种营销渠道方式只适合于能够精细加工、开发产品类别、利润空间大的食品产品。

2.2.7　电子商务

电子商务是指通过电子化(网络)手段进行商务活动的一种经济运行方式。它通过将市场营销活动网络化来减少传统市场流通方式中大量的中间环节，实现企业—企业、企业—消费者的直接交易，从而最大限度地降低经济活动中的交易成本，提高经济运转的效率和效益。电子商务最明显的好处是可以跨越国界、大范围且迅速及时地进行各种农业商务联系，使农产品推向市场的速度更快，交易实时性更强，货运延时更少。电子商务服务为绿色食品经营主体提供了及时、准确、全面的信息决策依据。

2.3　绿色食品主要流通渠道模式设计决策的步骤

设计一个渠道系统包括4个步骤：分析顾客需要、建立流通渠道目标、识别主要的流通渠道选择方案和评价主要渠道。

2.3.1　分析顾客需要

设计流通渠道中，营销者必须了解目标顾客需要的服务产出水平，流通渠道可提供以下5种服务产出：

(1)批量大小。批量大小即流通渠道允许顾客一次购买产品的单位数量。

(2)等候时间。等候时间即顾客等待收到货物的平均时间。毫无疑问，顾客一般喜欢快速的交货渠道。

(3)空间便利。空间便利即流通渠道为顾客购买产品所提供的方便程度。

(4)产品品种。产品品种即渠道提供的商品花色品种的宽度,顾客一般都喜欢较多的花色品种。

(5)服务支持。服务支持即渠道提供的附加服务,如信贷、交货、安装、修理等。

流通渠道的设计者必须了解提高服务产出水平意味着渠道成本的增加和对顾客的高价。现实表明,顾客很可能愿意接受低水平的服务从而带来的低价格,这一点从折扣商店的成功可以看出来。

2.3.2 建立流通渠道目标

流通渠道目标应表述为目标顾客的服务产出水平。它会因产品特性的不同而不同:易腐产品要求直接营销;体积庞大的产品要求运输距离短、搬运次数少的流通渠道布局;非标准化的产品则由公司销售代表直接销售;需要安装或长期服务的产品也有公司或者独家特许商经销;单位价值高的产品一般由公司人员销售,很少通过中间商。

流通渠道设计应反映不同类型的中间商在执行各种任务时的优势和劣势。例如,制造商的代表接触每个顾客所耗费的费用较少,因为总费用由几个客户所分摊。但是,业务代表对每个顾客的销售努力则低于公司销售代表所能达到的水平。

2.3.3 识别主要的流通渠道选择方案

公司可以选择经过不同的流通渠道到达消费者,从销售人员到代理商、分销商、直邮、网络等,每种渠道都有各自的优势和劣势。公司在选择流通渠道方案时,需要确定3方面的要素;中间商的类型、所需的中间商数目、每个流通渠道成员的条件及其相互责任。

(1)中间商类型。公司应该弄清楚能够承担其流通渠道工作的中间商的类型。在有的时候,由于成本或其他的原因,公司无法利用流通主渠道,那么利用流通非常规渠道也是可行的。流通非常规渠道的优点是:在最初进入流通渠道时,公司遭遇竞争的程度较低。

(2)中间商数目。公司还要考虑每个流通渠道层级使用多少中间商,有下述3种战略可以选择:

①独家分销。一般说来,生产者都要与独家分销商签订排他性的合同,以保证其不再经营其他品牌,这就是独家分销。由于是独家销售,公司常常与销售商建立紧密的伙伴关系,销售商也更积极。

②选择性分销。所谓选择性分销,就是在某个地区通过少数经过精心挑选的,最合适的中间商产品。利用这种方式,公司就不必在过多的销售点上浪费精力也能获得足够的市场覆盖面和较大的控制权。

③密集性分销。所谓密集性分销,就是尽可能多地使用中间商。当消费者要求能在当地大量、方便的购买时,密集性分销就非常重要了。为了增加市场覆盖面和销量,很多公司正在不断地从独家分销和选择性分销走向密集分销。这个战略有利于短期绩效,但经常会影响长期绩效。

(3)流通渠道成员的权利和责任。生产者必须确定流通渠道成员的权利和责任,必须真诚对待每个流通渠道成员，并让他们有盈利的机会。公司需要考虑以下几个方面因素：

①价格政策。要求生产商制定价目表和折扣细目单，使中间商确信这些是公平而且充分的。

②销售条件。销售条件指付款条件和生产商的担保。大多数生产商对于付款较早的分销商给予现金折扣。生产商也可以向分销商提供有关商品质量不好或价格下跌等方面的担保。

③地区权利。分销商需要知道生产商打算在哪些地区给予其他分销商以特许权。

2.3.4　对主要的流通渠道方案进行评估

每一个流通渠道都要进行经济性、可控制性和适应性的评估。

(1)经济性评估。每种流通渠道都会导致不同的销量和成本。例如流通渠道交易成本由大到小的排列次序是：人员销售、分销商、零售商、电话营销、互联网。低成本的流通渠道通常都是低接触率的流通渠道。在订购货物时，接触率的高低并不重要；但是，当顾客购买复杂商品时，他们更倾向于高接触率的流通渠道，如与销售人员的接触。

(2)控制性评估。使用代理商要考虑控制问题。因为销售代理是一个独立的公司，他关心的是本公司利润，会注意购买产品多的顾客，而不关心谁购买了某个特定制造商的产品，另外，代理商的推销人员可能没有掌握公司产品的技术细节，或者不能有效地运用它的促销材料。

(3)适应性评估。每个流通渠道都有一个固定时期的承诺，如生产商选择一个代理商销售时，可能签订5年的合同。在这段时间内，如果有其他渠道更合适，生产商也不能取消合同。因此对于那些迅速变化、非持久和不确定的产品市场上，生产商要寻找有高度适应性的流通渠道结构和政策。

任务二　设计绿色食品产销对接模式

【任务要求】

通过本次任务的学习，能设计绿色食品产销对接模式。

【任务实施】

设计绿色食品产销对接模式

为了缩短流通环节，减少流通成本，根据自己公司生产或加工的绿色食品类别、特色及社会需求等情况，设计该绿色产品产销对接模式，以增加产品流量，缓解农民“卖难”和城市居民“买贵”的问题，增加农民增收和稳定市场供应。

【任务评价】

评价内容多元化，评价主体有师傅、徒弟间、部门评价。

表 8-2-1　学生课堂表现评价表

企业(班级)：　　　　　　　　部门：　　　　　　　　姓名：

项目名称	评价标准	师傅	徒弟	部门	平均分	备注
设计模式	优(100～90 分)：设计科学合理 良(89～80 分)：设计较科学合理 中(79～70 分)：设计基本科学合理 及格(69～60 分)：设计部分科学合理 不及格(<60 分)：设计不科学合理					
部门合作	优(100～90 分)：按分工，积极参与 良(89～80 分)：按分工，较积极参与 中(79～70 分)：按分工，基本参与 及格(69～60 分)：按分工，能部分参与 不及格(<60 分)：不参与					
职业素质	优(100～90 分)：沟通表达、分析解决问题、团队合作、组织协调、严谨工作等职业素质高 良(89～80 分)：职业素质良好 中(79～70 分)：职业素质一般 及格(69～60 分)：职业素质较差 不及格(<60 分)：职业素质差					
总分						
平均分						

[师徒共研]

1.“农消对接”模式拥有哪些优点？

“农消对接”模式拥有以下优点：第一，依托信息共享平台，完成了信息的流动、产品的流动和资金的流动等，构成了一条循环的流通链条，增加了农产品的产业价值。第二，在整个流通渠道中，无论是处于流通渠道前端的农户和合作联盟还是后端的消费者抑或是参与整个流通过程的物流商，他们地位平等，保障了农户在农产品营销过程中的定价权，同时也可以让消费者充分了解农产品的生产、配送过程，保障了其追溯权。第三，供需信息的高度匹配，可以防止农产品销售出现供过于求或者供不应求的局面，同时就近建立的物流仓库又缩短了配送时间，提高了农产品的配送效率。

2.新兴的以电商为主导的农产品电商平台流通渠道有哪些？

(1)综合类电商平台

综合类电商平台是目前我国电商平台的主要力量，以淘宝、京东为代表，这类电商平台因其较高的知名度和巨大的经济实力，再加上较强的消费者基础，在农产品经营中具有很多先天优势。但是由于其进入门槛低，导致销售商较多，鱼龙混杂，对产品的质量和定价缺乏管理，极易出现欺骗消费者的行为。

(2)垂直类电商平台

与综合类电商平台相比，垂直类电商平台在经营模式、产品种类、物流配送等方面都有很大不同，它大多数只经营单一品种的农产品，并且目标消费群体属于高端消费人士。它的优点在于：第一，自建物流体系的硬件设施好，尤其是一些冷冻设备齐全，可以降低在配送过程中对农产品品质的影响，保证农产品配送中的质量，缩短配送时间，提高配送效率。第二，只经营单一种类农产品，一般拥有自己的种植场所，或者特定的供应商，产品质量可追溯。这类平台的不足在于：第一，前期资金投入较大，由于经营种类单一，导致消费群体较小，不易建立品牌影响力。第二，自建物流，导致物流配送成本上升。第三，随着同类流通模式的大量涌现，极易出现同质化竞争。

(3)物流切入型电商平台

所谓物流切入型电商平台是指依托强大的物流配送体系而建立起来的电商平台，顺丰优选就是这类电商平台的代表。物流切入型电商平台的优势在于其强大的物流配送体系，有利于打开市场，保证农产品配送过程中的质量和安全，同时又提高了配送的效率。但是，顺丰优选在发展过程中也遇到了一些问题：第一，从以物流为主转到电商平台，前期需要投入巨大的资金扩展市场；第二，因为没有自己的生产基地，所以需要寻求稳定、口碑好、品质有保证的农产品货源供应商。

(4)“O2O”生鲜电商平台

随着互联网的高速发展，“互联网+”思维遍及各行各业，许多超市也将自身经营与互联网相融合，比如家乐福、沃尔玛、永辉等都建立了自己的电商平台，并且开发了自身的App，消费者可以通过App选择自己需要的农产品。但是，O2O生鲜电商平台由于发展时间短，所以拥有的消费者数量较少，市场占有率较小，且没有自身的物流配送体系，降低了配送效率。

3.解决农产品产销对接难题的模式有哪些？

近年来，供销合作社系统发挥优势，立足农民增收和稳定市场供应，不断创新农产品产销对接流通模式，效果显著，主要形式有：

(1)农产品批发市场集散模式

以具有商品集散、价格生成、信息发布、标准化建设等功能，集电子结算、加工、配送、仓储、低温保鲜、冷链物流、信息发布、检验检测等服务于一体的新型农产品批发市场为核发心，上连农产品生产基地、专业合作社和农产品经纪人等供应商，下接农贸市场、连锁超市、社区直销店，以及机关、学校、饭店等消费大户的产销对接模式。这是目前我国农产品流通的主要渠道，承担着90%以上的鲜活农产品、95%以上的蔬菜供应。

(2)连锁超市直采模式

由连锁超市与产业基础好、产品规模大、品牌质量优、农户成员多的农产品专业合作社开展对接，建立直接供应超市的农产品生产基地，发展稳定的购销关系。

(3)平价商店公益保障模式

政府委托代销合作社、专业合作联社等在城市农副产品消费量较大且自给能力相对薄弱的地区建设平价商店，对接生产基地和专业合作社，享有政府优惠扶持政策的产销对接模式。在农产品价格发生异常波动、突发性自然灾害等特殊时期，对组织调运并按照政府规定价格投放市场，实现保供稳价目标的平价商店，政府将通过价格调节基金对差价给予适当补贴。

(4)农产品加工企业链接模式

以加工配送能力强、经济效益好的农产品加工龙头企业为纽带，建立起直接面向市场消费大户，联系生产基地和专业合作社的产销对接模式。截至2010年年底，供销合作社系统共有各类农产品加工企业1 123个，其中农业产业化龙头企业592个。

(5)展示展销中心品牌连锁模式

由供销合作社在中心城市和县域建设农产品展示展销中心，以采购和销售专业合作社自有品牌的特色农产品为主，搭建起优质农产品连锁营销网络的产销对接模式，已在河北、江苏、浙江、河南等地供销合作社系统广泛推广和应用。

(6)合作经济联合组织主导模式

以农民合作经济组织联合会、专业合作社联合社为主导，搭建农产品产销衔接桥梁，培育农产品品牌，发展农产品龙头企业的产销对接模式。

(7)电子商务营销模式

通过B2B,B2C的电子交易方式，销售来自生产基地、专业合作社的农产品，构建“网上交易、网下配送”的产销对接模式。电子商务是传统交易方式的有益补充，借助互联网的优势，信息能快速、直接、有效地在产销双方传递，省去了中间环节，提高了流通效率。

4.全国十大著名蔬菜农产品批发市场名称是什么？

①山东寿光蔬菜批发市场；②北京新发地农产品批发市场；③金华农产品批发市场；④深圳布吉农产品中心批发市场；⑤广州江南果菜批发市场；⑥青岛城阳蔬菜水产品批发市场；⑦长沙红星农副产品大市场；⑧南京农副产品物流中心；⑨合肥徽商城农产品批发市场；⑩南方国际水产交易中心。

[知识链接]

1　我国绿色食品流通渠道的主要构成

我国绿色食品流通渠道中除了处于起点的绿色食品生产者以及处于终点的消费者之外，主要还包括农产品批发市场、农产品经纪人、农民专业合作社、超市和连锁超市、绿色食品专卖店等，绿色食品的流通更多参照农产品的流通，所以本节并不专门区分绿色食品和普通农产品。

1.1　农产品批发市场

农产品批发市场是我国改革开放以后形成的商业经营形态，1984 年在武汉建立了我国第一家农产品批发市场——武汉皇经堂农产品批发市场。农产品批发市场成为我国农产品流通的主流渠道、主要业态。近几年，我国年成交额亿元以上商品交易市场一直稳定在 5 000 个左右，年成交额达 10 万亿元。国家统计局发布的数据显示，截至 2016 年年底，我国农产品批发市场已超过 4 400 家，其中年交易额亿元以上的市场 1 671 家，全国有各类农贸市场 2.7 万个；2016 年全国农产品批发市场交易额达 4.7 万亿元，同比增长 8.8%，交易量达 8.5 亿 t，同比增长 5.1%。我国的农产品 70%以上经过批发市场进入百姓的菜篮子。

农产品批发市场是以粮油、畜禽肉、禽蛋、水产、蔬菜、水果、茶叶、香辛料、花卉、棉花、天然橡胶等农产品及其加工品为交易对象，为买卖双方提供长期、固定、公开的批发交易设施设备，并具备商品集散、信息公示、结算、价格形成等服务功能的交易场所。

按交易商品的种类范围，农产品批发市场分为综合型批发市场和专业型批发市场两种。综合型批发市场，日常交易的农产品在三大类以上，如北京新发地农副产品批发市场日常交易的品种有蔬菜、水果、肉类、水产品、调味品等。专业型批发市场，日常交易的农产品在两类以下(含两类)，如粮油批发市场、果菜批发市场、副食品批发市场等。还有只交易一个品类的农产品批发市场，如蔬菜批发市场、水产批发市场、水果批发市场、花卉批发市场、调味品批发市场、食用菌批发市场、山草药材批发市场、活禽批发市场、活畜批发市场、观赏鱼批发市场、禽蛋批发市场、种子批发市场等。

按农产品市场的城乡区位分布，可将其分为产地农产品批发市场、销地农产品批发市场和集散地农产品批发市场 3 种类型。产地农产品批发市场是建在靠近农产品产地的、以一种或多种农产品为交易对象的批发市场。销地农产品批发市场是建在城市近郊甚至市区、以多种农产品为交易对象的批发市场。集散地农产品批发市场是建在农产品产地和销地之间的便于农产品集散的地方、以一种或多种农产品为交易对象的批发市场。

按农产品批发环节关系，可将其分为一级批发市场、二级批发市场和三级批发市场。一级批发市场，是直接从产地收购农产品、向中间批发商或代理商销售的批发市场。二级批发市场，其批发商从一级批发市场采购农产品，再销给中间商或零售商。三级批发市场，其批发商从二级批发市场采购农产品，再销给零售商，这类批发市场多从事进口农产品批发。

我国农产品批发市场的规模较小，设施相对简陋，一般包括交易场地和交易大棚，配有地磅以及小型检测室和检测设备。交易过程由农民直接参与，市场只提供相关服务，包括发布信息、农产品交易时的过磅、结算，维持市场交易秩序和场地卫生等。

由于绿色食品的兴起，2001 年，全国三绿工程工作办公室和各地积极开展绿色市场试点及示范创建工作。2003 年，商务部会同国家标准化管理委员会制定颁布《农副产品绿色批发市场》和《农副产品绿色零售市场》两个国家标准，会同中国国家认证认可监督管理委员会制定颁布《绿色市场认证管理办法》和《绿色市场认证实施规则》。2005 年 3 月，国家绿色市场第三方认证工作正式启动。各地纷纷出台地方标准，启动绿色市场的地方认证工作。

绿色批发市场是指经认证机构按照有关绿色市场标准或者技术规范要求认证，并允许使用绿色市场标牌(志)的农副产品批发市场。绿色市场不仅要求其所经营销售的商品符合国家标准的质量和卫生要求，而且要求其在场地环境、设施设备、商品质量、商品管理、市场管理、市场信用等方面都达到绿色市场标准。

1.2 农产品经纪人

农产品经纪人是指从事农产品收购、储运、销售以及销售代理、信息传递、服务等中介活动而获取佣金或利润的经纪组织和个人。

由于农产品的范围较广，不同地区的经济发展水平差异较大，各地经营方式和习惯不同，人们划分农产品经纪人类型的标准很多，相应地出现的类型也很多，从中国农产品流通经纪人协会的调研情况看，目前农产品经纪人大致有下述 3 种类型：

1.2.1 销售型农产品经纪人

销售型农产品经纪人主要为当地农产品找市场，把农产品销售出去，即直接从事购销业务。从事这方面业务的，绝大多数属于初入市场的。

1.2.2 信息型农产品经纪人

信息型农产品经纪人主要提供需求信息，指导农民进行生产销售，经纪人本身不从事购销活动，其收入主要来自农民的销售提成。比如河北唐山市一部分经纪人自己开设专业网站搜集和提供蔬菜、果品等方面的供需信息，包括新的品种、种植、保鲜、储藏、加工技术信息，为农民的产品找到好的销路、卖出好的价格打下基础。山东金乡县大蒜信息协会就是把周围 4 个省 7 个主产县的大蒜经纪人联合起来，分片包干，将种植面积、产量、储藏量、成交量、价格等及时汇总，很快用手机发布给农户、经营户及政府有关部门，同时从中收取一定的信息服务费。

1.2.3 复合型农产品经纪人

复合型农产品经纪人既从事农业生产，又利用自身信息优势搞销售；或者既搞加工储运业务，又从事农产品的购销业务。这类农产品经纪人的综合实力比较强，在中国农产品流通经纪人协会组织的 2011 年度全国百强农产品经纪人评选活动中，进入百强的农产品经纪人年经营额在亿元以上的有78名，经营销售额最高的达21.9亿元，利润最高的为1.5亿元，资产总额最高的为9.4亿元，安排就业最高的为1.68万人，带动农户数最高的为10万多户。

农产品经纪人自2003年正式列入《中华人民共和国职业分类大典》以来，在各级政府的大力培育和社会的广泛关注下，随着农村经济的发展迅速壮大，业务范围不断拓展。从当初以当地盛产的粮食、蔬菜、水果、畜禽、禽蛋以及其他农副土特产品为主，逐步拓展到农用生产资料、日用工业品、农产品深加工领域；经纪区域由以县域为主逐步向省内和全国辐射，一些农产品经纪人营销区域的触角已伸向国外市场。另外，农产品经纪人的经纪模式也不断创新。组织形式逐步形成了“市场＋经纪人＋农户”“市场＋经纪企业＋农户”“市场＋行业协会＋农户”等多种模式。经营形式由单一的农产品购销发展到购销、储藏、加工、运输一条龙服务，从简单贩运逐步向批量销售、契约销售、期货销售和联合销售转变；营销手段也从肩挑手提发展到电话、互联网、电子商务、专用运输工具等现代化方式。

随着国家对农产品市场流通和农产品流通经纪的日益重视，农产品经纪人队伍也会有所变化。据不完全统计，目前从事农产品流通、科技、信息等中介服务活动的农村经纪人已经达到600万以上。人员数量上，开始由少变多，经过市场的自然淘汰和引导整合，然后又会逐步减少；人员素质上，由参差不齐、准入混乱，到逐步提高综合素质和市场准入门槛，整体素质有所提高，涌现出一批农产品经纪行业的精英，并逐渐成为行业的领军人物。

1.3　农民专业合作社

受农户家庭小规模经营方式的制约，农民缺乏组织起来进入市场的载体和通道。通常，农户将自己生产的农产品运送到附近的产地批发市场出售或由市场收购商直接到地头收购，然后由长途运销商运到大中城市销地批发市场，一些大城市还形成了一级批发市场、二级批发市场和三级批发市场，经过这些批发市场将农产品周转扩散到社区集贸市场、超市及团体消费单位。中转环节多，费用高，造成流通成本居高不下，而农民专业合作社的出现则在一定程度上解决了这些问题。

《中华人民共和国农民专业合作社法》第一章第二条对农民专业合作社进行了简要的定义，包括两个方面的内容。一方面，从概念上规定合作社的定义，即“农民专业合作社是在农村家庭承包经营基础上，同类农产品的生产经营者或者同类农业生产经营服务的提供者、利用者，自愿联合、民主管理的互助性经济组织”；另一方面，从服务对象上规定了合作社的定义，即“农民专业合作社以其成员为主要服务对象，提供农业生产资料的购买，农产品的销售、加工、运输、储藏以及与农业生产经营有关的技术、信息等服务”。

农民专业合作社实行标准化生产，生产基地或产品容易获得无公害农产品产地认定、绿色食品生产基地认证和有机农场认证或产品认证，基本建立农产品质量安全追溯和自律性检测检验制度，对提高我国农产品的标准化程度和质量安全水平，加快现代农业发展具有重要意义。

截至2012年，在绿色食品企业中，国家级、省级农业产业化龙头企业已分别占到30%以上和20%左右。农民专业合作社已成为绿色食品新的生产主体，其数量和产品数已占绿色食品总数的15%左右。通过发展绿色食品生产，全国约有1.6×10^7 hm^2(2.4×10^8亩)的农田、果园、茶园、草原、林地、水域受到监测和保护；其中农作物种植面积达1.27×10^7 hm^2(1.9×10^8亩)，约占全国耕地面积的10%。全国已建成610个绿色食品原料标准化生产基地，带动农户1 925万户，每年增加农民收入超过10亿元。

1.4 超市和连锁超市

1.4.1 超市

随着新型交易方式和流通业态蓬勃兴起，超市逐渐成为大中城市的农产品重要零售渠道，一些大中城市农产品超市销售量已占到当地农产品零售总量的20%以上。目前全国绿色食品流通渠道、网点和网络尚未建立，绿色食品的终端渠道主要是超市，但绝大部分超市没有建立绿色食品专柜，绿色食品多散见于普通食品中。这不仅增加了消费者选购绿色食品的成本，也不利于绿色食品的品牌推广。极少数大型超市设立了绿色食品专柜，但专柜中许多并不是绿色食品，混淆了消费者对绿色食品概念的认知。而由于绿色食品流通渠道不畅超市内绿色食品出现品种单一、数量不足等现象，使消费者不能在商场选购全国各地生产的绿色食品，严重影响了人们对绿色食品消费的热情。

超市是以顾客自选方式经营的大型综合性零售商场，又称为自选商场，是许多国家特别是经济发达国家的主要商业零售组织形式。超级市场于20世纪30年代初最先出现在美国东部地区，第二次世界大战后，特别是20世纪50—60年代，超市在世界范围内得到较快的发展。在超级市场中最初经营的主要是各种食品，以后经营范围日益广泛。

1.4.2 连锁超市

连锁超市是指经营同一类别的商品和售后服务的若干超市以一定的形式合并成统一的整体，通过企业外表形象的标准化、经营管理活动的专业化、组织人事规范化以及内部管理手段的现代化，做到使复杂的商业活动实现相对的简单化，从而达到规模效应。连锁超市在价格体系上实行低价格、低利润、高周转经营；在销售方式上采取开架售货，顾客自选的方式，是适应大量消费、大量销售、大量流通的新型零售流通手段。这正是促进零售商业和流通机构现代化、体系化的"流通革命"。

1.4.3 超市和连锁超市的优点

超市和连锁超市相比传统农贸市场有以下优点：

(1)作为零售企业的农产品超市尤其是大型超市，直接与消费者接触，有专业的营销人员，能直接了解消费者的需求动态。因此可以对农业生产起引导作用。同时，进入超市的农产品要符合国家的一些标准，这样也有利于对农产品质量的全面监控。另外，超市可以将农产品按不同的等级分类定价，不仅满足了顾客多样化需求，也促进了农产品深加工和农产品包装业的发展。

(2)大型连锁超市对商品具有大量采购、均衡供应、常年销售的显著特点。农产品超市的发展壮大必将使更多分散的农民在龙头企业的带动下组织起来，使得农产品生产中各种生产要素能够合理调整，组织化程度也将大大提高。

(3)超市可以为顾客提供其他农产品流通渠道无法比拟的购物环境。超市的农产品会比其他流通渠道的农产品更注重品质，超市舒适的购物环境和统一的定价也可以让顾客避免在传统的农贸市场忍受“脏、乱、差”和“乱要价、哄抬价”，超市还可以实现一站式购全。

2　我国绿色食品流通渠道发展新趋势

2.1　批发市场的发展

中国特色的农业生产经营方式决定了批发市场在绿色食品市场体系中处于主导地位的格局在短期内不会改变。培育一批国家级农产品专业市场，将其打造成农产品物流集散中心、价格形成中心、信息传播中心、技术交流中心和会展贸易中心，形成与专业化大生产相适应的现代农产品流通格局势在必行。

商务部 2005 年启动万村千乡市场工程，并于 2006 年启动了双百市场工程，重点改造 100 家大型农产品批发市场，着力培育 100 家大型农产品流通企业。

万村千乡市场工程主要内容是：通过安排财政资金，以补助或贴息的方式，引导城市连锁店、超市等流通企业向农村延伸发展“农家店”，构建以城区店为龙头、乡镇店为骨干、村级店为基础的农村现代流通网络，使标准化农家店覆盖全国 50％的行政村和 70％的乡镇满足农民消费需求，改善农村消费环境，促进农业产业化发展。

双百市场工程的主要内容有两个。①重点改造 100 家大型农产品批发市场。商务部会同农业部、国家税务总局、国家标准委等部门，选择 100 家左右辐射面广、带动力强的全国性和跨区域农产品批发市场，重点加强物流配送、市场信息、检验检测、交易大厅、仓储及活禽交易屠宰区等基础设施项目建设，进而发挥标准化市场的示范作用和辐射效应，带动和引导农产品批发市场全面创新、设施完善，优化服务，规范经营。②着力培育 100 家大型农产品流通企业。商务部会同财政部、国家税务总局等部门，选择 100 家左右有实力的大型农产品流通企业和农村流通合作组织(不含农产品批发市场)，重点推动农产品流通标准化和规模化，提高优势农产品市场营销水平，组织开展农商对接，探索和推广农工贸一体化、内外贸相结合的经营模式。

综上所述，批发市场重点要做好以下两项工作：①引导绿色批发市场建设物流配送中心、交易大厅、仓储以及内外贸一体化的优质农产品常年展示交易中心等基础设施；②鼓励绿色批发市场按照商务部印发的标准，建设检验检测中心、信息中心、安全监控中心、废弃物及污水处理中心、结算管理中心以及独立全封闭式活禽交易屠宰区。

2.2　绿色食品产销对接模式的发展

为了克服传统批发市场流通模式的弊端，以缩短流通环节、减少流通成本为目的的产销对接流通新模式纷纷出现。产销对接能够缩短路径，多元化渠道能够增加流量，对于缓解农民“卖难”和城市居民“买贵”的问题发挥积极作用。绿色食品产销对接模式包括以下几种类型。

2.2.1 农超对接模式

农超对接是超市连锁店直接深入田间地头、企业采购，从农民专业合作社或经纪人那里采购绿色食品，既减少中间环节、降低流通经费，又能保持绿色食品的新鲜度，满足消费者的购物需求。近几年大城市的超市发展迅速，各超市门店之间的商圈竞争日趋激烈，开展农超对接成为超市经营战略的一项重要内容。农超对接是国外普遍采用的一种农产品生产销售模式，目前，亚太地区农产品经超市销售的比重达70%以上，美国达80%，而我国只有15%左右。

2.2.2 农餐对接模式

农餐对接是产地农民专业合作社或农业龙头企业将农产品直接向餐饮企业门店配送，主要是针对城市的大型连锁餐厅、学校和机关单位的食堂等。这些餐饮企业本身都有稳定原料供应和食品安全方面的要求，部分特色餐馆对食品原料产地也有特定要求。

2.2.3 社区直送模式

社区直送模式是产地的绿色食品直接送往居民社区销售的一种新模式，主要由产地的农民专业合作社或企业来开展配送业务，在居民社区居委会、小区物业管理等单位的支持下，建立固定的绿色食品销售点，其特点是价格较低、新鲜，但店铺规模小、品种有限。主要是改造帮助解决一部分社区居民购买不方便的问题。另外，也可以针对社区的高消费群体开展订单销售、配送到家，满足消费者的个体化需求。

2.2.4 周末市场模式

周末市场是一些城市社区为应对食品价格上涨推出的一项举措。有些社区绿色食品销售网点少、超市绿色食品价格高，导致普通居民购买困难。开办公益性的周末市场，组织郊区农民合作社或企业前来销售绿色食品，起到了平抑价格、宣传绿色理念的效果。

2.2.5 产消联盟

国外有一种比较盛行的模式——产消联盟。产消联盟是生产者团体和消费者团体共同结成的一种组织形式，通常采用会员制方式，入会者要缴纳一定的费用，同时享受一定的待遇。消费者可以到生产者的田间了解生产过程，参观并体验绿色食品生产活动，确认并购买安全放心的绿色食品。生产者通过交流了解消费者的需求取向，生产和提供消费者欢迎的绿色食品。从重视交流的意义上讲，产消联盟不仅仅是一种产品直销模式，也是增进城乡交流和规与协调发展的一种有效方式。

2.3 农民专业合作社的发展

《中华人民共和国农民专业合作社法》出台以来，各地都有大量的农民专业合作社申请注册，合作社的数量上升很快。但从实际调查情况看，一些合作社并没有真正开展活动，对将来如何发展尚不清楚。因此政府部门应当在深入了解实际情况后给予引导和支持，使农民专业合作社不断完善，走上又好又快的发展道路。

(1)宣传《中华人民共和国农民专业合作社法》,提高广大农民对建立农民专业合作社的认识。农民专业合作社在我国是一个新生事物,农民对其有一个认识的过程。政府部门应该继续开展宣传和培训工作,如组织法律讲座、介绍典型经验等,让农民懂得农民专业合作社的组织和运行方式,提高对农民专业合作社功能的认识,以便农民能够有积极性、有针对性地成立或加入适合自己的农民专业合作社。

(2)从解决绿色食品销售问题开始,鼓励农民专业合作社进入市场。农民专业合作社成员可以合作销售绿色食品,与前来收购的商贩进行价格等方面的谈判,还可以统一对外签订供货合同,发展订单农业,在销售环节上通过变个体行为为组织行为,获取规模效益。同时,通过统一销售带动生产的统一管理和产品的标准化、品牌化。政府部门应当帮助农民专业合作社开拓市场,鼓励合作社"抓质量,创品牌",对销售农产品有突出成绩的农民专业合作社给予一定的鼓励和扶持。

2.3.3 鼓励企业参与组建农民专业合作社,发挥企业的带动作用

农业企业具备丰富的经营经历和经验,对市场比较了解,并且具备场地、仓储、加工设备等现成条件,可以直接为农民专业合作社利用。因此应积极支持企业参与农民专业合作社的建设,鼓励企业带领农民开展合作生产经营,共同发展致富。当然,企业参与要遵守《中华人民共和国农民专业合作社法》的规定,保证农民成员的决策权和利益不受损害。

2.3.4 鼓励超市等商业零售业直接采购农民专业合作社的产品

农产品流通环节过多导致产销价差悬殊、农民收益偏低。农民专业合作社通过向超市、城市蔬菜商店等零售点直销的方式,能够大大缩减中间流通环节,减少流通商的利益盘剥,增加农民的收益。政府要积极支持鼓励大型超市、连锁超市与农民专业合作社建立直接采购渠道,商超与合作社对接既能够带动农民专业合作社经营水平的提高,又能够达到双赢的目的。另外,政府部门应做好农民专业合作社的管理服务和产品质量监管工作,使其提供的农产品能够符合超市销售的质量标准。

2.3.5 支持农民专业合作社建立必要的物流基础设施

目前我国大多数农民专业合作社存在着经营条件落后、基础设施薄弱的问题,明显影响农民专业合作社的进一步发展。因此政府部门应当划拨专门资金,用于支持农民专业合作社建设仓储设施、购置运输工具,帮助其建立必要的物流基础设施。

2.3.6 支持农民专业合作社开展市场营销活动

"酒香不怕巷子深"的时代已经过去,有了好的产品,还必须通过开展营销活动才能销售出去。政府部门应对农民专业合作社的管理和销售人员进行营销理论培训,组织相互参观和交流活动,学习好的经验。此外,地方政府还应走在农产品营销工作的前列,成为当地农产品的宣传和推介者,通过政府的表率作用来支持农民专业合作社开展营销、开拓市场。

2.4 其他方面的发展

绿色食品流通虽参照农产品流通渠道,但因绿色食品在生产中的高标准、全程质量监控

使其产品质量上兼具安全、优质特性，因此在国内外市场会占有一定的份额并呈快速增长的趋势。但由于绿色食品生产成本相对升高和产量相对降低导致其在市场营销中体现出较高的销售价格，消费群体的构成和规模相对固定，会使其被认可和接受的程度以及生产与市场的规模受到限制。所以绿色食品流通应与普通农产品或食品分开营销或进行专门营销，建立专业的流通渠道，比如说建立绿色食品专卖店、积极参加绿色食品博览会、开展网络营销等。

2.4.1 绿色食品专卖店

专卖店也称为专营店，指的是专一经营某类行业相关的专营店。绿色食品专卖店，顾名思义就是指专一经营绿色食品的专营店，它整合了来自全国各地的绿色食品和有机食品。专卖店承诺，提供的所有商品都是由国家权威机构认证的绿色食品和有机食品，符合天然、健康、安全的要求。

绿色食品专卖店具有如下特征：①选址在繁华商业区、商店街或百货店、购物中心内；②销售量小、质优、高毛利的绿色食品；③是品牌、形象、文化的窗口，有利于绿色理念的传播；④因优质服务可以大大增强绿色食品的终端销售能力。

例如，新疆的一家生产红枣的绿色食品生产企业，其出品的红枣个大，而且其维生素含量远远高于其他同类产品。考虑到如果采取一般红枣产品的流通渠道无疑会使自己的产品沦为一个大众产品，难以发挥产品的品牌和特色。该企业针对产品的特性和价位等方面进行考虑，在市场营销上另辟蹊径，对产品在包装、品种上进行全面提升，通过坚持走专卖店营销渠道，利用专卖店销售与消费者进行一对一的交流和沟通，并通过产品的展示以及专卖店独特的其他宣传方式，如通过宣传手册、广告宣传品，对自己产品的整个生产环节（如种植技术、加工标准、采摘条件、原始生态环境等）进行详细介绍，使消费者对产品有一个明确的认识，最终大获成功。

目前，绿色食品的消费群在大中城市，它的直销窗口就是各绿色食品专柜、专卖店。在欧洲，英国和丹麦的有机食品市场成熟度较高，多数有机食品由大规模工业化模式生产，并且主要依靠超市等主流渠道分销。然而，有机食品消费支出占总食品消费支出10%以上的高频消费者却更青睐各种直接消费渠道，这些直销渠道能够增强消费者的信任程度。在英国和丹麦之外的欧洲国家中，有机食品通过直销和专卖店销售的比例平均为50%，一些国家甚至达到80%，超市销售的有机食品数量都远低于直销和专卖店。

2.4.2 绿色食品博览会

举办博览会也是一种有效的绿色食品直销渠道。博览会为绿色企业和绿色消费者创造直接交易的机会，不但可在短期内达到很高的市场销量，而且有利于宣传绿色产品，扩大社会知名度。中国绿色食品博览会创始于1990年，是全国性绿色食品集中展示和贸易洽谈的大型活动，已成为国内专业性最强、规模最大、最具权威性的绿色食品贸易盛会。绿色食品博览会是绿色食品流通方式创新的成功范例，为进一步适应绿色食品市场建设和企业拓展市场的形势，经农业部批准，从2009年起中国绿色食品博览会举办方式由原来的两年一届改为一年一届。其中双年固定在上海市,单年在各地巡回,由各地申办,展会名冠以年份及举办城市名。

2012年在上海举办的中国绿色食品博览会,有两个新的特点,一是规模显著扩大,展出面积和展位数增加近一倍;二是参展范围进一步拓宽,各地将“三品一标”整合在同一个展团,统一组织参展。本届绿博会共有34个参展团,分别来自全国30个省、自治区、直辖市、3个计划单列市和新疆生产建设兵团;共设立505个标准展位;参展企业总计603家参展产品1 141种,包括粮、油、果、蔬、茶、畜、禽、蛋、奶、水产等。参展产品均为绿色食品、有机食品、无公害农产品和地理标志农产品。同时还吸引了大商集团、中石化贸易公司等大型商业公司,锦江麦德龙、上海联华、家乐福、农工商等超市以及上海鸭王餐饮集团,还有来自丹麦、澳大利亚等国家的近千家中外采购商到展会洽谈采购。

绿色食品博览会为参与农业生产经营活动的市场主体和采购商提供了一个贸易大平台,推动产销对接和农产品大市场大流通形成,加速农业市场化进程,促进农业增效和农民增收。

2.4.3 绿色食品全国巡展产销对接会

各地做强名优产品,做好特色文章,打造具有地方特色、高品质、有口碑的农业“金字招牌”,形成品牌集群效应,定期共同组织各品牌企业到全国巡展,开办产销对接会,企业代表进行产品推介,签订订单,使各地绿色食品更好走向省外市场、国际市场。

2.4.4 绿色食品电子商务及网络营销

随着信用系统、结算支付系统和验货配送系统的建立健全,绿色食品流通已开始向电子商务方向发展。电子商务(electronic commerce,EC)是指在计算机互联网的支持下进行的商务活动。从企业来看,电子商务是将企业的核心商务过程通过计算机网络实现,以便改善客户服务,减少流通时间,降低流通费用,从有限的资源中得到更多的利润。电子商务有着低成本、高效率、无地域限制、易形成规模效应等优势,绿色食品与电子商务相结合,可解决中国农业“小农户与大市场”的矛盾,实现绿色食品生产与市场需求的对接。绿色食品和网络牵手,让消费者和生产者直接对接,减少了很多中间环节,城市消费者不用千辛万苦去找原生态健康生活产品,供销商不用为销路发愁,完全按照市场的需求、顾客的要求组织生产。比如中粮集团旗下专业食品类电子商务网站——我买网已开始了其全国扩张的脚步。据悉,该网站配送区域已从原有的京津冀三地扩至江苏、浙江和上海,山东、辽宁、河南等地现也可配送,同时支持货到付款。

绿色食品网络营销的主要做法有以下几种:

(1)官方网站。绿色食品官方网站作为一个对外的窗口,是宣传绿色产品绿色理念的重要渠道,一个企业品牌的网站直接影响品牌在消费者心目中的印象。一般网站包含如下内容:

①企业介绍介绍企业人力实力、科技实力、生产实力、质量监督实力、企业获得的奖励或资质等。

②产品介绍介绍产品生产过程、产品包装过程、产品功能、产品适合人群以及产品成品展示、产品防伪等。

③行业资讯介绍绿色食品行业资讯。

④其他例如提供加盟及招商信息等。

(2)天猫商城入驻及各类 B2C 网站入驻。B2C(business to customer)是企业对消费者的电子商务模式,这种形式的电子商务一般以网络零售业为主,主要借助于互联网开展在线销售活动。

当然入驻这些平台都是需要费用的,但是它能依靠自身影响力很好促进绿色食品的宣传,同时还可以作为网络销售展示的窗口。天猫的主要功能是产品展示(即将产品展示在消费者面前)和产品口碑(即在商城上各类评价就是消费的口碑)。

保证农产品产销对接模式的途径

3　世界食品流通渠道模式及启示

世界各国食品流通渠道模式的形成,受各国社会体制、农业生产、经济发展水平等的影响。迄今为止,世界食品流通渠道主要有 3 种模式:东亚模式、西欧模式和美国模式。

3.1　世界食品流通渠道模式

3.1.1　东亚模式

日本和韩国是东亚模式的主要代表,均以批发市场为主渠道,以拍卖为手段。以日本为例,目前,全日本共有 88 个由中央财政和地方财政投资的中央批发市场,年成交金额达 6 兆 2 000 万日元,1 513 个多元化投资的地方批发市场,年成交金额达 5 兆 1 800 万日元。经由日本批发市场流通的蔬菜占 81%,果品占 72%。在批发市场从事蔬菜果品交易的客户中,通过农协或其他任意组合组织的上货量各占上货总量的 59%和 66.5%,而其他商人等则占总上市量的 17.8%和 20.1%。交易方法以拍卖为主。在大阪中央批发市场通过拍卖成交的果蔬比率高达 90%以上。

东亚模式食品流通渠道较长,其食品流通主要呈现出以下特点:

(1)流通渠道环节多,流通成本较高。

(2)其流通过程表现为生产者→上市团体→批发商→中间批发商→零售店→消费者,这样其利润也分配不均。

(3)流通规范化、法制化、效率高。

3.1.2　西欧模式

法国、德国、荷兰等国是西欧模式的主要代表。西欧模式的批发市场与东亚模式相比,批发市场流通比例较小,而且大多数大型批发市场仍然坚持公益性原则,如法国就指定了全法国的 23 所批发市场为国家公益性批发市场。与此同时,这些国家的农产品批发市场形式也有所不同,食品直销比例呈现出不断上升趋势,例如在法国巴黎郊外设立的一个批发市场汉吉斯国际批发市场，由于鼓励发展产加销一体化，并将产前和产后相关企业建立在农村，巴黎的食品直销比例呈现出不断上升的趋势。另外，由于西欧国家市场信息网络发达，地域内、国家间的食品贸易十分活跃，进出口产品在批发市场中也占据一定比率。

西欧模式食品流通主要呈现出以下特点：

(1)鼓励发展产加销一体化，并将产前和产后相关企业建在农村。

(2)建有完善的现代化大型公益性农产品批发市场。

3.1.3　美国模式

据美国农业部统计，美国有机食品生产从 20 世纪 90 年代以来以年均 20%的速度增长，已成为全球最大的有机食品市场，目前有 1/3 的美国人购买有机食品，83%的消费者考虑购买，几乎所有的超市都销售有机食品。美国有机食品销售额 2011 年增长 9.5%，突破 310 亿美元，美国平均每年出口欧洲联盟 4 000 万美元，出口日本 4 000 万～6 000 万美元。

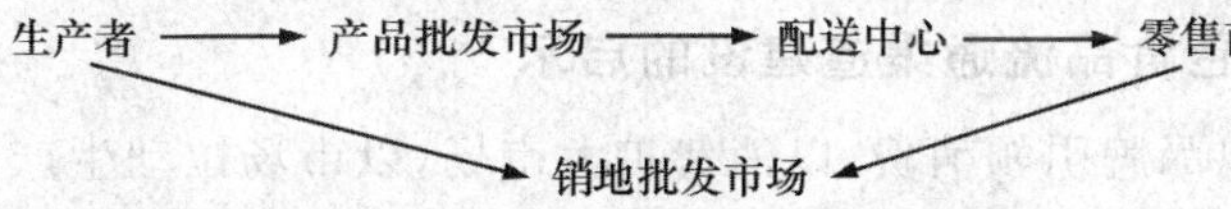

图 8-2-1　美国农产品营销渠道模式

美国有机食品流通渠道较短，而且主要从产地批发市场直接出售给零售商，主要特点有以下几个：

(1)产地市场集中。由于美国农产品生产区域化程度高，形成了玉米、小麦、大豆、蔬菜、水果等生产区域，因而农产品产地市场比较集中，华盛顿州、密歇根州和纽约州 3 个州产量几乎占全国产量的 70%。在整个渠道系统中，产地批发市场与零售商的交易量占 98.5%。

(2)销地批发市场分布在大城市。美国销地批发市场又称为车站批发市场，主要是因为美国公路和铁路发达，农产品常常能够迅速运往大城市车站，形成城市农产品集散市场。美国大城市农产品供应并非集中在大城市郊区，而是在遥远的生产区域，因而美国的城市批发市场比较发达。虽然销地批发市场仅占农产品总交易量的 20%左右，但对农产品价格形成具有主导作用。

(3)流通渠道短、环节少、效率高。美国有机食品的 78.5%从产地通过配送中心，直接到零售商，而车站批发商销量仅占 20%左右。由于流通渠道环节少，农产品流通速度快，成本低，从而大大提高了流通渠道效率。

(4)服务性渠道组织齐全。为配合有机食品高效流通，产生了许多专门为农产品交易服务的流通渠道组织，如装卸公司、运输公司、加工和分类配送中心、银行等。

(5)批发市场内部交易方式主要以拍卖、代理销售为主。以批发市场为基础，形成了农产品期货市场，如芝加哥期货市场等。由于采用公开拍卖、代理销售(或购买)和期货交易，使农产品市场价格充分反映市场的供求变化，使批发市场主导农产品市场价格形成和信息传播。

3.1.4 日本模式

日本绿色食品流通的主要渠道是：株式会社或者农户生产绿色农产品→出售给相关株式会社或者由农业协同组合（农业共济组合）统收（按一定标准）→批发市场或者参加自由竞卖（拍卖）（此时绿色食品属于统货）→有机食品店或者超级市场购入后按等级清洗称重后贴价格标签摆上货架→消费者购入。其次的渠道是：绿色食品店等可以直接与生产者签订契约（按照规定的要求规格、包装）直接摆放上架。

3.1.5 以色列模式

以色列在农业领域拥有大量先进技术，如引入了无人机、机器人、智能传感器等诸多创新技术，但在农产品流通环节却长期滞后。以色列政府计划在2020年利用技术优势打造数字化农产品交易市场，其运营模式类似于拍卖市场，于2021年在全国范围内全面运行。以此来提高农产品供应链透明度和竞争力，以提高农产品流通环节效率，降低流通成本，提升农产品交易活跃度。

3.2 对我国绿色食品流通渠道建设的启示

绿色食品进入“以品牌引领消费，以消费扩大市场，以市场拉动生产”持续健康发展的轨道，流通渠道建设起到非常重要的作用。绿色食品在生产中的高标准、全程质量监控使其产品质量上兼具安全、优质特性因此在国内外市场会占有一定的份额并呈快速增长的趋势。但由于生产成本相对升高和产量相对降低导致在市场中体现出较高的销售价格，消费群体的构成和规模相对固定，会使其被认可和接受的程度以及生产与市场的规模受到限制。所以绿色食品市场营销应树立差异化的营销观念，实行差异化的营销策略，与普通农产品或食品分开营销或进行专门营销，建立专业的流通渠道。

与发达国家模式比较，中国绿色食品流通渠道主要存在的问题是：在产地市场，农民以个体面对强大的市场，缺乏相应组织，导致绿色食品产地收购价格普遍低，绿色食品流通的集约化、组织化程度低，流通成本高；在中间阶段的批发市场流通主体过多，产销链过长，增加流通成本；在消费市场绿色食品流通效率低下、损耗严重、物流成本高。

参照发达国家模式，我们应该做好以下工作：

对政府而言，通过制定和实施专门的政策措施，加大绿色食品宣传力度，提高绿色食品的品牌认知度；加大认证和监管力度，提高绿色食品的品牌公信力；加大产业引导和扶持力度，使更多生产企业能够大力发展绿色食品，更多的营销企业开展绿色食品专业营销，建立低成本、安全、顺畅的绿色食品流通渠道和完善的市场营销体系。

对绿色食品流通各参与主体而言，首先要看到绿色食品消费市场的现实存在和广阔前景，坚定绿色食品市场营销的信念，积极投入绿色营销，争取社会效益和经济效益双赢。其次，树立差异化的营销观念，认真研究绿色食品的消费群体差异、产业特征和产品特性，细分、制定相应的营销策略和营销渠道的建立模式，实现绿色食品的优质优价，达到生产者、营销商和消费者利益的统一和共享，要通过开发和应用电子商务等现代营销技术，结合绿色食品产业和产品的领先创新优势，创立先进的现代流通模式，加快建立绿色食品流通渠道体系，拉动绿色食品产业的持续健康发展。

参考文献

[1] 王凯.品牌营销模型研究[J].市场周刊,2007(10):22-24.

[2] 吴兴安.关于农产品市场营销的思考及对策[J].大众科技,2005(12):216-217.

[3] 李晓玲.农产品生产企业的名牌战略[J].农业技术经济,2009(3):9-12.

[4] 卢奇,洪涛,张建设.我国特色农产品现代流通渠道特征及优化[J].中国流通经济,2017(9):8-15.

[5] 罗必良.农业性质、制度含义及其经济组织形式[J].中国农村观察,2009(5):10-18.

[6] 陈骞,陈萍.我国特色农产品现代流通渠道的优化策略[J].商业经济研究,2019:142-145.

[7] 邓平波.绿色食品品牌竞争力培育对策研究[J].新西部,2007(24):100-101.

[8] 靳明.绿色农业产业成长研究[D].杨凌:西北农林科技大学博士论文,2006.

[9] 何庆,王敏,唐伟.中国绿色食品营销渠道建设研究[J].中国食物与营养,2011,17(3):41-43.

[10] 谭济才.绿色食品生产原理与技术[M].北京:中国农业出版社,2014.

[11] 朱将伟.生物农药的应用与研究进展——生防菌及其相关的生物农药[J].绿色科技,2019(11):203 205.

[12] 张睿,刘勇增.杂草生物防治研究进展[J].农药科学与管理,2011(12):21-24.

[13] Lincoln Taiz, Eduardo Zeiger, Emeritus, Ian Max Møller. Plant Physiology and Development[M]. 6th ed. Sunderland: Oxford University Press, 2015:121.

[14] 关连珠.土壤肥料学[M].北京:中国农业出版社,2001:135.

[15] 胡凯光.核工业生物学[M].北京:北京理工大学出版社,2015:134.

[16] 司志国.园林植物保护[M].北京:中国轻工业出版社,2014:81.

[17] 李星月,李其勇,符慧娟,等.新型生防因子——昆虫病原线虫的研究进展[J].四川农业科技,2019(1):37-39.

[18] 蔡璞瑛,毛绍名,章怀云,等.植物源杀虫剂国内外研究进展[J].农药,2014,53(8):547-551.

[19] 李森.食品采购作业指南[M].北京:中国经济出版社,2006:57.

[20] 白晨,黄玥.食品安全与卫生学[M].北京:中国轻工业出版社,2014:149.